国家林业和草原局普通高等教育"十四五"规划教材

草坪病理学

姚　拓　尹淑霞　主编

中国林业出版社
China Forestry Publishing House

内容简介

本教材为国家林业和草原局普通高等教育"十四五"规划教材，分为上篇和下篇。上篇讲述草坪病理学基础知识，包括绪论，草坪病理学的基本知识，侵染性病害的病原物，病害病原物的致病性和寄主的抗病性，病害诊断，病害的发生、流行与预测及病害防治原理与方法。下篇是常见草坪病害及其防治，包括常见草坪草茎叶病害，草坪草根部和茎基部病害，草坪草种子病害及草坪其他病害。为增强教材的实用性，还编写了3个附录，即草坪病理学名词术语汇总，常见草坪病害防治药剂及草坪病害检索表。

教材结构系统，内容详尽，既涉及必要的基础知识，又重视解决草坪病害防治的实际需要，融基础理论、基本知识和基本技能为一体，注重理论联系实际，具有较高的理论水平和实用价值。既可作为草坪科学与工程、草业科学和园林等相关专业的教材，也可供从事草坪、园林、环境保护、城市建设、草地竞技与游憩、生态保护、运动场及高尔夫球场草坪管理等相关行业的工作者参考。

图书在版编目(CIP)数据

草坪病理学/姚拓，尹淑霞主编.—北京：中国林业出版社，2023.3
国家林业和草原局普通高等教育"十四五"规划教材
ISBN 978-7-5219-2158-8

Ⅰ.①草…　Ⅱ.①姚…②尹…　Ⅲ.①草坪-病虫害防治-高等学校-教材　Ⅳ.①S436.8

中国国家版本馆CIP数据核字(2023)第048181号

策划编辑：李树梅　高红岩
责任编辑：李树梅
责任校对：苏　梅
封面设计：睿思视界视觉设计

出版发行　中国林业出版社
（100009，北京市西城区刘海胡同7号，电话83223120）
电子邮箱　cfphzbs@163.com
网　　址　www.forestry.gov.cn/lycb.html
印　　刷　北京中科印刷有限公司
版　　次　2023年3月第1版
印　　次　2023年3月第1次印刷
开　　本　787mm×1092mm　1/16
印　　张　15.25
字　　数　380千字　数字资源：15千字
定　　价　45.00元

《草坪病理学》编写人员

主　　编　姚　拓　尹淑霞
副 主 编　李春杰　章　武　金　静　李建宏
编　者　（按姓氏笔画排序）
　　　　　　王志勇（海南大学）
　　　　　　文亦芾（云南农业大学）
　　　　　　尹淑霞（北京林业大学）
　　　　　　甘　露（扬州大学）
　　　　　　许文博（甘肃农业大学）
　　　　　　李克梅（新疆农业大学）
　　　　　　李建宏（六盘水师范学院）
　　　　　　李春杰（兰州大学）
　　　　　　杨　帆（青海大学）
　　　　　　陈　玲（北京林业大学）
　　　　　　金　静（青岛农业大学）
　　　　　　胡　健（南京农业大学）
　　　　　　姚　拓（甘肃农业大学）
　　　　　　高　鹏（山西农业大学）
　　　　　　郭玉霞（河南农业大学）
　　　　　　席琳乔（塔里木大学）
　　　　　　章　武（岭南师范学院）
　　　　　　董文科（甘肃农业大学）
　　　　　　曾　亮（甘肃农业大学）
　　　　　　薛龙海（兰州大学）

前　言

作为城市景观生态系统和园林绿化的组成部分，草坪在净化空气、美化环境、改善人居生态中起着重要作用。然而，随着草坪业的快速发展，草坪病害的发生逐渐成为草坪养护过程中危害最大、处理难度最高的问题之一。尤其是在草坪质量要求高、管理精细的运动场和高尔夫球场，草坪病害连年暴发，病害种类不断增加，危害程度持续加重，不仅降低了草坪的服务功能，导致草坪衰退和毁灭，还造成较大的生态问题和经济损失。

草坪病理学是国际植物病理学界关注的重点研究领域之一。早在 1956 年，英国就出版了草坪病害专著《草坪草真菌病害》(*Fungal Diseases of Amenity Turfgrass*)，并于 1989 年出版了第 3 版。1983 年，美国植物病理学会编写了《草坪草病害概要》(*Compendium of Turfgrass Diseases*)，并于 1992 年和 2005 年出版了第 2 版和第 3 版。我国草坪病理学的研究起步较晚，但近些年发展迅速，取得了一系列丰硕的成果。目前国内许多高等院校开设了草坪相关专业和草坪保护学相关课程，但尚无专用的《草坪病理学》教材。教材建设明显落后于人才培养和学科发展的需求。编写和出版《草坪病理学》教材，对于培养面向新时代的"宽基础、高素质、强能力"的草坪专业人才意义重大。在此背景下，我们组织了全国多所高校草坪病理学教学一线的教师，博采相关高校草坪专业教学之所长，总结和凝练众多编写者多年的教学实践经验，完成了这本国内首部《草坪病理学》教材。

本教材以"统一规划、集中编写、整体协调"为指导思想，依据编者对草坪病理学近几十年来的发展脉络来把握教材内容，由植物病理学的"普遍性"向草坪病理学的"特殊性"过渡，密切关注现代科学技术向草坪病理学领域的渗透，力求把握草坪病理学发展的主流，反映最新的学科研究进展，遵循由浅入深、循序渐进的学习规律，注重各知识之间的内在联系，结合生产应用与实践案例，做到理论与实际相结合，形成基础性、系统性、先进性、启发性、适用性和可读性的有机统一。

教材具有以下鲜明的特点：

（1）紧扣前沿。与传统牧草病理等相关教材比较，本教材吸纳并总结了大量草坪病害及其防治的新理论、新技术，特别是发展迅速的分子生物学技术、计算机信息技术和高新生物技术等，力求体现学科发展并满足行业发展需求。

（2）适用性广。我国幅员辽阔，不同地区气候环境复杂多样，危害草坪的病原物差别较大。为增强适用性，本教材的编者组成充分考虑了高校所处的地域性和编写人员的专长，力求编撰出一部可适用于我国各高校草坪病理学教学的优质教材。

（3）兼顾共性化和个性化的学习需求。本教材采用上下篇的结构划分，上篇是草坪病理学基础知识，是"共性"的内容；下篇则是常见草坪病害及其防治，是"个性"的内容，尽可能多的收录我国南北各地的各种草坪病害，不同使用者可根据自身的需求选学部分内容，实现个性化的学习目标。

本教材编写分工如下：上篇绪论由姚拓、尹淑霞编写，草坪病理学的基本知识由曾亮、姚拓编写，草坪侵染性病害的病原物由金静、杨帆、郭玉霞、席琳乔、李建宏、许文博编写，草坪病害病原物的致病性和寄主的抗病性由金静、李克梅编写，草坪病害诊断由姚拓、李建宏、董文科、许文博编写，草坪病害的发生、流行与预测由李春杰、李建宏编写及草坪病害防治原理与方法由姚拓、尹淑霞、甘露、李建宏、董文科、文亦芾、陈玲编写。下篇常见草坪草茎叶病害由章武、胡健、高鹏、李建宏、李克梅、薛龙海、王志勇、郭玉霞、席琳乔编写，常见草坪草根部和茎基部病害由章武、姚拓、胡健、李克梅、杨帆编写，草坪草种子病害由李春杰、薛龙海编写及草坪其他病害由章武、高鹏编写。附录1由陈玲、尹淑霞编写，附录2由董文科编写及附录3由尹淑霞、章武、胡健编写。各章分别由姚拓（绪论及第1章、第4章）、李建宏和金静（第2章）、金静（第3章）、李春杰（第5章、第9章）、尹淑霞（第6章、附录）、章武（第7章、第8章、第10章）整理。姚拓、尹淑霞对全书最终统稿。

本教材由甘肃农业大学、北京林业大学、兰州大学、南京农业大学、新疆农业大学、青岛农业大学、山西农业大学、河南农业大学、青海大学、扬州大学、塔里木大学、岭南师范学院、六盘水师范学院和海南大学经验丰富的专家编撰而成。正是基于各位编者在教学和科研岗位上积累的丰富经验，以及在人才培养和科学普及等方面所做的各项有益工作，编者们由衷地希望呈现给大家一部适用性和前沿性俱佳的教材，力图帮助读者全面、系统地学习和掌握草坪病理学的原理及主要病害的防治技能，达到举一反三的效果。

最后需要特别说明的是，我们力求使本教材内容正确无误，结构科学严谨，语言精练流畅，但限于水平、时间和篇幅等，谬误在所难免，恳请各院校在使用过程中提出宝贵意见，以便重印或再版时进一步完善。

编　者

2022年10月

目 录

前 言

上 篇

第0章 绪 论 ······ 3
0.1 草坪产业发展与病害防治重要性 ······ 3
0.2 草坪病理学发展现状 ······ 3
0.3 草坪病理学的内容和目标 ······ 4

第1章 草坪病理学的基本知识 ······ 6
1.1 草坪病害的概念 ······ 6
1.2 草坪病害的类型 ······ 7
1.3 草坪病害的症状 ······ 8
1.4 植物病害系统主要因素间的关系 ······ 12

第2章 草坪侵染性病害的病原物 ······ 14
2.1 病原菌物 ······ 14
2.2 病原原核生物 ······ 52
2.3 病毒 ······ 56
2.4 病原线虫 ······ 61
2.5 寄生性种子植物 ······ 65

第3章 草坪病原物的致病性和寄主的抗病性 ······ 68
3.1 草坪病害病原物的寄生性和致病性 ······ 68
3.2 寄主植物的抗病性 ······ 77

第4章 草坪病害诊断 ······ 85
4.1 草坪病害诊断依据 ······ 85
4.2 草坪侵染性病害的诊断方法 ······ 86
4.3 草坪非侵染性病害的诊断方法 ······ 88
4.4 非侵染性病害与侵染性病害的相互关系 ······ 91

第 5 章　草坪病害的发生、流行与预测 …… 92
- 5.1　侵染性病害的侵染过程 …… 92
- 5.2　病害的侵染循环 …… 96
- 5.3　病害流行与预测 …… 100

第 6 章　草坪病害防治原理与方法 …… 107
- 6.1　草坪病害综合防治概述 …… 107
- 6.2　栽培技术防治 …… 110
- 6.3　选育和利用抗病品种 …… 115
- 6.4　化学防治 …… 119
- 6.5　生物防治 …… 124
- 6.6　物理防治 …… 129
- 6.7　植物检疫 …… 130

下　篇

第 7 章　常见草坪草茎叶病害 …… 135
- 7.1　白粉病 …… 135
- 7.2　锈病 …… 137
- 7.3　黑粉病 …… 139
- 7.4　炭疽病 …… 142
- 7.5　币斑病 …… 144
- 7.6　红丝病 …… 146
- 7.7　梨孢灰斑病 …… 149
- 7.8　内脐蠕孢叶枯病及根茎腐病 …… 151
- 7.9　弯孢霉叶枯病 …… 153
- 7.10　平脐蠕孢叶枯病 …… 155
- 7.11　黑孢霉枯萎病 …… 157
- 7.12　壳针孢叶斑病 …… 159
- 7.13　粉斑病 …… 160
- 7.14　小光壳叶枯病 …… 161
- 7.15　黑痣病 …… 162
- 7.16　褐条斑病 …… 164
- 7.17　壳二孢叶枯病 …… 165
- 7.18　细菌性病害 …… 166
- 7.19　病毒病 …… 168
- 7.20　菟丝子 …… 170

第8章 常见草坪草根部和茎基部病害 … 173
  8.1 全蚀病 … 173
  8.2 褐斑病 … 175
  8.3 腐霉枯萎病 … 178
  8.4 镰孢菌枯萎病 … 180
  8.5 夏季斑枯病 … 182
  8.6 白绢病 … 184
  8.7 雪霉病 … 185
  8.8 春季坏死斑病 … 188
  8.9 仙环病 … 189
  8.10 坏死环斑病 … 190
  8.11 线虫病 … 192

第9章 草坪草种子病害 … 197
  9.1 麦角病 … 197
  9.2 香柱病 … 199
  9.3 黑穗病 … 201
  9.4 腥黑穗病 … 203
  9.5 瞎籽病 … 204

第10章 草坪其他病害 … 207
  10.1 藻类 … 207
  10.2 苔藓 … 208
  10.3 黏霉病 … 209

参考文献 … 211

附录 … 214
  附录1 草坪病理学名词术语汇总 … 214
  附录2 常见草坪病害防治药剂 … 218
  附录3 草坪病害检索表 … 230

上　篇

第 0 章
绪 论

0.1 草坪产业发展与病害防治重要性

草坪作为园林绿化的主体,在净化空气、美化城市环境、绿化人居生态中起着重要的作用,其面积及质量已成为评价城市文明的重要指标。不仅如此,草坪业作为新兴产业,在国民经济中也占据着重要的地位,尤其在发达国家,草坪业发展得到了高度重视。例如,在美国,草坪业是与航空、汽车和军火等并列的十大支柱产业之一。21世纪以来,随着我国经济高速发展,城市化进程不断推进,草坪业得到了蓬勃发展。2020年,全国草坪业年产值达2 000亿元,从事草坪业的企业达5 000余家,其中年销售额在500万元以上的企业有50多家。党的十八大以来,习近平总书记号召全党、全国人民加强生态保护和修复,扩大城乡绿色空间,倡导尊重自然、爱护自然的生态文明理念,促进人与自然和谐共生,推进经济社会绿色发展。党的二十大报告指出:"我们要推进美丽中国建设,坚持山水林田湖草沙一体化保护和系统治理,统筹产业结构调整、污染治理、生态保护、应对气候变化,协同推进降碳、减污、扩绿、增长,推进生态优先、节约集约、绿色低碳发展。"我国草业科学奠基人任继周先生曾谈到:"草坪业是草业的延伸,是构建我国现代草业体系的重要内容,是国土绿化的特色产业,在新时代乡村振兴、生态文明及美丽中国建设中扮演重要角色。"

随着草坪业的发展,世界上大多数城市都很重视草坪的建设与管护。草坪业有"三分建植,七分养护"的说法,充分说明了草坪养护的重要性。在草坪养护过程中,病害是危害最大、处理难度最高的问题之一。草坪病害会降低草坪质量、减少草坪使用年限,是造成草坪衰退和毁灭的主要原因之一。病害严重时会造成经营性草坪(如高尔夫球场、足球场等)企业的停业整顿,带来巨大的经济损失。

0.2 草坪病理学发展现状

现代草坪病理学的研究开始于20世纪。最早在1914年,美国高尔夫球协会的Piper在匍匐剪股颖(*Agrostis stolonifera*)草坪上分离出一种病原真菌,并命名为立枯丝核菌(*Rhizoctonia solani*),将其导致的病害命名为褐斑病,这也被看作是现代草坪病理学诞生的标志。在1970年前,立枯丝核菌是唯一被发现可以导致褐斑病的病原真菌。随后Burpee等又鉴定出了另外两种可以导致褐斑病的真菌,分别为玉蜀黍丝核菌(*R. zeae*)和禾谷丝核菌(*R. cerealis*)。进入21世纪后,草坪病理学的研究步入了快车道,日本研究者Toda在匍匐剪股颖草坪上分离出一种新的立枯丝核菌,其发病症状与褐斑病相似,会导致叶片腐烂,叶鞘变为红褐色，因此命名为红褐斑病(reddish-brown patch)。2008 年，Young 等在美国多地的匍匐剪股颖草坪上发现了炭疽病。2011 年，Kammerer 等在感染叶枯病的海滨雀稗(*Paspalum vaginatum*)病株上分离出一种新的致病菌旋卷似串担革菌(*Waitea circinata* var. *prodigus*)。2013 年，研究者在斯里兰卡肯迪地区的海雀稗草坪上发现一种与草坪黄变病相似的病害，其症状为成熟叶片先变黄，接着从叶尖开始向下蔓延，最终变成稻草色。从发病的草坪上分离出的病原菌经鉴定，确定导致该病害的病原菌为三叶弯孢菌(*Curvularia trifolii*)。

目前，已经明确的草坪病害种类以真菌性病害为主，种类超过 300 种，较为常见的有褐斑病、币斑病、夏季斑枯病、白粉病、黑粉病、腐霉枯萎病、镰孢枯萎病、炭疽病和锈病等病害。以上病害主要侵染草坪草的叶片、叶鞘和根茎等部位。

我国草坪业研究起步较晚，20 世纪 90 年代才开始进行大范围的草坪病害调查。1998 年，李春杰和南志标在对甘肃省的草坪病害调查中发现了 34 种真菌病害，其中 18 种为国内首次发现，8 种为首次在甘肃省内发现，这是国内首次对草坪病害进行系统研究的报道。2005 年，丁世民等对山东潍坊地区的草坪病害进行了为期 3 年的调查，发现褐斑病、币斑病和夏季斑枯病等 13 种病害在该地区发生频率较高，且夏季为冷季型草坪的病害高发期；刘素青在 2005 年调查了云南省昆明市城区范围内的草坪病害，共发现锈病、黑粉病、夏季斑枯病等 7 种真菌病害，并提出草坪草品种、气候条件、管理措施为病害发生的主要影响因素；2005—2007 年，吴琪连续 3 年调查了大连市的草坪病害，共发现了锈病、镰孢枯萎病和褐斑病等 9 种主要病害，并鉴定出 12 种病原真菌。2009 年，窦彦霞等调查了重庆地区的草坪病害，发现了锈病、褐斑病等 5 种真菌病害，并对导致这些病害的病原进行了鉴定。进入 21 世纪后，我国有关草坪病害研究的文献呈井喷式增长，每年有至少上百篇草坪病害方面的研究论文发表。

尽管与草坪病理有关的研究报道已有很多，但长期以来，草坪病理作为植物病理学的一个分支，一直没有专门的教材，主要是在讲其他植物病害时附带提到。1984 年，甘肃农业大学刘若主编的《草原保护学·第三分册·牧草病理学》教材中，草坪草病害作为其中一部分被提及。2004 年，甘肃农业大学刘荣堂主编的《草坪有害生物及其防治》教材中将草坪病害作为重要内容进行了较为详细的阐述。近二十年来，国内许多高等院校开设了草坪相关专业及草坪病理学相关课程，草坪病理学的各个方面都有了很大的发展。但把草坪病理学作为一个单独的课程体系来进行教学和研究，仍处于初始阶段，目前国内尚无专门的《草坪病理学》教材。草坪病理学教材建设明显落后于其人才培养和学科发展的需求，必须奋起直追，才能适应科学研究和专业教学迅速发展的要求。

0.3 草坪病理学的内容和目标

草坪病理学是研究草坪草病害的发生发展规律及其防治的一门应用学科，内容包括介绍草坪病原物的形态、分类及生物学特性；草坪病害病原物的致病性和寄主的抗病性；草坪病害诊断；草坪病害的发生、流行与预测预报及草坪病害防治的原理与方法；我国常见草坪主要病害(茎叶、根部和茎基部、种子病害及其他病害)的种类、分布、危害情况和发生发展规律。

草坪病理学是植物病理学的一个分支,是在医学微生物学的基础上发展起来的。草坪病理学与真菌学、细菌学、病毒学、线虫学、昆虫学、动物学、植物学、植物生理学、生物化学、分子生物学、气象学及草业科学等许多学科有着密切的联系。与农业植物病理学等成熟的植物病理学分支学科相比,草坪病理学的特殊之处在于:首先,草坪用途及管理的特殊性。草坪主要提供了观赏、运动、保健和改善环境等多种用途,且施肥、浇水、修剪等人为活动更为频繁;其次,草坪病害系统是都市园林景观生态系统的重要组成部分,但都市园林景观生态系统并不是以产出农产品为主要目的。这一特点决定了研究和防治草坪病害,必须从都市园林景观生态系统出发,并细致地分析和研究植物病害系统中各种因素及其错综复杂的相互关系和作用,特别注意人的主观能动性对草坪病害系统的影响,以及草坪病害对都市人居环境的影响。这就要求我们必须以科学的辩证唯物主义的哲学思想认识复杂多变的植物病害系统,培养分析问题以及解决问题的能力和方法。

通过学习,一是要引导学生树立正确的价值目标,深刻领会我国"预防为主,综合防治"的植物保护方针,正确树立草坪病害预防及防治的辩证观点、综合观点、经济学观点、安全观点与环境保护观点;二是要夯实学生的专业知识体系,掌握草坪病理学的基本理论,草坪病害发生基本规律及其防治方法,重点掌握我国主要草坪病害种类、分布、危害情况、发生规律及综合防治方法;三是要培养学生的实践能力,使学生掌握主要草坪草病害的鉴别能力,草坪病害的一般调查和重点调查的能力,建植草坪的保护和科学利用的规划能力;四是要增强学生的综合素质,拓展学生在微生物及其前沿技术的科学视野,培养学生在草坪病害的综合管理方面具有一定的科学素养,并具备较强的社会适应、科技创新和实践能力。要达到这些目标,除熟练掌握基本知识、基本原理和基本技能外,还应深刻了解与草坪病理学有密切关系的微生物学、草坪学、植物生理学、植物遗传学、植物生态学、气候学、土壤学和生物化学等相关学科。

第1章
草坪病理学的基本知识

植物经过自然界的长期选择和进化，适应了各自生长发育的外界环境，从而保证其按固有的遗传特性实现最优的生理机能。然而植物在生长发育过程中，总会受到各种生物和不利环境因素的影响。如果这种影响作用超过了草坪草自身所能忍耐的限度，草坪草就不能正常运转其生理机能，局部或整体发育呈现一定程度的不正常状态，甚至死亡。

1.1 草坪病害的概念

1.1.1 草坪病害

草坪草与其他植物一样，在生长发育过程中会受到各种不适宜环境条件的影响或病原物的侵害，导致其细胞和组织功能失调，新陈代谢紊乱，正常的生理过程受到干扰，最终表现为内部结构和外部形态的异常变化，草坪草出现生长不良，品质变劣，抗逆性减弱，甚至死亡，草坪景观受到破坏，造成生态和经济上的损失，这种现象称为草坪病害。正确理解草坪病害，应掌握以下几个基本点：

(1) 病害具有一定的病理变化过程

草坪病害的发生伴随着一系列的病理变化。草坪草在遭受病原物的侵染或不适宜的环境因子的影响后，首先表现为正常的生理功能失调，随后出现组织结构和外部形态的各种不正常表现，发育过程受到阻碍，这是一个逐渐加深、持续发展的病理变化过程。

(2) 病害与机械损伤性质不同

植物受到昆虫、其他动物或人为的机械损伤，以及冰雹、风灾等造成的伤害，是在短时间内受到的外界因素袭击突然形成的，受害植物在生理上未发生病理变化过程，因此不能称为病害，而称为机械损伤。病害与机械损伤是两个不同的概念，但是机械损伤会削弱植物的生长势，而且伤口往往是病原物侵入植物的重要途径，会诱发严重病害。

(3) 病害的生产观和经济观

有些植物由于人为或外界生物及非生物因素的作用，可能发生某些变态或畸形。例如，黑粉菌侵染茭草后，刺激其嫩茎细胞增生，膨大形成肉质的菌瘿，成为鲜嫩可食的蔬菜，称为茭白，增加了食用价值；郁金香在感染碎锦病毒后，花冠色彩斑斓，增加了观赏价值；在遮光埋藏下栽培的韭黄，提高了食用价值。从经济学的观点考虑，这些对人类生活和经济带来的好处是人类认识自然和改造自然的一部分，通常不称为病害或不作为病害来对待。

总之，草坪病害会造成一定的经济和社会损失，如缩短草坪利用年限、改变草坪植被组成、使草坪草品质和抗逆性显著下降，从而影响经济效益和生态系统的持久性。

1.1.2 几个相关概念

①病原：草坪病害的发生可能受到某个因素或两个以上因素的作用，其中直接导致病害发生的因素称为病原。

②诱因：非直接致病的因素称为诱因。

③病原物：引起草坪病害的生物病原称为病原物。

④病原菌：病原物是菌物、细菌的称为病原菌。

⑤寄主：遭受病原物侵染的植物称为寄主。

例如，草坪草幼苗遭受高温灼伤，引起病原菌侵染，导致茎腐病发生。其中，感病的幼苗是寄主，高温是诱因，病原菌是直接导致病害发生的因素，即病原。

1.2 草坪病害的类型

草坪病害的种类很多，其分类尚无统一的规定，现有的分类方法主要有以下几种：

(1) 按寄主类型分类

按照草坪的类型和功能，划分为冷季型草坪草病害和暖季型草坪草病害。按照不同草种类型又可分为黑麦草病害、早熟禾病害、高羊茅病害等。这种分类方法的优点是便于了解一类或一种草坪草的病害。

(2) 按病原分类

依据致病病原性质，草坪病害可分为侵染性病害和非侵染性病害两大类。侵染性病害也称寄生性病害或传染性病害。非侵染性病害也称非寄生性病害或非传染性病害。这种分类既可知道发病的原因，又可了解病害发生特点和防治的对策。

(3) 按发病部位分类

可将草坪病害分为叶部病害、根部病害、茎秆病害、种子病害等。此种分类便于诊断病害。

(4) 按生育阶段分类

可将草坪病害分为幼苗病害、成株病害等。草坪草在不同的发育阶段各有相应的养护管理方法，便于把各种病害的防治措施纳入养护管理方案中。

(5) 按传播方式分类

可将草坪病害分为气传病害、土传病害、水传病害、种传病害、虫传病害等。此种分类便于根据传播特点考虑防治措施。

不同的分类方法各有其优缺点。在实际应用中，对一种（类）病害都是按照综合方法来划分病害类别的，如早熟禾叶枯病属于叶部、气传、菌物病害。本教材按病害发生的病因类型来分类，并按寄主种类，以草种为对象，对病害进行归类。

1.2.1 侵染性病害

由各类病原物侵染引起的病害称为侵染性病害。这类病害通常先有发病中心，在适宜条件下，可在植株间传染蔓延，甚至造成流行，因此又称传染性病害。侵染性病害按病原物种类不同，又可分为菌物病害、细菌病害、病毒病害、植原体病害、线虫病害和寄生性种子植物病害等。侵染性病害的种类、数量和重要性在草坪草病害中均居首位。

1.2.2 非侵染性病害

由各种不良的物理或化学等非生物因素引起的病害称为非侵染性病害。这类病害只局限于受害植物本身，在植物间不会相互传染，因此又称非传染性病害（或生理性病害）。非侵染性病害的病原包括水分过多或过少；土壤过酸、过碱或盐分过多；温度过高或过低；光照过强或过弱；营养缺乏或不均衡；污染环境的有毒物质或气体；栽培管理不当等因素。这类病害发生的原因很复杂，多数都涉及植物生理学、气象学、土壤肥料与营养学、草坪草栽培与管理学和环境保护学等学科。

侵染性病害和非侵染性病害有时症状是相似的，特别是病毒性病害，更易与非侵染性病害混淆，必须认真仔细地观察和研究才能区分开来。二者也常常互为因果，伴随发生。当环境中物理、化学条件不适于草坪草生存时，草坪草对侵染性病害的抵抗力下降，甚至消失，如冻害可使草坪草对根腐病的抗性下降。侵染性病害也会使植物的抗逆性显著降低，如美国曾报道，白三叶因患多种病毒病而难以越冬，草地在一两年内即稀疏衰败，以致许多牧民不再种植这种草坪草。锈病可以使寄主表皮和角质层破裂，部分丧失其防止水分蒸发的能力，所以患锈病的草坪草在干旱条件下比健株提早萎蔫和枯死。这说明在正确区分非侵染性病害和侵染性病害的同时，也要注意它们之间的联系和制约条件。

1.3 草坪病害的症状

症状是植物受病原物或不良环境因素的侵袭后，内部的生理活动和外观的生长发育所表现的某种异常状态。植物生病后发生一系列的病理变化，首先是生理程序发生变化。一般表现为植物感病初期呼吸作用增强，通常可比健康组织高 2~4 倍，随后又急剧下降；细胞中酶活性发生改变；细胞渗透性增加，矿物质随着水分外漏；叶绿素的丧失或叶组织坏死，光合作用随之降低，碳水化合物以及水分运输过程受到干扰。这些生理机能的破坏和植物组织在超微结构上的病理变化必须借助先进的实验技术和手段来检测。感病植物生理机能的扰乱会进一步引起植物细胞和组织结构上的变化，通常表现为植物感病部位细胞数目增多、体积增大，细胞和组织过度生长；感病部位细胞壁或中胶层、细胞内含物被病原物分解和破坏，表现出局部或全部组织坏死，最后导致植物外部形态病变，如肿瘤、丛枝、枯斑、枝条枯死、根部腐烂等。

症状是一种表现型，是人们识别病害、描述病害和命名病害的主要依据，在病害诊断中十分有用。

1.3.1 症状的概念

植物生病后所表现的病态，称为植物病害的症状。它是植物内部发生了一系列病理变化的结果。按照症状在植物体显示部位的不同，可分为内部症状和外部症状。

1.3.1.1 内部症状

内部症状指病原物在植物体内细胞形态或组织结构发生的变化，可以在显微镜下观察和识别；少数要经过专门处理后，在电子显微镜下才能识别，如内含体、侵填体、胼胝体及维管束内部变褐等。

1.3.1.2 外部症状

外部症状指在植物外表所显示的各种病变，肉眼即可识别，可分为病状和病征。

(1) 病状

病状是患病植物外部表现出的异常状态。致病因素持续地作用于受害植物体，使之发生异常的生理生化反应，致使植物细胞、组织逐渐发生病变，达到一定显著程度时表现出来，反映了患病植物在病害发展过程中的内部变化。主要归纳为以下几类。

① 变色：草坪草感染病害后，病部细胞叶绿素被破坏或叶绿素形成受阻，其他色素增多而出现不正常的颜色，称为变色。若均匀变色，则表现为褪绿或黄化。褪绿为叶绿素减少，均匀变色，颜色变浅；而黄化为叶绿素减少，均匀变色，颜色变黄。若叶片不均匀变色，则出现花叶、斑驳、条纹和明脉等病状。花叶是由形状不规则的深绿、浅绿、黄绿或黄色部位相间形成的不规则杂色，不同颜色的部位轮廓清晰。若变色部位轮廓不清晰则称为斑驳。若叶脉变色称为脉变色，主叶脉和次叶脉呈半透明状，称为明脉。常见有冰草属(*Agropyron*)、狗牙根属(*Cynodon*)、黑麦草属(*Lolium*)等草坪草的黄矮病，羊茅属(*Festuca*)、早熟禾属(*Poa*)、剪股颖属(*Agrostis*)等草坪草的花叶病等。

② 坏死：草坪草的细胞和组织受到破坏而死亡，称为坏死。因发病部位和病原物的不同其表现的特征也有明显的差异。

在叶片上，坏死常表现为叶斑和叶枯。叶斑是指在叶片上形成轮廓清晰的局部病斑，病斑的形状、颜色、大小、结构特点和产生部位等特征都不相同，是病害诊断的重要依据。病斑的形状有圆形、椭圆形、梭形、不规则形等。有的病斑扩大受叶脉限制，形成角斑；有的沿叶肉发展，形成条纹或条斑；有的叶斑周围形成木栓层后，中部组织枯焦脱落而形成穿孔。不同病害的病斑，大小相差很大，有的不足1mm，有的长达数厘米，较小的病斑扩展后可汇合连接成较大的病斑。典型的草瘟病病斑由内向外可分为崩坏区(病组织已死亡并解体，灰白色)、坏死区(病组织已坏死，褐色)和中毒区(病组织已中毒，呈黄色) 3 个层次，坏死组织沿叶脉向上下发展，逸出病斑的轮廓，形成长短不一的褐色坏死线。许多病原真菌侵染禾草引起的叶斑缺少崩坏部，坏死部发达，其中心淡褐色，边缘浓褐色，外围为宽窄不等的枯黄色中毒部晕圈。有的病害叶斑由双层或多层深浅交错的环带构成，称为轮斑、环斑或云纹斑。

叶枯是指在较短时间内叶片出现大面积的枯死，病斑轮廓不明显。禾草叶枯病多由叶尖开始逐渐向叶片基部发展，而雪霉叶枯病则主要由叶鞘或叶片基部与叶鞘相连处开始枯死。草坪草的根、茎、叶片、叶鞘、果、穗等各部位都可以出现病斑，造成叶枯、枝枯、茎枯、落叶、落果等。

③ 腐烂：是指植物细胞和组织发生较大面积的消解和破坏。植物的各个器官均可发生腐烂，尤其是多肉而幼嫩的组织发病后更容易腐烂，如果实、块根等。引起腐烂的原因是病原物分泌的酶溶解了植物的果胶层和细胞壁，使细胞死亡并且离散，病组织向外释放水分和其他内含物。腐烂可分为干腐、湿腐和软腐等类型。若组织解体缓慢，病组织释放的水分蒸发及时，含水较少或木质化组织则常发生干腐；若病组织解体较快，不能及时失水，则形成湿腐；若病组织中胶层受到破坏和降解、细胞离析，而后发生细胞消解，则称为软腐。根据腐烂症状发生部位，分别称为芽腐、根腐、茎腐、叶腐等，如禾草芽腐、根

腐、根颈腐烂等。依腐烂部位的色泽和形态不同还可分为黑腐、褐腐、白腐、绵腐等。

④萎蔫：草坪草根部或茎部维管束受病原菌侵害发生病变，水分吸收和输导受阻，表现为失水状态，引起叶片枯黄、凋萎，造成黄萎或枯萎。植株迅速萎蔫死亡而叶片仍呈绿色的称为青枯。有时土壤缺水也会发生生理性枯萎，但在供水后可以得到恢复，而由真菌或细菌引起的凋萎一般不能恢复。因病原物不同引发的植物萎蔫发生的速度也有差别，一般来说，细菌性萎蔫发展快，植物死亡也快，常表现为青枯，而真菌性萎蔫发展相对缓慢，从发病到表现症状需要一定的时间，一些不能获得水分的部位表现出缺水萎蔫、枯死等症状。

⑤畸形：草坪草受病原物产生的激素类物质的刺激，其细胞或组织过度生长或发育不足的现象。常见的类型有增大型：病组织内局部细胞体积增大，但细胞数量并不增多，如根结线虫在根部取食时，在线虫头部周围的细胞因受线虫分泌毒素的影响，刺激增大而形成巨型细胞，外表略呈瘤状凸起；增生型：病组织的薄壁细胞分裂加快，数量迅速增多，使局部组织出现肿瘤或癌肿，植物的根、茎、叶上均可形成肿瘤。细小的不定芽或不定根的大量萌发成为丛枝或发根也是组织增生的结果；减生型：减生是细胞或组织的减生，病部细胞分裂受阻，生长发育也减慢，造成植株的矮缩、矮化、小叶等症状；变态或变形型：叶片的畸形，如叶变小、叶面高低不平的皱缩、叶片沿主脉下卷或上卷的卷叶、卷向与主脉垂直的缩叶等。

病状是寄主植物和病原物在一定外界条件的影响下相互作用结果的外部表现，是以各自的生理机能或特性为基础的，而每种生物的生理机能，都是在质上有特异性，并且是相对稳定的。病变，作为这种相互作用过程的结果，一般其发展是定向的。病状作为病变过程的表现，其特征也是较稳定的和具有特异性的。植物侵染性病害多数经历一个由点片发病到全面发病的流行过程。在草坪上点片分布的发病中心极为醒目，称为病草斑或枯草斑，其形态特征是草坪病害诊断的重要依据，因而需仔细观察记载枯草斑的位置、大小、颜色、形状、结构和斑内病株生长状态等特征。通常斑内病株较斑外健株矮小衰弱，严重发病时枯萎死亡。但是，有时枯草斑中心部位的病株恢复生长，重现绿色，或者死亡后为其他草种取代，仅外围一圈表现枯黄，呈蛙眼状等。

（2）病征

草坪草感染病害后，病组织上出现的病原物营养体或繁殖体，称为病征，如真菌的菌丝体、孢子堆，细菌的菌脓等。草坪草感染后主要的病征有以下几类：

①粉状物：在发病部位某些菌物产生相当数量的孢子密集在一起形成各种颜色的粉状物。可以分为白粉、黑粉、锈状粉等，各代表一大类菌物引起的病害，这些病害以病征特点分别命名为白粉病、黑粉病、锈病等。如剪股颖、狗牙根等多种草坪草的白粉病，早熟禾、猫尾草的黑粉病等。

②霉状物：病部产生各种霉层，不同的病害，霉层的颜色、结构、疏密等变化较大。可分为霜霉、黑霉、灰霉、青霉、白霉等。霉状物由病原菌的菌丝体、分生孢子梗和分生孢子构成，如霜霉病病株叶片上产生的霜霉层，为病原菌的孢囊梗和孢子囊。寄主可能同时存在坏死和腐烂等病状。

③粒状物：病株病部产生各种大小、形状、色泽和着生方式的小颗粒，包括菌物的分生孢子器、分生孢子盘、子囊壳、子座等。

④菌核：真菌菌丝交结形成的一种致密组织结构。形状大小差别很大，初期为淡色，后期多数为黑色，少数棕色，常伴随整株或局部腐烂或坏死病状产生，发生在植物病部体表，或茎秆内部髓腔中的病害称为菌核病。

⑤脓状物或胶状物：病部出现的脓状黏液，干燥后成为胶质的颗粒或菌膜，这是细菌病害特有的病征，如细菌性萎蔫病患病部位的溢脓。

病征是由病原微生物的群体或器官着生在病体表面所构成的，它更直接地暴露了病原在质上的特点。病征的出现与否和出现的明显程度，虽受环境条件的影响很大，但一经表现出来却是相当稳定的特征，所以根据病征能够正确地判定病害。很多种植物病害是直接以其病征的特点而命名的，如锈病、黑粉病、霜霉病、白粉病、煤污病等。

草坪草病害的病状和病征常产生于同一部位，二者相互联系，又有一定区别。一般来说，草坪草病害都有病状，而病征只有由菌物、细菌和寄生性种子植物所引起的病害表现较为明显，如早熟禾叶枯病等。但有时草坪草病害的病状表现不明显，而病征部分特别突出，如禾草白粉病，早期难以看到寄主典型的特征性变化。也有一些病害只有病状，如病毒、植原体、大多数病原线虫等，它们属体内寄生，在植物体外看不到病征。

1.3.2　症状的变化

草坪病害症状的复杂性还表现在它有种种的变化。多数情况下，一种植物在特定条件下发生一种病害后仅出现一种症状，但大多数病害的症状并非固定不变或只有一种症状，可以在不同阶段或不同抗性的品种上或者在不同的环境条件下出现不同类型的症状。不同的病原物侵染也可以引起相似的症状。具体可分为以下几种情况：

（1）典型症状

一种病害在不同阶段或不同抗病性的品种上或者在不同的环境条件下出现不同的症状，其中一种常见症状成为该病害的典型症状，如斑点、腐烂或萎蔫等。

（2）综合症

有的病害在一种植物上可以同时或先后表现两种或两种以上不同类型的症状，这种情况称为综合症。如草坪褐斑病在感病初期和环境湿度变化时表现不同的症状。

（3）并发症

当两种或多种病害同时在一株植物上混合发生时，可以出现多种不同类型的症状，这种现象称为并发症。有的会发生彼此干扰的拮抗现象，即只出现一种症状或症状减轻；也有互相促进加重症状的协生现象，甚至出现完全不同于原有各自症状的第三种类型的症状。

（4）隐症现象

病害症状出现后，由于环境条件的改变，或者使用农药治疗后，原有症状逐渐减退直至消失，这种现象称为隐症。表现隐症的病株，病原物在它的体内还是正常地繁殖和蔓延，病株的生理活动也有所改变，但是外面不表现明显的症状。一旦环境恢复或农药作用消失，隐症的植物还会重新显症。

对于复杂的症状变化，首先需要对症状进行全面了解，对病害的发生过程进行分析，如症状发展的过程、典型的和非典型的症状以及由于寄主植物反应和环境条件不同对症状的影响等，并结合查阅资料，进一步鉴定其病原物，才能做出正确的诊断。

1.4 植物病害系统主要因素间的关系

植物与其他生物和非生物因素之间的关系是错综复杂的。就植物与微生物群落的关系而论，大多数微生物是植物生存所必需的，或者是对植物无害的，而少数种群却以植物为营养的摄取对象，引起病害，成为有害于植物健康和生存的因素。植物与周围温度、湿度、光照、土壤诸因素的关系，以及微生物与微生物、微生物与非生物因素的关系也同样复杂。这些错综复杂的关系往往直接或间接地与植物病害的发生和发展相关联。

在病害发生过程中，寄主植物和病原物之间不断进行相互斗争，如果寄主战胜病原物，就不会发病，这种植物就是抗病的，或者叫作有抗病性的。反之，当病原物战胜了寄主时，就会发病，这种寄主植物就叫作感病的寄主。因此，感病寄主的存在是植物病害系统中病害发生发展的另一个重要因素。同时，说明有病原存在，植物也不一定生病，植物作为活的有机体对病害必然也有抵抗反应，病害能否发生也取决于植物抗病能力的强弱。所以，栽培抗病品种和提高植物的抗病性是防治植物病害的主要措施。

在草坪病害发展过程中，病原和寄主是一对矛盾关系。这一矛盾关系的发展虽然主要取决于病原和寄主本身的状况，但环境条件也起着重要的作用，往往可以决定病害是否发生或者发生的严重程度。环境条件包括气候、土壤、栽培等非生物因素和人、昆虫、其他动物及植物周围的微生物区系等生物因素。环境条件一方面直接影响病原物，促进或抑制其生长发育；另一方面也可以影响寄主的生活状态和抗逆能力。因此，只有当环境条件有利于病原物而不利于寄主植物时，病害才能发生和发展；反之，当环境条件有利于寄主植物而不利于病原物时，病害就不发生（或者受到抑制）。例如，草坪锈病，湿度高、雨量大、雨日长，有利于锈菌侵染，发病严重；反之不发病或发病轻。在防治病害时必须充分重视环境条件，使之有利于植物抗病力的提高，而不利于病原的发生和发展，从而减轻或防止病害的发生。

寄主、病原和环境条件是草坪植物病害发生发展的3个基本要素。在自然生态系统中，病原和感病寄主之间的相互关系是在环境条件影响下进行的，三者之间存在着复杂的辩证关系，共同制约着病害的发生和发展，称为病害的三角关系（图1-1）。但在草坪病害系统中，草坪主要是在人的活动下形成的，人为因素在病害发生发展中具有很大的作用，因此，在上述寄主、病原和环境关系中，再加上人的因素，构成了草坪病害的四角关系，简称病害四面体（图1-2）。该关系主要是在环境中强调了人的作用。

草坪病害的发生和消长受种种自然因素、人为因素的影响，人们只有全面和深入地了

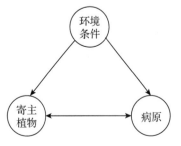

图1-1 病害的三角关系

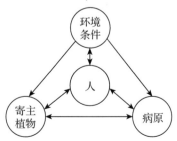

图1-2 草坪病害的四角关系

解植物病害系统中各因素之间的相互关系和作用，才能正确地制定防治策略，有效地控制病害。

小结

草坪病害是草坪草受到病原物或不良环境的连续侵扰，生理活性受到干扰而表现异常状态。病原是直接导致病害发生的因素，其中生物病原称为病原物，病原物为菌物和细菌的称为病原菌。根据有无病原物侵染以及能否传染的特点，草坪病害分为侵染性病害和非侵染性病害两类。

草坪病害的外部症状包括病状和病征。

病状：①变色：褪色、明脉、斑驳、花叶、线纹、饰纹、黄化、红化或白化。②坏死：斑点、条斑、环斑、轮斑、叶枯、梢枯、立枯、猝倒等。③腐烂：干腐、湿腐、软腐。④萎蔫：青枯、枯萎、黄萎、凋萎。⑤畸形：癌肿、丛生、发根、恶苗、根结、肿瘤、矮缩、矮化、小叶、扁茎、蕨叶等。

病征：粉状物、霉状物、粒状物、菌核、脓状物或胶状物等。

草坪病害的发生发展受寄主、病原物和环境三要素影响，通常称为病害的三角关系，加上人为因素的影响也称病害的四角关系。只有对草坪病害的形成有一个系统和全面的理解，才能制定有效的防治策略。

思考题

1. 什么是草坪病害？
2. 根据病原不同，草坪病害分为哪两大类？
3. 侵染性病害和非侵染性病害有何区别？
4. 引起侵染性病害的病原有哪些？
5. 什么是症状？怎样区分病状与病征？
6. 草坪草各有哪些病状类型和病征类型？
7. 试述植物病害系统中各主要因素之间的关系。

第 2 章
草坪侵染性病害的病原物

引起草坪侵染性病害的病原物有多种，按照其分类的不同，可以将其分为菌物、原核生物、病毒、线虫及寄生性植物等。不同病原物引起的草坪病害的症状、危害程度和防治方法等往往是不同的，因此，了解侵染性病害的病原物，是对病害进行深入研究的基础。

2.1 病原菌物

菌物（fungi）是指具有真正细胞核、无光合色素，以吸收或吞噬的方式获取养分的异养微生物，典型的营养体为丝状体（少数为单细胞、原质团），有或无细胞壁，细胞壁的主要成分为几丁质（chitin）或纤维素（cellulose），通过产生孢子的方式进行繁殖的生物。菌物在地球上几乎无处不在，是自然界生物群体中一个庞大的类群。根据植物和菌物物种的比例，Hawksworth 1991 年估算出全球菌物约有 150 万种，Brien 等 2005 年对环境样本进行大规模测序分析后，推测出土壤中菌物物种有 350 万~510 万种。目前，全世界已被描述记录的菌物约有 15 万种，据估测中国有 8 万~10 万种，已被描述的约有 1.5 万种。

菌物在自然生态系统中扮演着重要的角色，其重要作用与其营养方式密切相关。菌物的营养方式有腐生、寄生和共生 3 种方式。大多数菌物是腐生的（saprophytic），即只能在死亡的有机体（如枯枝、落叶或朽木等）上获得营养物质而生存，该类菌物具有很强的分解木质素、纤维素、半纤维素等多种复杂有机物质的能力，从而将营养重新释放到生物圈中，起到促进物质再循环，维持生态平衡的作用。有的菌物是寄生的（parasitic），即必须从其他活的生物体上获得营养物质而生存，提供营养物质的一方称为寄主（host），攫取营养的一方称为寄生物（parasite），该类菌物以寄主为寄居场所和营养来源，除少数寄生物对寄主较少危害甚至无害外，许多寄生物对寄主的正常生长造成危害，严重时会导致寄主死亡，如白粉菌、霜霉菌、锈菌、丝核菌、炭疽菌等病原菌物，可引起草坪草的多种病害。有的菌物是共生的（symbiotic），即与其他生物共同生活在一起，相互依赖彼此有利，倘若彼此分开，则双方或其中一方便无法生存，此类菌物多与植物根系形成互惠共生体即菌根（mycorrhiza），帮助植物更好吸收水分和养料，促进植物生长发育，还能提高植物的抗病能力。

在植物病害中，80%以上是由菌物引起的，几乎每种植物都会遭受几种甚至十几种菌物侵染而引起病害，目前已记载的植物病原菌物有 8 000 多种，常见的各类植物包括草地植物的白粉病、霜霉病、锈病、叶斑病等，每年都会给农林草业生产造成严重的经济损失。因此，在草坪有害生物及其治理中，熟悉和研究菌物病害是十分重要的。

2.1.1 菌物的营养体

生活中随处可见食物、水果或蔬菜发霉的现象，俗称长毛，其实这些"毛"即霉层就是菌物的营养体及繁殖体。菌物的营养体是菌物营养生长阶段所形成的结构，具有吸收、运输、贮藏水分和养分的功能。菌物的繁殖体是菌物营养生长一定时期后，由营养体部分或全部转变为传宗接代的繁殖结构。

2.1.1.1 菌物营养体的类型

菌物是多型性生物，在营养生长过程中，不同的菌物表现不同类型的营养体。菌物的营养体通常有3种类型：第一种营养体的类型为菌丝（hyphae），是菌物中绝大多数真菌和卵菌的典型营养体。第二种是单细胞（single cell），为少数真菌（如酵母菌和壶菌）的营养体。第三种是一团多核的无细胞壁的原生质，即原质团（plasmodium），形状似变形虫，可以随着原生质的流动而移动，是原生动物界中一些菌物（如黏菌和根肿菌）的营养体。

这里主要介绍第一种营养体类型——菌丝，构成菌物营养体的单根细丝称为菌丝，相互交织成的菌丝集合体称为菌丝体（mycelium）。菌丝是菌物的营养器官，其功能是摄取水分和养分。菌丝通常呈管状，直径5~6 μm，内含原生质，四周由相对坚硬的细胞壁包围。细胞壁无色透明，有些菌物细胞质中含有各种色素，使菌丝呈现不同的颜色。低等菌物的菌丝无隔膜，整个菌丝体为一无隔多核的可分支的管状细胞，称为无隔菌丝（aseptate hypha）。高等菌物的菌丝有隔膜（septa），将菌丝隔成许多长圆筒形的细胞，称为有隔菌丝（septate hypha）。菌物的菌丝如图2-1所示。菌丝隔膜是由菌丝细胞壁向内做环状生长而形成的，具有支撑菌丝、防止菌丝机械损伤后细胞质的流失和增加菌丝机械强度的作用。不同种类的菌物隔膜的结构不同，通常有4种类型：第一种为封闭隔膜，多数无隔菌丝当菌丝形成繁殖器官、衰老或受伤时常形成完全封闭的隔膜（图2-2A）。第二种为单孔隔膜，隔膜中央具有一个较大的中心孔，是子囊菌和无性态真菌菌丝的隔膜类

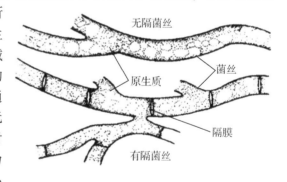

图 2-1 菌物的菌丝

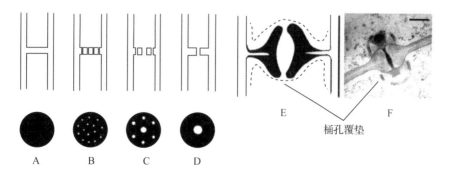

图 2-2 菌丝隔膜类型及其剖面图（邢来君等，1999）

A. 低等菌物菌丝的封闭隔膜　B. 白地霉菌丝的多孔隔膜　C. 镰孢菌菌丝的多孔隔膜
D. 子囊菌的单孔隔膜　E、F. 担子菌的桶孔隔膜

型(图 2-2D)。第三种为多孔隔膜,隔膜上有两个以上小孔,小孔在隔膜上的排列有差别,是白地霉(*Geotrichum*)和一些镰孢属(*Fusarium*)菌物菌丝的隔膜类型(图 2-2B、C)。第四种为复式隔膜,又称桶孔隔膜,即隔膜有一中心孔,孔的边缘膨大成炸面圈或琵琶形,外面覆盖一层由内质网形成的弧形的膜,即为桶孔覆垫,覆垫上有多个小孔,这种隔膜称为桶孔隔膜,是多数担子菌菌丝常见的隔膜类型。菌丝细胞内的细胞质和细胞核可以通过隔膜上的孔进入相邻的细胞(图 2-2E、F)。

菌丝的生长是以菌丝的顶端部分生长和延伸,且侧面不断产生分支(图 2-3),使菌丝从一点向四周呈辐射状延伸生长,通常都会形成圆形菌落。因此,真菌菌落(fungal colony)一般是指在一定培养基上,接种某种真菌的一个孢子或一段菌丝,经过培养,向四周蔓延生长,由菌丝和孢子组成的丝状群体(图 2-4)。此外,菌体的每一部分都有潜在生长能力,在合适的基质上,单根菌丝片段完全可以生长发育成一个完整的菌落。菌丝通常是肉眼无法看到的,只有当形成菌落时才可以看到。有些真菌产生子实体或菌核,则菌落表面呈颗粒状。有的菌落出现同心环或辐射状沟纹。有些真菌只在菌落中间区域生出分生孢子,边缘菌丝则不生育。不同菌物形成的菌落大小也可能不同,有些种的菌落可蔓延扩展到整个培养基,而另一些种的菌落则局限生长。许多危害植物叶片的菌物,其菌丝在叶片组织内在各个方向的扩展不受限制,因而多形成圆形的病斑。自然界中,草坪上出现的蘑菇圈是蘑菇的菌丝慢慢由中间向四周辐射生长而形成的由蘑菇(子实体)围成的圆圈,又称仙人圈。

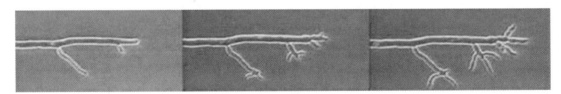

图 2-3 菌丝的顶端生长

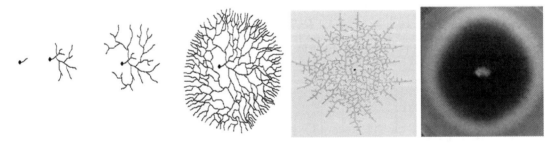

图 2-4 菌物的孢子在培养基上生长的过程

2.1.1.2 菌物的细胞结构

植物病原菌物的菌丝细胞由细胞壁、细胞质膜、细胞质(内含各种细胞器)和细胞核组成(图 2-5)。

细胞壁(cell wall)是菌丝细胞的最外层结构,起着保护细胞及调节营养物质的吸收和代谢产物的分泌等作用。所有菌物细胞壁都具有纤维状和无定形组分。纤维状组分包括几丁质或纤维素，都是由 β-(1,4)多聚物形成的微纤丝，大多数菌物细胞壁的主要成分为几丁质，少数为纤维素。无定形组分包括甘露聚糖和 β-(1,3)、β-(1,6)、α-(1,3)葡聚糖等基质多糖，常混杂在微纤丝网中。细胞壁中微纤丝和基质多糖可以作为菌物分类的一个重要依据。此外，细胞壁中还含有蛋白质、类脂及无机盐等物质。

菌物细胞质膜（plasma membrane）是蛋白质和脂质组成的单位膜，控制着细胞与外界物质的交换。由于质膜具有选择透过性，使得细

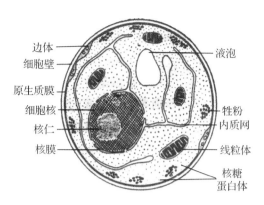

图 2-5　菌丝的细胞结构

胞内化学组分不同于外部环境。存在于细胞质中的细胞器和大分子物质都被严密地包围在细胞质膜内，从而使细胞维持正常的生命活动。细胞质中的细胞器包括线粒体、核糖体、内质网、液泡、泡囊、微管、脂肪体及结晶体等。菌物的线粒体（mitochondrion）具有双层膜，外膜光滑，内膜较厚，常向内延伸成不同数量和形状的嵴。嵴的形状与菌物的类群有关，如壶菌、接合菌、子囊菌和担子菌的嵴为板片状，卵菌的嵴为管状。菌物线粒体含有参与呼吸作用、脂肪酸降解和各种其他反应的酶类，与动物、植物线粒体的功能（线粒体是细胞有氧呼吸的主要场所，为细胞代谢提供能量）相似，是菌物的一个重要的细胞器。所有菌物细胞中至少有一个或几个线粒体，其数目随着菌龄的不同而变化。线粒体中含有闭环状脱氧核糖核酸（DNA），并拥有自己的 DNA、核糖体和蛋白质合成系统。线粒体的核糖体和细胞质的核糖体的区别在于线粒体的核糖体体积比较小，含有较小的核糖核酸（RNA）和不同的碱基百分比。核糖体（ribosome）是细胞质和线粒体中的微小颗粒，包含 RNA 和蛋白质，直径 20~25 nm。细胞质内的核糖体呈游离状态，有的与内质网和核膜结合。线粒体的核糖体存在于线粒体内膜的嵴间。细胞质的核糖体 RNA 通常由于沉降系数的不同而分为 25S rRNA、18S rRNA、5.8S rRNA 和 5S rRNA。25S rRNA 的相对分子质量在各种菌物中有一定区别，18S rRNA 的变化不大。核糖体包括 60S 和 40S 两种主要亚基。60S 大亚基包括 25S rRNA、5.8S rRNA、5S rRNA 和 39~40 种蛋白质，40S 小亚基包括 18S rRNA 和 21~24 种蛋白质。此外，核糖体又称核蛋白体，是蛋白质合成的场所。单个的核糖体可结合成多聚核糖体。

大多数菌物细胞中有一种叫作膜边体（lomasome）的细胞器，位于细胞膜和细胞壁之间，由单层膜包被，为菌物特有，其功能可能与细胞壁的形成有关。微体（microbody）普遍存在于菌物体中，是一种圆形或卵圆形的电子密集的膜结构，其内部具有过氧化氢酶、过氧化物酶和乙醛酸循环酶类，因而微体具有与代谢相关的功能。子囊菌和无性态菌物的细胞质中还有一种叫作伏鲁宁体（woronin body）的结构，是一类由单层膜包围的电子密集的基质构成的较小球状细胞器，常分布在隔膜孔附近，具有塞子的功能，平时可以调节两个相邻细胞间细胞质的流动，当菌丝受伤后会堵塞隔膜孔而防止细胞质流失。此外，在少数低等菌物，如根肿菌和腐霉菌中有高尔基体出现。

菌物的细胞核直径 2~3 μm，比其他真核生物的细胞核小，在光学显微镜下不易观察到。不同种菌物或同种菌物在不同的发育阶段所含细胞核数目不同，有隔菌丝的单个细胞

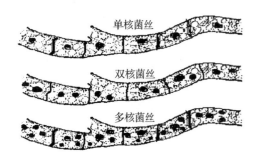

图 2-6 单核菌丝、双核菌丝和多核菌丝

通常含有 1 个细胞核，有的可以含有 2 个或多个细胞核。因此，按菌丝细胞内细胞核的个数，菌丝又可分为单核菌丝、双核菌丝和多核菌丝（图 2-6）。在无隔菌丝中，细胞核随机分布在生长活跃的菌丝细胞质内。菌物的细胞核具有核膜（有孔）、核仁、核液和染色质。菌物的细胞核也像高等植物一样进行有丝分裂，不同的是菌物的核膜在细胞核分裂过程中不消失，纺锤体在细胞核内形成。菌物的染色体由比例大致相等的组蛋白和 DNA 组成。菌物染色体很小，很难在光学显微镜下直接检测其数目，近年来人们采用脉冲电场凝胶电泳检测丝状真菌的染色体数目和大小。大多数菌物的营养体细胞是单倍体，少数菌物（卵菌）为二倍体。

2.1.1.3 菌丝的变态类型

菌物为了适应生存的需要，营养体可以转变成有别于菌丝形态的、具有一定功能的结构。主要类型有：吸器、附着胞、附着枝、假根、菌环和菌网。

（1）吸器

许多活体营养菌物的菌丝体上产生一种短小分支，穿过寄主细胞壁，在寄主细胞内形成的膨大或分枝状的结构，称为吸器（haustorium）。吸器有球状、指状、掌状及丝状等（图 2-7、图 2-8）。吸器有助于增加寄生性菌物吸收营养的面积，提高其自寄主细胞内吸取养分的效率。无论菌丝还是吸器，其吸收方式大致都是通过渗透压作用来实现的，专性寄生菌（如锈菌、霜霉菌、白粉菌等）都有吸器。

（2）附着胞

附着胞（appressorium）是寄生性菌物在侵入寄主植物表面过程中形成的特殊结构，其形成过程

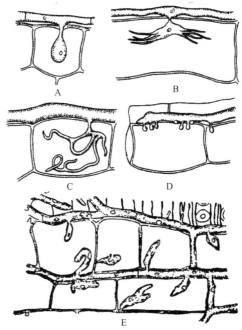

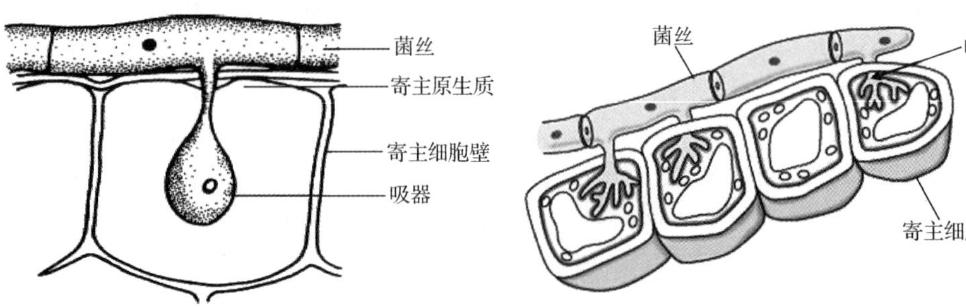

图 2-7 菌物的吸器类型（方中达，1998）
A. 白粉菌（球状） B. 白粉菌（掌状） C. 霜霉菌（丝状） D. 白锈菌（小球状） E. 锈菌（指状）

图 2-8 球状吸器（许志刚，2009）和丝状吸器（Benjamin Cummings，2002）

是：孢子萌发形成芽管，芽管延伸顶端膨大形成附着胞，可牢固地附着在寄主体表面，其下方产生侵入丝（又称侵入钉）自气孔或直接穿透寄主角质层和表层细胞壁，再发育成正常粗细的菌丝（图2-9）。附着胞的形成与病原菌的致病作用相关，并可参与寄主的亲和性识别及信号传导等早期反应。

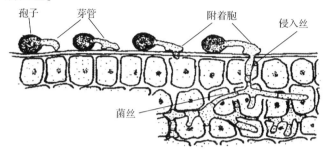

图2-9　菌物附着胞的形成过程（宗兆峰等，2010）

（3）附着枝

附着枝（hyphopodium）是一些菌物（如小煤炱目）菌丝两旁生出的具有1~2个细胞的耳状分支，起附着和吸收营养的功能，无侵入功能（图2-10）。

（4）假根

有些菌物（如黑根霉和一些壶菌）的部分菌丝变为类似植物根的结构，称为假根（rhizoid），其深入基质吸收营养，并起固着支撑菌体的作用。连接两组假根之间的匍匐状菌丝称为匍匐丝（或匍匐枝）。匍枝根霉菌物的假根如图2-11所示。

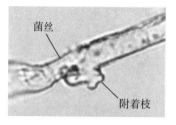

图2-10　菌物的附着枝

（5）菌环和菌网

菌环（annulus）和菌网（hyphal network）是捕食性菌物的一些菌丝分支分化形成的环状或网状结构，用于捕捉线虫等小动物，然后从环上或网上长出菌丝侵入线虫体内吸收养分（图2-12）。

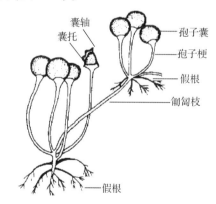

图2-11　匍枝根霉菌物的假根

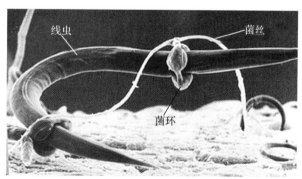

图2-12　被菌环捕获的线虫（许志刚，2009）

2.1.1.4　菌丝组织体

菌物的菌丝体一般是分散的，但在生活史中的某个阶段有时可以密集地互相交织在一起形成菌丝组织体。根据交织的紧密程度，交织较疏松的称为疏丝组织，是由大致平行排列的长形细胞组成,机械力可使其分离;而交织较紧密的称为拟薄壁组织,由近圆形或多角形的薄壁细胞组成,不易分离,一般要用碱液煮才能使其分开(图2-13)。由这两类菌丝组织体可进一步构成菌核、子座、菌索等结构,这些结构在菌物的繁殖、传播和抵御不良环境等方面有着特殊功能。

(1) 菌核

菌核(sclerotium)是由菌丝组织体形成的一种较为坚硬的颗粒状物,其形状、大小、颜色和质地随菌物的不同而异。典型菌核的内部是疏丝组织,外层是拟薄壁组织,多为黑褐色或黑色。菌核按其发育类型主要分为真菌核(完全由菌丝组织体形成)和假菌核(由菌丝组织体和寄主组织结合在一起形成)。菌核是一种渡过不良环境条件的休眠体,对高温、低温、干旱抗性强,当环境条件适宜时,菌核可萌发产生菌丝体(如丝核菌 *Rhizoctonia*)或直接形成产孢结构——子囊盘(如核盘菌 *Scleorotinia*)或子座(如麦角菌 *Claviceps*),从这些产孢结构上再进一步产生孢子,而菌核一般不直接产生孢子(图2-14)。

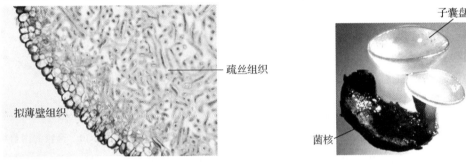

图2-13 菌核的显微结构　　图2-14 菌核及其萌发形成的子囊盘

(2) 子座

子座(stroma)是由拟薄壁组织和疏丝组织形成的包裹真菌繁殖体的结构。有的子座是菌组织和寄主植物组织结合而形成的,称为假子座(pseudostroma)。子座的形状有垫状、柱状、头状、棍棒状等。子座成熟后,在其内部或上部发育出各种无性繁殖和有性生殖的结构(图2-15)。子座既是菌物渡过不良环境的休眠体,又是产孢结构,在条件适宜时在其上或其内可发育出各种无性繁殖或有性生殖的结构。

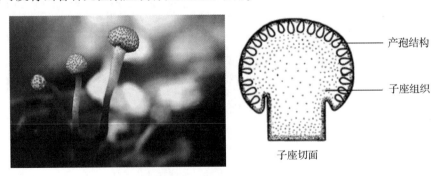

图2-15 子座及其解剖结构示意图

(3) 菌索

菌索(rhizomorph)是由菌丝组织体形成的绳索状结构,外形类似高等植物的根,又称根状菌索(图2-16)。高度发达的菌索分化为颜色较深的拟薄壁组织皮层和疏丝组织髓部。

顶端有生长点，可以沿基质表面蔓延，是营养运输和吸收的组织结构，也可抵抗不良环境，当环境转佳时，又从尖端继续生长、延伸及侵入。菌索在引起树木病害和木材腐烂的高等担子菌中最常见。

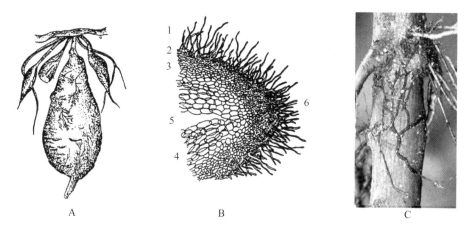

图 2-16　真菌的菌索及其结构
A. 甘薯块上缠绕的菌索　B. 菌索的解剖结构　C. 缠绕在茎秆上的黑色菌索
1. 疏松的菌丝　2. 胶质的疏松菌丝层　3. 皮层　4. 心层　5. 中腔　6. 尖端的分生组织

2.1.2　菌物的繁殖

菌物的生长发育过程，要经历营养生长和繁殖两个阶段。营养生长后，菌物进入繁殖阶段。黑曲霉（*Aspergillus niger*）菌落的营养体和繁殖体如图 2-17 所示。菌物繁殖的基本单位为孢子（spore），其功能相当于高等植物的种子。菌物在繁殖过程中形成的产孢结构，无论是无性繁殖还是有性生殖、结构简单还是复杂，通称为子实体（fruiting body），其功能相当于高等植物的果实。不同菌物的子实体类型不同，如子囊菌的子实体称为子囊果（ascocarp），担子菌的子实体称为担子果（basidiocarp），而无性态真菌的子实体称为载孢体（conidiomata）。

图 2-17　营养体（白色菌丝）**和繁殖体**（黑色颗粒）

多数菌物进行繁殖时，一部分营养体转变为繁殖体，其余部分营养体仍然行使营养体的功能，这种类型的产果方式称为分体产果（eucarpic）。有些低等菌物进行繁殖时，其全部营养体转变为一个或多个繁殖体，为整体产果（holocarpic）。菌物繁殖的方式有无性繁殖、有性生殖和准性生殖3种方式。菌物繁殖有非常重要的意义，一方面繁殖有利于新个体的形成以便于物种的延续；另一方面繁殖结构从营养结构上分化出来，表现出各种不同的形态，构成了菌物分类的基础，如果没有繁殖阶段几乎没有几种菌物可被识别。

2.1.2.1　菌物的无性繁殖

菌物的无性繁殖（asexual reproduction）是指菌物不经过性细胞或性器官的结合，直接从营养体上经有丝分裂后产生孢子的繁殖方式。菌物的无性繁殖方式有断裂、裂殖、芽殖和原生质割裂（图 2-18）。菌物无性繁殖产生的各种孢子称为无性孢子（asexual spore）或丝分裂孢子（mitospore）。菌物的无性繁殖能力很强，短期内可产生大量的无性孢子。植物病原菌物的无性繁殖通常在植物生长季节反复多次进行，对植物病害的发生、传播、蔓延起着重要的作用。菌物无性繁殖的方式和过程，以及不同菌物产生形态不同的无性孢子类型(形态、大小、色泽、细胞数目、产孢部位和排列方式)是菌物鉴定和分类的重要依据。

(1) 菌物的无性繁殖方式

①断裂(fragmentation)：是指菌物的菌丝断裂成短段或菌丝细胞相互脱离产生孢子，如节孢子和厚垣孢子。当菌物的菌丝生长到一定时期，细胞与细胞之间相互脱离，形成许多单细胞的小段，或在菌丝体上形成更多的隔膜，将原来的菌丝细胞分隔成较短的近方形或椭圆形细胞，这些细胞排列成串或相互脱离，形成节孢子(arthrospore，图2-18A)。有些菌物的菌丝体中个别细胞膨大形成具有厚壁的厚垣孢子。厚垣孢子形成后可以脱离菌丝体或继续连接在菌丝体上。当条件适宜时，每个孢子和断裂的菌丝片段都可以萌发形成新的菌丝体。

②裂殖(fission)：是指菌物的营养体细胞一分为二，变成两个菌体的繁殖方式。裂殖主要发生在单细胞菌物中，与细菌的裂殖方式相似，产生的后代称为裂殖孢子(图2-18B)，如黏菌和裂殖酵母菌。

③芽殖(budding)：单细胞菌物的营养体、孢子或丝状真菌的产孢细胞以芽生的方式产生无性孢子。例如，酵母菌的母细胞由某一个点向外突起并逐渐膨大形成芽孢子，芽孢子脱落后发育成与母细胞形状、大小相似的新个体(图2-18C)。有些菌物在与母细胞脱离前可以连续进行芽殖，形成成串的芽孢子，芽孢子细胞稍微伸长，还可以形成与菌丝形状相似的假菌丝。有些营养体为菌丝体的菌物，其分生孢子梗顶端的产孢细胞也常以芽殖的方式产生单生或串生的芽生式分生孢子。

④原生质割裂(cleavage)：是指成熟孢子囊内的原生质被分割成许多小块，每小块的原生质连同其中的细胞核共同形成一个孢子。产生的后代称为游动孢子或孢囊孢子，二者

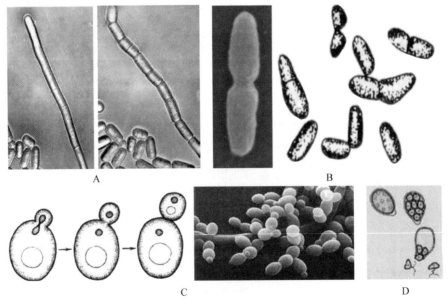

图2-18 菌物的无性繁殖方式

A. 白地霉菌丝断裂产生节孢子　B. 酵母菌裂殖产生裂殖孢子　C. 酵母菌芽殖产生芽孢子
D. 游动孢子囊原生质割裂产生游动孢子并释放游动孢子

的重要区别是游动孢子具有鞭毛,而孢囊孢子无鞭毛。例如,根肿菌、壶菌无性繁殖产生的游动孢子和接合菌无性繁殖产生的孢囊孢子都是以原生质割裂的方式产生的(图2-18D)。

(2)菌物的无性孢子

菌物的无性孢子有游动孢子、孢囊孢子、分生孢子和厚垣孢子等。游动孢子和孢囊孢子是由孢子囊内以原生质割裂方式形成的内生孢子,而分生孢子是由菌丝特化的分生孢子梗上形成的外生孢子。

①游动孢子(zoospore):形成于菌丝或孢囊梗(sporangiophore)顶端膨大的游动孢子囊内。游动孢子囊(zoosporangium)发育成熟过程中,以细胞核为单位,原生质割裂成许多小块,每小块原生质外有细胞膜包裹,进一步发育形成具有鞭毛的游动孢子,成熟后从游动孢子囊内释放出来。游动孢子无细胞壁,呈球形、梨形或肾形,具有1根或2根鞭毛,可以在水中游动,游动一段时间就休止,鞭毛收缩,产生细胞壁,转变为休止孢(cystospore),短时间后,休止孢再萌发长出芽管(germ tube)侵入寄主植物。高等卵菌的游动孢子囊也可以直接萌发产生芽管侵入植物,而不形成游动孢子。游动孢子的鞭毛有尾鞭(tinsel)和茸鞭(whiplash)两种类型(图2-19)。鞭毛结构为9+2型鞭毛,即每根鞭毛的内部由11根纤丝组成,中心是2根较细的纤丝,周围包围着9根较粗的纤丝。游动孢子是根肿菌、卵菌和壶菌的无性孢子。游动孢子囊及成熟后释放游动孢子如图2-20所示。

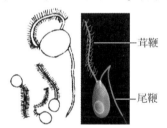 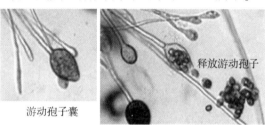

图2-19 游动孢子的鞭毛类型　　图2-20 游动孢子囊及成熟后释放游动孢子

②孢囊孢子(sporangiospore):孢子囊内以原生质割裂的方式产生的单胞的内生孢子,有细胞壁,呈球形或卵圆形,无鞭毛,不能游动,又称静止孢子,发育成熟后从孢子囊内释放出来,借气流传播。孢子囊(sporangium)是菌物产生内生无性孢子的器官,通常着生在特化成生殖菌丝的顶端,该菌丝称为孢囊梗(sporangiophore)。根霉属产孢结构及孢囊孢子如图2-21所示。大型的孢子囊内可形成数量众多的孢囊孢子,小型孢子囊内只有一至几个孢子。孢囊孢子是接合菌的无性孢子。

③分生孢子(conidium):是由营养体以芽殖或断裂方式产生并外生在特化的菌丝上的无性孢子。产生分生孢子的特化菌丝称为分生孢子梗(conidiophore)。青霉属产孢结构及分生孢子如图2-22所示。有些菌物的分生孢子梗着生在一定形态的产孢结构中,如孢梗束(coremium)、分生孢子座(sporodochium)、分生孢子器(pycnidium)或分生孢子盘(acervulus),这些着生分生孢子梗及分生孢子的结构统称为载孢体。白粉菌的分生孢子一般着生在气生菌丝构成的分生孢子梗上,通常单胞、无色,又称粉孢子(oidium)。分生孢子的形态、大小、颜色、细胞数目和排列及产生方式多种多样,是无性态菌物进行分类和鉴定的重要依据。分生孢子是子囊菌、无性态真菌及担子菌的无性孢子。

④厚垣孢子(chlamydospore):是由菌丝或分生孢子的个别细胞膨大,细胞壁加厚,原生质浓缩而形成的可抵抗不良环境的一种休眠孢子。厚垣孢子多为球形或近球形,可单生

或多个串生在一起。土壤传播的植物病原菌物常以其厚垣孢子渡过不良环境,当条件适宜时,厚垣孢子萌发产生菌丝侵入寄主植物(图2-23)。

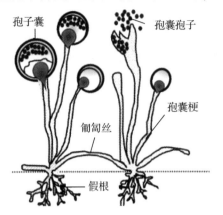

图2-21　根霉属产孢结构及孢囊孢子

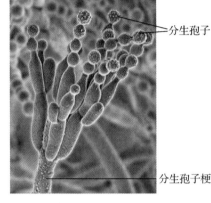

图2-22　青霉属产孢结构及分生孢子

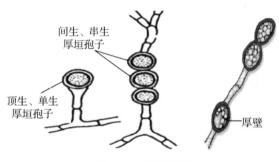

图2-23　厚垣孢子

2.1.2.2　菌物的有性生殖

菌物的有性生殖(sexual reproduction)是指具有可亲和性的两个性细胞或两个性器官结合后,经质配、核配和减数分裂后产生孢子的一种生殖方式。菌物有性生殖产生的孢子称为有性孢子(sexual spore)。菌物进行有性生殖时,营养体菌丝上分化出性器官或性细胞,有性生殖就是通过它们之间的结合完成的。菌物的性细胞称为配子(gamete),性器官称为配子囊(gametangium),其大小和形状有差异,大的称为雌配子囊,小的称为雄配子囊,均由营养体分化发育而成。菌物大多在其侵染植物造成植物病害的后期或经过休眠期后产生有性孢子,一些子囊菌如梨黑星病菌(*Venturia pyrina*)越冬后翌年春天才形成成熟的有性孢子。菌物有性生殖产生的结构和有性孢子具有渡过不良环境的作用,是许多植物病害的主要初侵染源,同时,有性生殖的杂交过程产生遗传物质重组的后代,有益于增强物种的生活力和适应性。

(1)菌物有性生殖过程

菌物的有性生殖一般包括质配、核配和减数分裂3个阶段。

①质配(plasmogamy):是指两个带核的原生质体相互融合为一个细胞,即细胞质的配合。具体过程是两个可亲和的性细胞或性器官的细胞质连同单倍体(haploid)的细胞核结合在一个细胞中,形成双核体的过程,这是有性生殖的第一步。菌物的质配方式因不同菌物种群而不同,方式较复杂,可归纳为5种类型。

a. 游动配子配合(planogametic copulation)：两个具有鞭毛的游动配子间的配合，也可以是具有鞭毛的游动孢子(精子)与不动的雌配子囊结合(图2-24A)，多发生在低等的菌物中，如根肿菌和壶菌。

b. 配子囊接触交配(gametangial contact)：雄配子囊(雄器)与雌配子囊(藏卵器或产囊体)接触时，雄配子囊通过接触点溶解成的小孔或短的受精管将细胞核输入雌配子囊中(图2-24B)，细胞核输送完成后，雌配子囊(藏卵器)发育而雄配子囊(雄器)最后消解，如霜霉目菌物和一些子囊菌。

c. 配子囊配合(gametangial copulation)：两个配子囊接触后，其全部内容物相互融合的过程(图2-24C)主要有两种方式：一种是雄配子囊的内容物通过配子囊壁上的接触点生成的小孔而转移到雌配子囊中。这是整体产果式菌物的典型质配方式，如某些水生壶菌。另一种是两个配子囊壁接触部位溶解，在溶解孔处两个配子囊的内容物融合形成一个新细胞。这是接合菌有性生殖中典型的质配方式。配子囊配合发育为接合孢子的过程如图2-25所示。

d. 受精(spermatization)：单核配子(性孢子)与受精丝或营养菌丝的配合过程。在性孢子器或性孢子梗上产生的小型单核配子即性孢子，借昆虫、风和水等传到受精丝或营养菌丝上，在接触点处形成小孔将其原生质和细胞核输入受精丝里，完成质配过程(图2-24D)，如一些不产生雄器的子囊菌、禾柄锈菌及一些高等担子菌。

e. 体细胞结合(somatogamy)：直接通过营养菌丝的细胞相互融合来完成质配的过程。许多高等真菌不产生性器官或性器官退化，由营养细胞代替性器官的功能。大多数担子菌和一些子囊菌都通过体细胞结合来完成质配过程(图2-24E)。体细胞结合使有性生殖趋于简单化，可看成是有性生殖的退化现象。

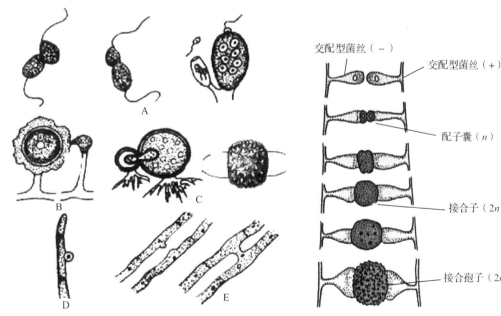

图2-24 菌物质配的方式(邢来君等，1999)
A. 游动配子配合 B. 配子囊接触交配 C. 配子囊配合
D. 受精 E. 体细胞结合

图2-25 配子囊配合发育为接合孢子的过程

②核配(karyogamy)：是指经质配进入同一细胞内的两个细胞核进行配合，形成二倍体(diploid)细胞核的过程。多数低等菌物质配后立即进行核配，高等菌物往往要经过一定时期才进行核配，存在双核期阶段。在双核细胞的生长和分裂过程中，来自两个细胞的核独立分开并通过双核并裂分别进入两个子细胞中，形成了新的双核体细胞。双核阶段的长短因菌物不同有较大差异，如子囊菌的双核期较短，典型的双核期阶段只出现在产囊丝中。而一些担子菌，如锈菌、黑粉菌的双核期很长，质配后的双核细胞通过锁状联合(clamp connection)形成发达的双核菌丝体(又称次生菌丝体)，是担子菌的主要营养菌丝体，要经过很长时间才进行核配。有些菌物质配和核配发生的场所不同，如禾柄锈菌的质配和核配分别在受精丝和冬孢子中进行。

③减数分裂(miosis)：核配产生的二倍体细胞核发生染色体数目减半的分裂，恢复为原来的单倍体细胞核的状态。这种单倍体细胞核连同周围的原生质及其分泌物积累形成的细胞壁，发育为有性孢子，完成整个有性生殖过程。

绝大多数菌物的营养体是单倍体，因此这3个阶段细胞核的核相变化是单倍体双核期($n+n$)、双倍体时期($2n$)，最后回到单倍体单核期(n)状态。

(2)菌物的有性孢子

菌物有性孢子的形态、色泽、细胞数目、排列和产生方式等特征，是菌物分类与鉴定的重要依据。常见的有性孢子有5种类型，分别为接合孢子、休眠孢子囊、卵孢子、子囊孢子和担孢子。

①接合孢子(zygospore)：由两个形态相同或略有不同的配子囊以配子囊配合的方式产生的有性孢子。当两个临近的可亲和的菌丝相遇时，各自向对方长出极短的侧枝，称为原配子囊。两个原配子囊接触后，各自的顶端膨大形成隔膜，隔成一个细胞，称为配子囊。两个配子囊之间的隔膜消失后，原生质和细胞核各自相互配合形成双倍体的接合孢子。接合孢子通常壁较厚，需要较长时间的休眠后才萌发。萌发时经减数分裂，接合孢子长出芽管，通常在顶端产生一个孢子囊，释放出孢囊孢子(图2-26)，或直接伸长形成菌丝。接合孢子(图2-27D)是接合菌的有性孢子。

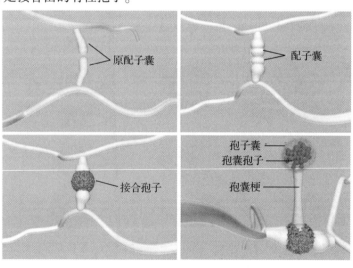

图2-26 接合孢子形成、发育及萌发形成孢子囊的过程

②休眠孢子囊（resting sporangium）：通常由两个游动配子配合所形成的合子发育而成，因而休眠孢子囊为二倍体孢子，常具有厚壁，能抵抗不良环境并长期存活（图 2-27A）。在环境条件合适时休眠孢子囊开始萌发，萌发时经减数分裂释放出多个单倍体的游动孢子，或者有的释放出一个单倍体的游动孢子，此时释放一个游动孢子的休眠孢子囊又称休眠孢子，如壶菌的休眠孢子囊和根肿菌的休眠孢子（resting spore）。

③卵孢子（oospore）：由雄器（antheridium）和藏卵器（oogonium）以配子囊接触交配的方式发育而形成的二倍体有性孢子。卵孢子大多为球形，厚壁，包裹在藏卵器内，每个藏卵器内含一至多个卵孢子（图 2-27B、C）。藏卵器中卵孢子的数目是卵菌的一个分类依据。卵孢子通常经过一定时期的休眠后才能萌发，萌发产生的芽管直接形成菌丝或在芽管顶端形成游动孢子囊，释放游动孢子。卵孢子是卵菌的有性孢子。

④子囊孢子（ascospore）：通过配子囊接触交配、受精作用或体细胞结合等质配方式而形成的有性孢子。质配后母体产生双核菌丝称为产囊丝（ascogenous hypha），由产囊丝形成一个棒状的子囊母细胞，子囊母细胞发育形成子囊（ascus），在子囊内发生核配，并进行一次减数分裂和一次有丝分裂，形成 8 个单倍体核，发育而成 8 个内生的单倍体的子囊孢子（图 2-27E）。子囊孢子多为圆形、椭圆形、梭形、新月形和线形等。子囊孢子是子囊菌的有性孢子。

⑤担孢子（basidiospore）：通过体细胞结合或受精作用等质配方式而形成的有性孢子。在担子菌中，两性器官多退化，多以菌丝结合的方式产生双核菌丝，双核菌丝的顶端细胞膨大为担子（basidium），经核配和减数分裂后形成 4 个外生的单倍体担孢子（图 2-27F）。担孢子多为圆形、椭圆形、肾形和腊肠形等。担孢子是担子菌的有性孢子。

休眠孢子囊、卵孢子及接合孢子形成于核配后、减数分裂前，都为二倍体厚壁的有性孢子，到萌发时才进行减数分裂。而子囊孢子和担孢子都是减数分裂后形成的单倍体有性孢子。

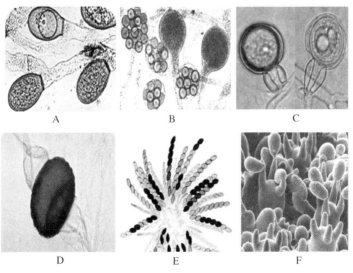

图 2-27 菌物有性孢子

A. 休眠孢子囊　B. 藏卵器内多个卵孢子　C. 藏卵器内一个卵孢子
D. 接合孢子　E. 子囊孢子　F. 担孢子

菌物的有性生殖及有性孢子在植物病害中起着非常重要的作用。首先有性生殖是病原菌物发生变异的主要原因之一，变异可以产生新的致病基因，从而导致寄主植物丧失抗病性，或者产生新的耐药小种，使农药失去作用；其次有性生殖产生的结构和有性孢子往往具有很强的抗逆性，是越冬（越夏）的休眠体，从而成为许多植物病害的主要初侵染来源。

2.1.2.3 菌物的准性生殖

菌物的准性生殖（parasexuality）是指异核体菌物菌丝细胞中两个遗传物质不同的细胞核结合形成杂合二倍体的细胞核，这种二倍体细胞核在有丝分裂过程中发生染色体交换和单倍体化，最后形成遗传物质重组的单倍体的过程。简单地说，准性生殖是某些菌物的细胞核不经过减数分裂而达到遗传物质重组的一种生殖方式。在一些无性态菌物、子囊菌与少数担子菌中，均存在准性生殖现象，尤其对于以无性繁殖为主的无性态菌物而言，准性生殖是其遗传变异的有效方式，起着类似有性生殖的作用。

菌物的准性生殖发生可分为3个过程：第一个过程即形成异核体（heterokaryon），通常单株菌物营养体内的细胞核具有相同的遗传特性，称为同核体（homokaryon），但有些菌物的营养体中有时会出现两种或两种以上遗传物质不同的细胞核，这种营养体称为异核体，这种现象称为异核现象（heterokaryosis）。异核体产生的原因：其一，可能是出现了菌丝融合现象，即一根菌丝的细胞和另一根不同核型的菌丝细胞相互靠近发生了融合（anastomosis），细胞质和细胞核从一个细胞进入另一个细胞中，从而形成异核体细胞；其二，可能是菌丝体内细胞核发生了突变而导致形成异核体。异核体形成后，随即发生第二个过程即形成杂合二倍体（diploidization），异核体细胞内两个遗传性状不同的核有时会发生融合，形成杂合二倍体细胞核，并由此形成一个稳定的杂合二倍体繁殖系。形成杂合二倍体后，随即进行第三个过程即有丝分裂交换（mitotic crossing）与单倍体化（haploidization）。杂合二倍体细胞进行有丝分裂，在有丝分裂过程中会发生有丝分裂交换，染色体的局部节段间发生遗传物质重组，产生二倍体的分离子，即重组体（recombinant）。然后在二倍体细胞核的一系列分离过程中会发生非整倍体分裂，产生 $2n+1$ 和 $2n-1$ 的细胞核，其中 $2n-1$ 的非整倍体细胞核经过一系列的分裂，继续丢失染色体，最后恢复为单倍体。这种单倍体细胞核具有最初异核体的两个单倍体细胞核的部分遗传特征，形成了遗传性状发生重组的菌体。

准性生殖的3个过程类似于有性生殖的3个过程，主要的区别点在于有性生殖是通过减数分裂进行遗传物质重组和产生单倍体的，而准性生殖是通过二倍体细胞核的有丝分裂交换进行遗传物质的重新组合，并通过产生非整倍体后不断丢失染色体来实现单倍体化的。准性生殖可以增强那些不发生、很少发生或难于发生有性生殖的无性态真菌的遗传变异性和适应性，保持了自然群体的平衡，对无性态真菌来说具有重要意义。

2.1.3 菌物的生活史

菌物的生活史（life cycle）是指菌物从孢子开始，经过一定的营养生长和繁殖阶段，最后又产生同一种孢子的过程。菌物的生活史一般包括营养生长阶段和繁殖阶段，但典型的生活史特指繁殖阶段，包括无性繁殖阶段和有性生殖阶段（图2-28）。菌物的无性繁殖阶段在整个生活史中可连续重复循环发生多次，且完成一次无性循环所需的时间较短，产生的无性孢子数量大，对植物病害的传播、蔓延起着重要的作用。菌物的有性生殖阶段在整个生活史中往往仅发生一次，有性孢子通常在病菌侵染植物的发病后期或经过休眠后才产

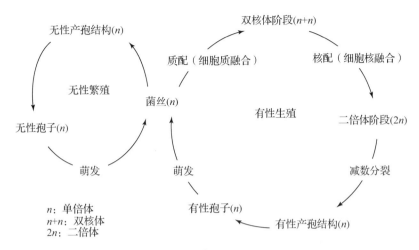

图 2-28　菌物典型的生活史（Benjamin Cummings，2002）

生，有性孢子具有较厚的细胞壁或有休眠期，有助于病菌渡过不良环境，并成为翌年病害的初侵染来源。

大部分菌物的生活史包括无性阶段和有性阶段，如引起草坪禾草白粉病的禾白粉菌（*Erysiphe graminis*）的生活史包括无性繁殖和有性生殖两个阶段，但在有些菌物的生活史中仅有无性阶段，如引起剪股颖叶枯病的剪股颖壳二孢（*Ascochyta agrostis*）。而有些高等担子菌的生活史，仅有有性阶段，如引起禾草叶锈病的隐匿柄锈菌（*Puccinia recondita*）。病原菌物的生活史具有多样性的特点，许多菌物在整个生活史中可以产生两种或两种以上的孢子，具有孢子多型现象（polymorphism），如隐匿柄锈菌可以产生性孢子、锈孢子、夏孢子、冬孢子和担孢子共 5 种类型的孢子。菌物寄生方式也是多样化的，多数植物病原菌物在一种寄主植物上就可以完成生活史，称为单主寄生（autoecism）。而有些菌物（如锈菌）则必须在两种亲缘关系不同的寄主植物上寄生生活才能完成其生活史，称为转主寄生（heteroecism）。

在菌物的整个生活史中，细胞核存在着单倍体和二倍体的核相（倍型）循环变化，但是不同类群菌物的生活史中，单倍体阶段、双核阶段和二倍体阶段的有无及所占时期长短都不同，表现出了菌物细胞核的多型性。根据菌物生活史过程中细胞核倍型的变化，可大致归为 5 种主要生活史类型。

（1）无性型（asexual type）

生活史中只有无性阶段，明显缺乏有性阶段，如无性型菌物。

（2）单倍体型（haploid type）

营养体和无性繁殖体均为单倍体，在有性生殖过程中经过质配后，立即进行核配和减数分裂，二倍体阶段很短，如一些低等子囊菌。

（3）单倍体-双核体型（haploid-dikaryon type）

生活史中出现单核单倍体和双核单倍体菌丝，如高等子囊菌和多数担子菌。一些子囊菌有性生殖过程中形成的产囊丝是一种单倍双核体结构，但这种双核体结构存在的时期较短，且不能脱离单核菌丝体单独生活，一旦子囊开始形成就进行核配。而许多担子菌则不同，由性孢子与受精丝之间进行质配形成的双核细胞可以发育成发达的单倍体双核菌丝体，并可以独立生活。双核体阶段占据了整个生活史相当长的时期，如锈菌，直至冬孢子萌发时才进行核配和减数分裂。

(4) 单倍体-二倍体型 (haploid-diploid type)

生活史中单倍体营养体和二倍体的营养体有规律交替出现，表现出两性世代交替的现象，只有少数低等卵菌，如异水霉属 (*Allomyces*) 属于这种类型。

(5) 二倍体型 (diploid type)

营养体为二倍体，二倍体阶段占据生活史的大部分时期，只是在部分菌丝细胞分化为藏卵器和雄器时，细胞核在藏卵器和雄器内发生减数分裂形成单倍体，随后藏卵器和雄器很快进行交配，又恢复为二倍体，如卵菌。

菌物的生活史非常复杂，但只有弄清楚菌物的生活史，方能制定出有效的植物病害防治措施，也可为菌物的开发利用奠定基础。

2.1.4 菌物的分类和命名概述

菌物是一个古老的谱系，种属繁多，据估计，全世界的菌物大约有150万种，目前已被描述的约15万种。对于如此众多、形态各异的菌物种类，如何正确描述并给每个研究对象以一个恰当的名字，同时按其生物学特性，研究它们在系统分类中的位置成为重中之重。如果描述不准确，或者命名不统一，会造成同物异名或异物同名。正确确定每种菌物的名称和其所处的分类地位，应按国际上已经公认的分类系统给每种菌物命名，以便在国际上交流分享各国在菌物方面的研究成果。通过给每一种菌物分类 (taxonomy) 和命名 (nomenclature)，能区别已知菌物的亲缘关系，因为只有亲缘关系相近的种类，其生物学特性才会有更多的相似性。

2.1.4.1 菌物的分类

(1) 菌物在生物界的地位

自林奈 (Linnaeus, 1753) 起到科纳德 (Conard, 1939) 近200年的时间里，人们一直将生物分为动物界 (Animalia) 和植物界 (Plantae)。菌物被归入植物界的藻菌植物门 (Thallophyta)。由于菌物既不像植物那样能进行光合作用，也不像动物那样能进行吞食和消化，于是从科纳德开始，有不少科学家提出将菌物从其他生物中分离出来，另外成立菌界 (Mycetalia) 或真菌界 (Myceteae)。直到1969年，魏泰克 (Whittaker) 提出了将生物分为五界，即原核生物界 (Procaryotae)、原生生物界 (Protista)、真菌界 (Fungi)、植物界和动物界。该五界分类系统得到世界各国生物分类学家的广泛认可和应用，世界著名的菌物权威性工具书——《菌物辞典》(*Ainsworth & Bisby's Dictionary of the Fungi*) 第7版 (1983年) 对该系统作了详细介绍。此前生物分类主要是依据其形态特点来进行的，近年来，随着超微结构、生物化学和分子生物学，特别是18S rRNA序列的深入研究，人们开始从DNA水平研究生物的系统发育和个体间亲缘关系，使生物五界分类系统的科学性和合理性受到质疑。卡伐里-史密斯 (Cavalier-Smith) 在1981年提出将细胞生物分为八界，即真细菌界、古细菌界、原始动物界、原生动物界、植物界、动物界、真菌界和藻物界。1995年出版的《菌物辞典》第8版中接受了生物八界分类系统的观点，并将菌物划分在3个界中，即藻物界 (Chromista，也称假菌或茸鞭生物界 Stramenopila)、原生动物界 (Protozoa) 和真菌界 (Fungi)。在随后的第9版 (2001年)、第10版 (2008年)《菌物辞典》中进一步确定了这一分类体系的合理性，从而使菌物分类进入一个多界化的时代。

(2) 菌物的分类单元

任何生物的分类群(taxa,单数为 taxon)的主要等级从高到低依次为：界(Kingdom)、门(Phylum)、纲(Class)、目(Order)、科(Family)、属(Genus)和种(Species)。因而，每个种归隶于一个属，每个属可归隶于一个科，每个科可归隶于一个目，依此类推。如果需要更多数量的分类群等级，可在两个分类等级之间通过加前缀"Sub-"，即"亚-"来增加次要等级，如亚门(Subphylum)、亚纲(Subclass)、亚目(Suborder)、亚科(Subfamily)、亚种(Subspecies)等。科与属之间的次要等级为族(Tribus)，属与种之间为组(Sectio)或系(Series)。为标准化起见，推荐下列缩写：cl.(纲)、ord.(目)、fam.(科)、tr.(族)、gen.(属)、sect.(组)、ser.(系)、sp.(种)等。

菌物的主要分类单元和其他生物的一样，包括界(Kingdom)、门(-mycota)、纲(-mycetes)、目(-ales)、科(-aceae)、属、种，必要时在两个分类单元之间还可增加一级，如亚门(-mycotina)、亚纲(-mycetidae)、亚目(-incae)、亚科(-oideae)。属以上各分类单元学名具有固定不变的词尾，而属和种无固定拉丁词尾。

种是菌物最基本的分类单元，是指彼此形态非常相像且明显区别于其他类群的个体。菌物种的建立主要以形态特征为基础，种与种之间在主要形态特征上应该有显著而稳定的差异。但是在划分某些寄生性菌物的种时，即使形态相似，有时也根据寄主范围的不同而分为不同的种。例如，许多锈菌和黑粉菌的种，如果不知道它们的寄主植物是很难鉴定的。有些菌物(如酵母菌等)种的建立，除形态学的依据外，还必须辅助以生物化学或其他非形态学性状。近年，分子生物学技术应用于菌物学分类，出现了根据 DNA 序列同源性来划分的系统发育种(phylogenetic species)的概念。

菌物在种以下常用：变种、亚种、专化型、小种、营养体亲和群等分类单元。种下根据一定的形态差别分为变种(variety,缩写为 var.)或亚种(subspecies,缩写为 subsp.)，变种是指种下具有一定的形态差异的个体，亚种是指分布在不同地理分布区的形态上多少有差异的个体。同一个菌物种内不同个体(菌株)的形态相似基本没有差异，但生理性状可能有所不同，特别表现在对不同寄主植物的寄生专化性或致病能力方面有差异。因此，可以根据对不同科、属的寄主植物的寄生专化性，在种的下面划分若干个专化型(forma specialis,缩写为 f. sp.)。在专化型下面，还可以根据对寄主植物不同品种(一般是一套鉴别寄主品种)的致病力的差异，划分为不同的小种(race)。有些植物病原菌物还可以根据营养体亲和性，在种的下面或专化型下面划分出营养体亲和群(vegetative compatibility group,缩写为 VCG)或菌丝融合群(anastomosis group,缩写为 AG)。营养体亲和群或菌丝融合群与小种的关系较复杂，有的营养体亲和群内包含多个小种，而有的同一个小种的菌株可以划分为不同的营养体亲和群，如立枯丝核菌(*Rhizoctonia solani*)依据其形态、致病性、生理学及其生态学等方面的差异可分为 14 个融合群(AG1~13 及 AG IB)。

(3) 菌物的分类系统

本书采用《菌物字典》第 10 版(2008 年)的分类系统，菌物包括 3 个界的生物，即原生动物界、藻物界(茸鞭生物界)和真菌界，其中真菌界包括 7 个门。分类方式如下：

原生动物界(Protozoa)
    黏菌门(Myxomycota)
    集胞菌门(Acrasiomycota)

网柄菌门(Dictyosteliomycota)
根肿菌门(Plasmodiophoromycota)
原柄菌门(Protosteliomycota)
藻物界(Chromista)[=茸鞭生物界(Stramenopila)]
　卵菌门(Oomycota)
　丝壶菌门(Hyphochytriomycota)
　网黏菌门(Labyrinthumycota)
真菌界(Fungi)
　壶菌门(Chytridiomycota)
　　壶菌纲(Chytridiomycetes)
　　单毛壶菌纲(Monoblepharidimycetes)
　芽枝霉菌门(Blastocladiomycota)
　　芽枝霉菌纲(Blastocladiomycetes)
　新丽鞭毛菌门(Neocallimastigomycota)
　　新丽鞭毛菌纲(Neocallimastigomycetes)
　球囊菌门(Glomeromycota)
　　球囊菌纲(Glomeromycetes)
　接合菌门(Zygomycota)
　　接合菌纲(Zygomycetes)
　　毛菌纲(Trichomycetes)
　子囊菌门(Ascomycota)
　　外囊菌亚门(Taphrinomycotina)
　　　新盘菌纲(Neolectomycetes)
　　　肺孢子菌纲(Pneumocystidomycetes)
　　　裂殖酵母菌纲(Schizosaccharomycetes)
　　　外囊菌纲(Taphrinomycetes)
　　盘菌亚门(Pezizomycotina)
　　　星裂菌纲(Arthoniomycetes)
　　　刺盾炱纲(Chaetothyriomycetes)
　　　座囊菌纲(Dothideomycetes)
　　　散囊菌纲(Eurotiomycetes)
　　　虫囊菌纲(Laboulbeniomycetes)
　　　茶渍菌纲(Lecanoromycetes)
　　　锤舌菌纲(Leotiomycetes)
　　　李基那地衣纲(Lichinomycetes)
　　　圆盘菌纲(Orbiliomycetes)
　　　盘菌纲(Pezizomycetes)
　　　粪壳菌纲(Sordariomycetes)
　　酵母菌亚门(Saccharomycotina)

酵母菌纲(Saccharomycetes)
担子菌门(Basidiomycota)
　伞菌亚门(Agaricomycotina)
　　伞菌纲(Agaricomycetes)
　　花耳纲(Dacrymycetes)
　　银耳纲(Tremellomycetes)
　柄锈菌亚门(Pucciniomycotina)
　　伞形束梗孢菌纲(Agaricostilbomycetes)
　　小纺锤菌纲(Atractiellomycetes)
　　经典菌纲(Classiculomycetes)
　　隐菌寄生菌纲(Cryptomycocolacomyctes)
　　囊担子菌纲(Cystobasidiomycetes)
　　小葡萄菌纲(Microbotryomycetes)
　　混合菌纲(Mixiomycetes)
　　柄锈菌纲(Pucciniomycetes)
　黑粉菌亚门(Ustilaginomycotina)
　　黑粉菌纲(Ustilaginomycetes)
　　外担菌纲(Exobasidiomycetes)
　　根肿黑粉菌纲(Entorrhizomycetes)
无性态菌物(Anamorphic fungi)[=有丝分裂孢子菌物(Mitosporic fungi)]
　丝孢纲(Hyphomycetes)
　腔孢纲(Coelomycetes)

与草地植物病害相关的病原菌物主要分在原生动物界的黏菌门(Myxomycota)和根肿菌门(Plasmodiophoromycota)、藻物界的卵菌门(Oomycota)、真菌界子囊菌门(Ascomycota)、担子菌门(Basidiomycota)和无性态菌物(Anamorphic fungi)中。其分类检索表如下：

1. 营养体为无壁多核的原质团 ·· 原生动物界
　2. 能变形运动和摄入有机物 ·· 黏菌门
　2. 不能运动，缺乏吞噬能力，全部为内寄生；无性阶段有能动细胞(游动孢子)；有性阶段产生休眠孢子囊 ··· 根肿菌门
1. 营养体为有细胞壁的丝状体 ·· 3
　3. 营养体为无隔菌丝，细胞壁主要成分为纤维素 ··· 藻物界
　　无性阶段有能动细胞(游动孢子)；有性阶段产生卵孢子 ··· 卵菌门
　3. 营养体为有隔菌丝，细胞壁主要成分为几丁质；无性阶段无能动细胞 ·················· 真菌界
　　有性阶段产生子囊孢子 ·· 子囊菌门
　　有性阶段产生担孢子 ·· 担子菌门
　　无性阶段无能动细胞且未发现有性阶段 ·· 无性态菌物

2.1.4.2　菌物的命名

(1)菌物命名的规则

1981年第十三届国际植物学会议通过了菌物命名的起点以林奈1753年5月1日发表的《植物的种》为依据的规定，即菌物的种名采用林奈的"拉丁双名法"来命名。拉丁双名法确

定的学名由两个拉丁词组成,第一个词是属名,首字母要大写;第二个词是种加词,一律小写,种加词的后面还要加上命名人的姓或姓的规范缩写,如 Fries,缩写为 Fr.;Linnaeus,缩写为 L.。手写体的学名,在属名和种加词下应加横线,电子版和印刷体的学名则使用斜体,命名人的姓或姓名的缩写用正体,如禾柄锈菌的学名为:*Puccinia graminis* Pers.。如果命名人是两个,则用"et"或"&"连接结,如瓜枝孢菌的学名为:*Cladosporium cucumerinum* Ell. et Arthur,菌物的学名如需改动或重新组合时,原命名人应置于括号中,如禾生炭疽菌的学名为:*Colletotrichum graminicola*(Ces.)Wilson。

以网斑核腔菌(*Pyrenophora dictyoides* A. R. Paul et Parbery)为例,说明病原菌的分类地位:

  界 真菌界 Fungi
   门 子囊菌门 Ascomycota
    亚门 子囊菌亚门 Ascomycotina
     纲 座囊菌纲 Dothideomycetes
      亚纲 格孢菌亚纲 Pleosporomycetidae
       目 格孢菌目 Pleosporales
        科 格孢菌科 Pleosporaceae
         属 核腔菌属 *Pyrenophora*
          种 网斑种 *dictyoides*

(2)菌物名称的新规则

一些子囊菌和担子菌由于在其生活史中既可以进行无性繁殖又可以进行有性生殖,但这两种繁殖方式产生的子实体类型和孢子形态各不相同。因此菌物学家对其无性阶段和有性阶段分别进行命名,且得到了《国际植物命名法规》的允许,使得菌物成为所有生物中唯一一类一个种可以拥有两个合法学名的生物,如弯孢霉叶枯病的病原菌,无性型名称为新月弯孢[*Curvularia lunata*(Wakker)Boed.],有性型名称为新月旋孢腔菌(*Cochliobolus lunatus* Nelson & Haasis.);禾草炭疽病的病原菌,无性型名称为禾草刺盘孢[*Colletotrichum graminicola*(Ces.)Wilson],有性型名称为禾生小丛壳(*Glomerella graminicola* Politis)。像这样具有两个学名的菌物还有很多,这一做法在早期仅依靠形态特征进行分类时是必要的,但问题也越来越明显,导致菌物的命名复杂且混乱,给相关基础研究和应用研究带来很大不便。随着菌物系统学研究的深入,特别是以 DNA 序列分析为主的分子系统学研究方法的应用,确定菌物的无性型与有性型的关联已不是一件难事,因而 2011 年 4 月国际菌物分类委员会在阿姆斯特丹组织召开了"一个菌物一个名称"(One Fungus One Name)的国际研讨会,对菌物的名称进行了新的规定,并达成了共识,主要包括:①根据优先权原则,不管其是有性型还是无性型名称,已被广泛应用却不具优先权的名称可以申请保留;②一个合法有效的某一形态型的名称,不管是无性型还是有性型,均可以合法地转移到另一个合法有效的属中;③避免为新发现的已知种的新形态型拟定新的名称;④2013 年 1 月 1 日后为同一种真菌同时描述有性型和无性型名称的做法将被视为非法。菌物命名新规则的制定和实施,给子囊菌和担子菌的分类学研究带来了巨大的影响,菌物学家需要根据新规定列出一系列菌物的保留名及其同物异名(synonym)名单并加以取舍,为确定"一种菌物一个名称"提供依据。

(3）菌物新物种名称的发表

在当今信息时代，生物数据库成为记录生物多样性和海量菌物名称信息的重要工具。2011 年 7 月在墨尔本举办的第 18 届国际植物学大会上通过了《国际藻类、菌物和植物命名法规》（又称《墨尔本法规》），首次在菌物领域引入了名称注册机制，即每一个拟发表的菌物新命名须在规定的菌物名称信息库进行登记注册，才构成合格发表。这些信息库包括 Index Fungorum、Myco Bank 和 Fungal Names。对菌物新物种名称的注册机制的建立，使每一个新发表的名称及相关分类学信息都可以在公开数据库中检索到，避免了新命名名称时出现同名现象，为开展菌物分类学研究提供了较大的便利。同时，这些数据库不断地收录每个菌物名称的分类学原始信息，为开展菌物分类学、生物多样性等相关研究提供了丰富的资料来源。

除了名称注册机制外，《墨尔本法规》还规定：菌物的新物种名称，在具有国际标准刊号或编号（ISSN 或 ISBN）的电子出版物上在线发表，也视为有效；对新分类群的形态特征集由必须使用拉丁文进行描述更改为可以使用拉丁文或英文进行描述。

2.1.5　与草坪病害相关的病原菌物主要类群

2.1.5.1　黏菌门及其所致病害

原生动物界中黏菌门的菌物与草坪草关系密切。

黏菌门营养体为摄食性的、多核无壁的原质团，类似原生动物，故又称菌动物；又因其能产生子实体和孢子，类似真菌，也称黏菌。黏菌的营养体是原质团，多核而无细胞壁，能变形运动和摄入有机物。黏菌从营养生长阶段转入繁殖阶段时，原质团变成子实体，能产生大量孢子。黏菌是一个分布十分广泛的生物类群，几乎可以在所有生境中发现，发生在各种各样的基质上，如腐木、枯叶和其他有机质上，主要以基质上的真菌、细菌和原生动物等微小有机体为食物。黏菌不具有直接的经济意义，但该门中绒泡多黏霉属（*Physarum*）中的灰绒泡多黏霉[*Physarum cinereum*（Batsch）Pers.]常在草坪草叶片上形成大量白色、灰色至黑色的孢子球（图 2-29），称为黏菌病，虽不会对草坪草造成直接的危害，但其大量繁殖的孢子球覆盖在叶片上影响光合作用使其叶片变黄，生长不良，易被其他致病菌侵染（见第 10 章 10.3.2）。

图 2-29　黏菌危害草坪草（Kris Lord/摄）

2.1.5.2　卵菌门及其所致病害

卵菌大多数生活在水中，少数具有两栖性和陆生习性。它们有腐生的，也有寄生的，有些高等卵菌是植物上的活体寄生菌。卵菌的主要特征是：营养体为发达的无隔多核菌丝体，细胞壁由纤维素组成；无性繁殖形成游动孢子囊，其内产生双鞭毛的游动孢子；有性生殖形成卵孢子，大多生活在水中或土壤中。因此，生活在土壤中的卵菌具有两栖性，适应于比较潮湿的土壤条件。高等卵菌则是陆生的，其中有些为专性寄生菌。与草地植物关系密切的属主要有以下几种。

(1) 腐霉属(*Pythium*)

无性繁殖在菌丝顶端或中间形成球形或不规则形的游动孢子囊，成熟后一般不脱落，萌发时产生游动孢子。有性生殖在藏卵器内形成一个卵孢子(图2-30)。腐霉常存在潮湿肥沃的土壤中，使多种草坪草的幼苗发生猝倒病。常见有草坪禾草的芽腐、苗腐、苗猝倒、叶腐、根腐、根茎腐病等(见第8章8.3.2)。

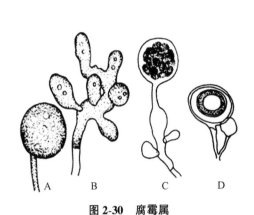

图2-30 腐霉属

A. 球形孢子囊 B. 姜瓣形孢子囊 C. 孢子囊萌发形成囊泡 D. 雄器和藏卵器及卵孢子

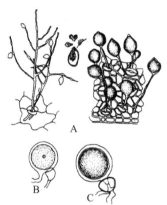

图2-31 疫霉属(许志刚，2012)

A. 孢囊梗、游动孢子囊及游动孢子 B. 雄器侧生 C. 雄器包围在藏卵器基部

(2) 疫霉属(*Phytophthora*)

菌丝产生吸器伸入寄主细胞内，孢囊梗比菌丝细，分枝或不分枝，孢囊梗上有膨大的结节。孢子囊柠檬形或卵形，顶生或侧生在孢囊梗上，成熟后脱落或不脱落。藏卵器内形成一个卵孢子，雄器侧生或围生(图2-31)。该属重要病原菌有大雄疫霉(*Phytophthora megasperma*)，其引起的苜蓿疫霉根腐病是美洲和欧洲在栽培苜蓿上的一种毁灭性病害，我国仅在宁夏有报道。

(3) 指疫霉属(*Sclerophthora*)

孢囊梗由寄主气孔伸出，短而粗，常不分枝或少数假单轴分枝。游动孢子囊顶生，卵形或椭圆形，有乳突，萌发时产生游动孢子。藏卵器球形，产生一个卵孢子。本属游动孢子囊先后相继形成的方式与疫霉属相似，藏卵器壁和卵孢子充满藏卵器的性状及所致病害症状与指梗霉属(*Sclerospora*)相似，因此命名指疫霉属。大孢指疫霉(*S. macrospora*，图2-32)引起剪股颖、羊茅、冰草、早熟禾、燕麦(*Avena*)、小麦(*Triticum*)、大麦(*Hordeum*)等属植物的霜霉病。

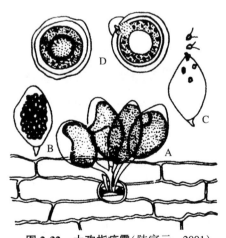

图2-32 大孢指疫霉(陆家云，2001)

A. 孢子囊梗成丛自气孔伸出 B. 有乳突的游动孢子囊 C. 游动孢子囊萌发释放游动孢子 D. 卵孢子

(4) 霜霉属(*Peronospora*)

霜霉属菌物均为专性寄生菌。孢囊梗自寄主植物的气孔伸出，单生或丛生，二叉状锐角分枝，末端多尖锐(图2-33)。游动孢子囊在末枝顶端同步形

成,卵圆形,无色或淡褐色,无乳突,易脱落,萌发时产生芽管。卵孢子球形,表面光滑或有纹饰。本属有多种重要的病原菌,如苜蓿霜霉菌(*P. aestivalis*)、野豌豆霜霉菌(*P. viciae-sativae*)等,可引起苜蓿属(*Medicago*)等豆科牧草的霜霉病。

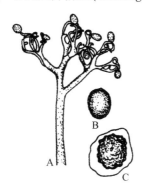

图 2-33　霜霉属(陆家云,2001)
A. 孢囊梗及孢子囊　B. 孢子囊　C. 卵孢子

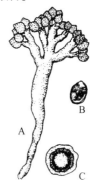

图 2-34　指梗霉属(陆家云,2001)
A. 孢囊梗及孢子囊　B. 孢子囊　C. 卵孢子

(5)指梗霉属(*Sclerospora*)

孢囊梗通常粗壮,自气孔伸出,单生或 2~3 根丛生,顶端不规则二叉状分枝。游动孢子囊顶生、卵圆形、有乳突,萌发时释放出游动孢子。藏卵器球形或不规则形,器壁有明显的纹饰,内含一个卵球,充满藏卵器,卵孢子在病组织中大量产生(图 2-34)。菌丝体形成小纽扣状吸器伸入寄主细胞。禾生指梗霉(*S. graminicola*)寄生在高粱(*Sorghum bicolor*)、苏丹草(*Sorghum sudanense*)、玉米(*Zea mays*)等作物和牧草上引起霜霉病。

2.1.5.3　子囊菌门及其所致病害

子囊菌门是菌物界中种类最多的一个类群,在形态、生活史和生活习性上差异很大。子囊菌主要特征是:菌丝体发达,单核,有隔膜,细胞壁的主要成分为几丁质;无性繁殖主要产生分生孢子;有性生殖产生子囊和子囊孢子。子囊大多着生在子囊果内。

子囊菌的子实体称为子囊果。根据形态不同,分为 4 种类型:闭囊壳(cleistothecium),子囊散生在一个球形的无孔口的子囊果内,壳壁疏松或略坚实,有明显的拟薄壁组织,子囊通常近球形;子囊壳(perithecium),自疏松的菌丝体或子座上形成,球形、梨形、有孔口,子囊单囊壁;子囊座(ascostroma),子座的空腔内,子囊座内的子囊周围无真正的子囊果壁,子囊双囊壁,单独、成束或成排着生在子囊腔内;子囊盘(apothecium),多呈盘状或杯状,上部敞开,子囊排列成子实层(hymenium),典型的子囊盘由子实层、囊层基(hypothecium)和囊盘被(excipulum)组成。

子囊菌的无性繁殖发达,除酵母菌以裂殖和芽殖方式繁殖外,多数种类产生形形色色的分生孢子。由菌丝特化而用于承载分生孢子的结构称为载孢体。载孢体有分生孢子器、分生孢子盘、分生孢子座和分生孢子梗束等。

子囊菌都是陆生的,除白粉菌为专性寄生菌外,其他的都是非专性寄生菌,与草地植物有重要关系的属有以下几种。

(1)布氏白粉菌属(*Blumeria*)

闭囊壳聚生或散生,暗褐色,扁球形,常埋生在菌丝层内;附属丝发育不全,短而不分枝,或少叉状分枝 1 次;子囊多个,圆形、卵形或长椭圆形,有柄或近无柄;每个子囊

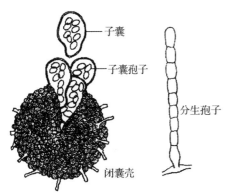

图 2-35 布氏白粉菌属(陆家云,2001)

中有 4~8 个圆形或长圆形的、单细胞、无色的子囊孢子。分生孢子梗有球形基部；其上着生成串的分生孢子，卵柱形至长卵形，淡灰黄色或无色（图2-35）。禾布氏白粉菌[*B. graminis*(DC.)Speer]，仅危害禾本科植物，可引致草坪禾草白粉病（见第7章7.1.2）。病部有灰白色粉状霉层，后变污褐色，上生黑色小粒点为禾布氏白粉菌的有性阶段闭囊壳。

(2) 内丝白粉菌属(*Leveillula*)

菌丝体大多内生，分生孢子梗自气孔伸出，分枝或不分枝，顶端单生一个分生孢子（图2-36）。分生孢子倒棒形或不规则形。闭囊壳不常形成，含多个子囊，附属丝菌丝状。子囊含2个子囊孢子，单胞。重要种有：豆科内丝白粉菌(*L. leguminosarum*)，寄生于骆驼刺(*Alhagi maurorum*)、苦豆子(*Sophora alopecuroides*)、紫花苜蓿(*Medicago sativa*)，危害叶片和茎，形成毡状斑块；鞑靼内丝白粉菌(*L. taurica*)，寄生在紫花苜蓿、豌豆(*Pisum sativum*)、驴食豆(*Onobrychis viciaefolia*)上，引起白粉病。

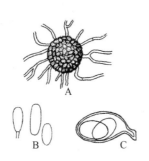

图 2-36 内丝白粉菌属(刘若,1984)
A. 闭囊壳及其菌丝状附属丝 B. 分生孢子
C. 子囊及子囊孢子

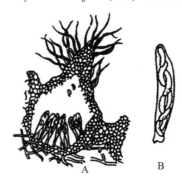

图 2-37 小丛壳属(陆家云,2001)
A. 子囊壳 B. 子囊

(3) 小丛壳属(*Glomerella*)

子囊壳小，埋生在寄主组织内，球形至烧瓶形，散生或群集，深褐色，有喙。子囊棍棒形，内含8个子囊孢子（图2-37）。子囊孢子单胞，无色，椭圆形。无性态为炭疽菌属(*Colletotrichum*)，其中禾生炭疽菌(*C. graminicola*)引起多种草坪植物的炭疽病（见第7章7.4.2），自然状态下其有性阶段的小丛壳很少出现。该菌分生孢子盘黑色，长形，盘中生刚毛，刚毛黑色、有隔膜；分生孢子梗无色至褐色，有分隔；分生孢子单胞，无色，新月形、纺锤形，萌发多产生褐色、不规则形附着胞。

(4) 麦角菌属(*Claviceps*)

寄生在禾草植物的子房内，后期在子房内形成圆柱形至香蕉形的黑色或白色菌核。菌核越冬后产生子座。子座直立，有柄，可育的头部近球形。子囊壳埋生在整个头部的表层内。子囊孢子无色，丝状，无隔膜（图2-38）。无性态为蜜孢霉(*Sphacelia*)。寄生于禾本科植物的花器，引起麦角病（见第9章9.1.2）。在穗上先分泌含有大量分生孢子的蜜汁，以后产生黑色坚硬的菌核（麦角）。麦角可作药用，但也可使人畜中毒，引起流产、麻痹和呼

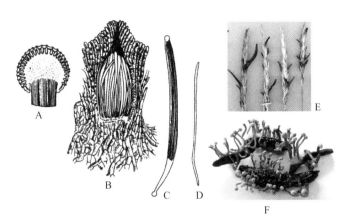

图 2-38　麦角菌属

A. 子囊壳着生在子座顶端头状体上　B. 子囊壳内子囊着生状　C. 子囊
D. 子囊孢子（A~D. 陆家云，2001）　E. 麦角　F. 麦角萌发出头状子实体

吸器官疾病。

（5）顶囊壳属（*Gaeumannomyces*）

子囊壳在寄主组织内初内生，后突破寄主表皮外露，黑色，球形或近球形，壳壁厚，有顶喙，短圆筒形。子囊圆筒形或棍棒形，含 8 个子囊孢子。子囊孢子丝状，无色至淡黄色，多个隔膜。禾顶囊壳菌（*G. graminis*）可侵染各种禾草，引起禾草全蚀病，以剪股颖受害最重（见第 8 章 8.1.2）。

（6）香柱菌属（*Epichloë*）

子座初为白色、淡黄色，后变为黄橙色、灰橙色，平铺状，缠在禾本科植物的茎和叶鞘上，形成一个鞘。子囊壳梨形，黄色，埋生在子座内，有明显的孔口，孔口开于子座表面。子囊细长，单囊壁，顶壁厚，具有折光性的顶帽。子囊孢子无色，线状，有隔膜，长度几乎与子囊相等。分生孢子无色，卵形。寄生于冰草、纤毛鹅观草（*Roegneria ciliaris*）、雀麦（*Bromus japonicus*）、早熟禾、披碱草（*Elymus dahuricus*）等禾本科牧草上，引起禾草香柱病，为禾本科牧草常见病害（见第 9 章 9.2.2）。

（7）拟巨座壳属（*Magnaporthiopsis*）

子囊壳暗褐色至黑色，球形，单生或聚生，半埋生，有一圆柱形无色至褐色长颈。侧丝有隔，无色，成熟后消解。子囊圆柱形，单囊壁，顶端有一折光性孔，含有 8 个子囊孢子。子囊孢子在子囊内 1~4 列，纺锤形，直或稍弯曲，3 个隔膜，中间 2 个细胞深褐色，两端细胞无色，隔膜不缢缩或稍缢缩。分生孢子梗短小，直立，单生，不分枝或少分枝，无色，光滑，1~4 个隔膜。产孢细胞瓶状，直立。分生孢子聚集成黏性孢子头，卵球形或椭圆形，直或稍弯曲，无隔，无色，光滑（图 2-39）。附着胞球形，深褐色，浅裂，自然条件下可在基部和根部看

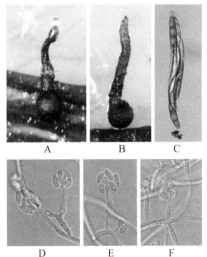

图 2-39　早熟禾拟巨座壳（罗晶，2022）

A、B. 有长颈的子囊壳　C. 子囊及子囊孢子
D~F. 分生孢子梗及分生孢子

到。早熟禾拟巨座壳(*Magnaporthiopsis poae*，异名：早熟禾巨座壳 *Magnaporthe poae*)引起草地早熟禾(*Poa pratensis*)、一年生早熟禾(*Poa annua*)、紫羊茅(*Festuca rubra*)、多年生黑麦草(*Lolium perenne*)和匍匐剪股颖的夏季斑枯病(见第 8 章 8.5.2)。

(8) 小光壳属(*Leptosphaerulina*)

假囊壳聚生，埋生或稍有瘤状突出，浅棕色。子囊短棍棒状或囊状，2~3 列簇生。子囊孢子 8 个，初期透明，后期变为棕褐色，长圆形，5 个横隔膜，中间部位有 2 个纵隔膜(图 2-40)。其无性态为链格孢属(*Alternaria*)和皮司霉属(*Pithomyces*)。可引起早熟禾、黑麦草(*Lolium*)、剪股颖等属冷季型草坪草上的叶斑病或叶枯病(见第 7 章 7.14.2)。2021 年，我国首次报道南方小光壳(*Leptosphaerulina australis*)在紫花苜蓿上引起叶斑病。

(9) 黑痣菌属(*Phyllachora*)

假子座在寄主组织内发育，子座顶部与寄主皮层愈合而成黑色光亮的盾状盖。子囊壳埋生于假子座内，瓶形，黑色，孔口外露。子囊圆柱形，平行

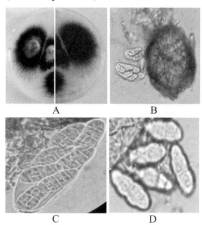

图 2-40 南方小光壳(李彦忠, 2021)
A. PDA 培养基上的菌落 B. 子囊果
C. 子囊 D. 子囊孢子

排列在子囊壳基部，子囊间有侧丝。子囊孢子单胞，椭圆形，无色。禾黑痣菌(*Phyllachora graminis*)危害多种禾草植物的叶片，产生黑色、有光泽的病斑，称为黑痣病(见第 7 章 7.15.2)。

(10) 核腔菌属(*Pyrenophora*)

假囊壳球形，顶部有刚毛，内部有拟侧丝。子囊圆筒形或棍棒形，含 8 个子囊孢子。子囊孢子卵形，有砖格状隔膜，无色或黄褐色。无性态为内脐蠕孢属(*Drechslera*，又称德氏霉属)。分生孢子梗长达 250 μm，有时基部膨大。分生孢子直圆筒形，成熟后黄褐色，光滑，1~12 个(多数 5~8 个)假隔膜(图 2-41)。重要病原菌有网斑核腔菌(*P. dictyoides*)、早熟禾核腔菌(*P. poae*)等，可引起多花黑麦草(*Lolium multiflorum*)和早熟禾等的内脐蠕孢叶枯病及根茎腐病，是草坪禾草上普遍发生的重要病害(见第 7 章 7.8.2)。

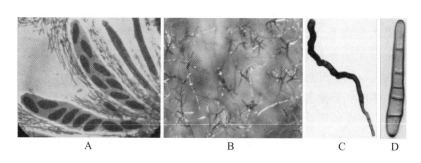

图 2-41 核腔菌属
A. 子囊和子囊孢子(Paul and Parbery, 1967) B. 体视镜下观察分生孢子着生状态 C. 分生孢子梗
D. 分生孢子(B~D. 薛龙海, 2020)

(11) 盘蛇孢属(*Ophiosphaerella*)

假囊壳黑色，瓶状，厚壁。子囊圆柱形或棒状。子囊孢子针状，淡褐色，1~15 个分隔(图 2-42)。无性态特征未知。*Ophiosphaerella korrae* 菌丝有隔膜，暗褐色至黑色。能产生侵染结构附着枝，其他形态学特征较难观察到，*O. korrae* 可侵染羊茅属和早熟禾属等冷季型草坪草根部，引起春季坏死斑和坏死环斑病(见第 8 章 8.8.2 和 8.10.2)。

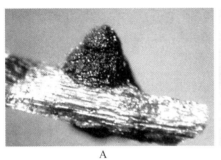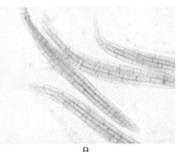

图 2-42 *Ophiosphaerella korrae* 的假囊壳和子囊孢子
A. 假囊壳(Lee Miller, 2007)　B. 子囊及子囊孢子(Colorado State University, 2022)

(12) 克拉里德属(*Clarireedia*)

该属为 2018 年新建立的属。菌丝有隔，无色。子囊盘产生于子座中，杯状到盘状，棕色，肉桂色或浅橙色。子囊长圆形。子囊孢子无色，长圆形到椭圆形，多数为单细胞，偶尔双胞，有一个隔膜。未见分生孢子。*Clarireedia* spp. (曾为 *Sclerotinia homoeocarpa*)可引起草坪币斑病(见第 7 章 7.5.2)。

(13) 核盘菌属(*Sclerotinia*)

菌核在寄主表面或寄主组织内形成。子囊盘产生在菌核上，盘状或杯状，褐色，有长柄。子囊近圆柱形，孔口遇碘变蓝，平行排列，内含 8 个子囊孢子。子囊孢子单胞，无色，椭圆形或纺锤形。不产生分生孢子世代。重要的种有：核盘菌(*S. sclerotiorum*)，引起多种草本观赏植物幼苗猝倒病和各种软腐病；三叶草核盘菌(*S. triforum*)，寄生于紫云英、苜蓿、三叶草等豆科牧草，引起菌核病(图 2-43)。

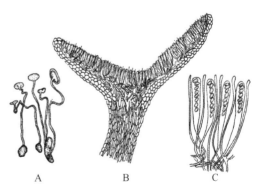

图 2-43 核盘菌属(陆家云, 2001)
A. 菌核萌发形成子囊盘　B. 子囊盘　C. 子囊及侧丝

(14) 假盘菌属(*Pseudopeziza*)

子囊盘小，生于寄主表皮下的子座上，浅色，成熟后突破表皮外露。子囊棍棒形，内含 8 个子囊孢子，排成一列或两列。子囊孢子单胞，无色，椭圆形(图 2-44)。重要的致病种类有苜蓿假盘菌(*P. medicaginis*)，寄生于苜蓿，引起褐斑病；三叶草假盘菌(*P. trifolii*)，寄生于三叶草，引起褐斑病。

2.1.5.4　担子菌门及其所致病害

担子菌是一类高等菌物，寄生或腐生，其中包括可供人类食用和药用的菌物，如蘑

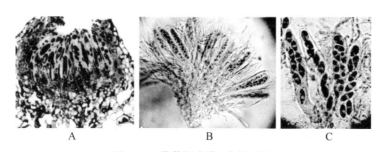

图 2-44　苜蓿假盘菌(史娟/摄)
A. 子囊盘　B. 培养条件下的子囊盘及子囊　C. 子囊及子囊孢子

菇、木耳、银耳、茯苓等。其主要特征是：菌丝体发达、有分隔，细胞一般是双核，有些双核菌丝在细胞分裂时两个细胞之间可以产生锁状联合(clamp connections)；无性繁殖除锈菌外，很少产生无性孢子；有性生殖产生担子和担孢子。与草地植物病害关系比较密切的担子菌有以下几种。

(1) 锈菌

锈菌是专性寄生菌，菌丝在寄主细胞间隙中扩展，以吸器伸入寄主细胞内吸取养料。在锈菌生活史中可以产生多种类型的孢子，典型的锈菌具有5种类型的孢子，即性孢子、锈孢子、夏孢子、冬孢子和担孢子(图2-45)。冬孢子主要起越冬休眠作用，冬孢子萌发产生担孢子，常为病害的初侵染源；夏孢子和锈孢子是再次侵染源，起扩大蔓延作用。有些锈菌还有转主寄生现象。与草坪草和牧草关系密切的有柄锈菌属(*Puccinia*)。锈菌通常侵害叶片，一般造成黄色斑点，在病部可以看到铁锈状物(夏孢子堆)，故称锈病(见第7章7.2.2)。

(2) 黑粉菌

以双核菌丝在寄主的细胞间寄生，一般有吸器伸入寄主细胞内。典型特征是形成黑色

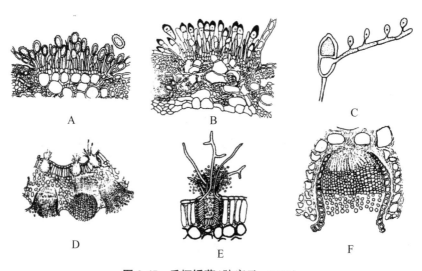

图 2-45　禾柄锈菌(陆家云，2001)
A. 夏孢子堆和夏孢子　B. 冬孢子堆和担孢子　C. 冬孢子萌发产生担子和担孢子
D. 性子器和锈子器　E. 放大的性子器　F. 放大的锈子器

粉状的冬孢子，萌发形成先菌丝和担孢子。黑粉菌的分属主要根据冬孢子的形状、大小、有无不孕细胞、萌发的方式及冬孢子球的形态等（图2-46）。与草坪草和牧草关系密切的有黑粉菌属（*Ustilago*）、腥黑粉菌属（*Tilletia*）和条黑粉菌属（*Urocystis*）等（见第7章7.3.2和第9章9.4.2）。

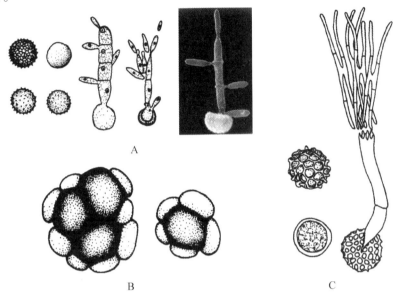

图2-46　黑粉菌各属的冬孢子及其萌发（陆家云，2001）
A. 黑粉菌属　B. 条黑粉菌属冬孢子集结的孢子球和外围的不育细胞　C. 腥黑粉菌属

（3）伞菌

伞菌又称帽菌或蘑菇，其中的很多种类是食用菌，有的有医药价值，少数具有抗癌作用。有些伞菌与植物共生，形成菌根。部分伞菌引起草坪草的蘑菇圈（图2-47），又称仙环病（见第8章8.9.2）。最常见的病菌有环柄菇属（*Lepiota*）、马勃属（*Lycoperdon*）、小皮伞属（*Marasmius*）、硬皮马勃属（*Scleroderma*）和口蘑属（*Tricholoma*）等。

①红丝菌属（*Laetisaria*）：菌丝多核，无锁状联合，淡粉色。担子形态一致，起源于原担子，顶端有4个小梗，着生4个担孢子。担孢子椭圆形或圆柱形，薄壁，光滑，顶端呈尖形（图2-48）。梭形红丝菌（*Laetisaria fuciformis*）可侵染引起剪股颖属、羊茅属、黑麦草属、早熟禾属、狗牙根属、结缕草属以及其他多种草坪禾草的红丝病（见第7章7.6.2）。

②粉斑菌属（*Limonomyces*）：菌丝双

图2-47　草地蘑菇圈

核，隔膜处有锁状联合。担子由幼担子发育而来，顶端有4个小梗，着生4个担孢子。担孢子椭圆形或圆柱形，薄壁，光滑，顶端呈尖形（图2-49）。粉斑伏革菌（*L. roseipellis*）侵染引起草坪草粉斑病（见第7章7.13.2）。

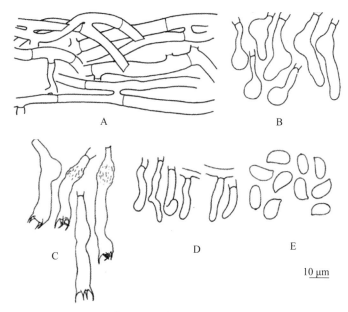

图 2-48　梭形红丝菌(H. H. Burdsall，1978)
A. 有隔菌丝　B. 原担子　C. 成熟担子　D. 树状子实层端菌丝　E. 担孢子

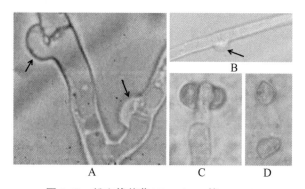

图 2-49　粉斑伏革菌(Wu Zhang 等，2015)
A、B. 菌丝隔膜处的锁状联合(箭头处)　C. 担子上着生的担孢子　D. 担孢子

2.1.5.5　无性态菌物及其所致病害

无性态菌物在自然界分布广，种类多，多数陆生，少数生活在海洋或淡水中。由于该类菌物的生活史中只发现无性阶段，未发现有性阶段，有时也称半知菌或不完全菌。但当发现其有性阶段时，大多数归属子囊菌，极少数归属担子菌，因此，无性态菌物和子囊菌的关系很密切。无性态菌物的主要特征是：菌丝体发达，有隔膜；无性繁殖产生各种类型的分生孢子(图 2-50)。

无性态菌物产生分生孢子的结构有各种类型，常见的有分生孢子梗、孢梗束、分生孢子盘、分生孢子器和分生孢子座等。与草地植物病害关系比较密切的无性态菌物有以下病原菌。

(1) 无孢菌

该类真菌不产生孢子，只有菌丝体，有时可以形成菌核。引起草地植物病害的重要属有：

①丝核菌属（*Rhizoctonia*）：菌丝褐色，在分枝处缢缩，菌核由菌丝体交结而成，球形、不规则形（图2-51）。有性态是担子菌的亡革菌属（*Thanatephorus*）、卷担子菌属（*Helicobasidium*）。常见的丝核菌属病原菌可侵染植物的根、茎、叶，引起根腐病、立枯病、纹枯病等多种作物病害，也几乎可以侵染所有草坪草，引起褐斑病（见第8章8.2.2）。立枯丝核菌（*R. solani*）是草坪褐斑病最主要的病原菌，依据其形态、致病性、生理学及其生态学等方面的差异可分为14个融合群（AG1～13及AG IB）。AG1融合群主要含有3个种内亚群，其中AG1 IA是由立枯丝核菌引起的草坪褐斑病中最常见的病原菌。

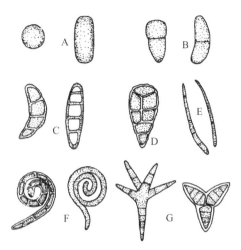

图2-50 无性态菌物分生孢子形态类型
（宗兆峰等，2010）
A. 单胞孢子 B. 双胞孢子 C. 多胞孢子 D. 砖隔孢子 E. 线形孢子 F. 螺旋孢子 G. 星状孢子

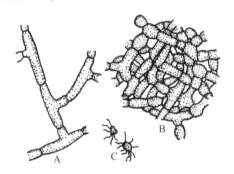 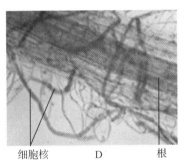

图2-51 丝核菌属
A. 直角状分枝的菌丝 B. 菌丝纠结的菌组织 C. 菌核（A～C. 邢来君，2015）
D. 立枯丝核菌根部侵染（殷萍萍等，2015）

②小核菌属（*Sclerotium*）：菌核褐色至黑色，长形、球形至不规则形，组织致密，干时极硬（图2-52）。侵染多种植物的叶、茎和根部，引起猝倒、茎腐、根腐和果腐等病害。常见的致病种齐整小核菌（*S. rolfsii*），有性态为齐整阿太菌（*Athelia rolfsii*），引起草坪草白绢病（见第8章8.6.2）。

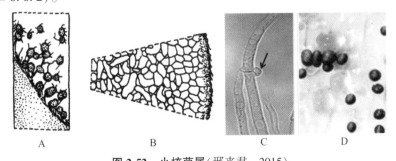

图2-52 小核菌属（邢来君，2015）
A. 菌核 B. 菌核剖面 C. 菌丝上的锁状联合（箭头处） D. 菌核

(2) 丛梗孢菌

分生孢子着生在疏散的分生孢子梗上，或着生在孢梗束上及分生孢子座上。分生孢子有色或无色，单胞或多胞。引起草地植物病害的重要属有：

①粉孢属(*Oidium*)：为高等植物的外寄生菌。菌丝体表生，产生指状吸器伸入寄主表皮细胞中吸取养料。分生孢子梗直立，简单，不分枝，无色，顶端以全壁体生式向基部形成串生的分生孢子。分生孢子圆柱形、椭圆形，无色，单胞，两端钝圆(图2-53)。有性态是子囊菌门中的白粉菌。该属真菌侵染草坪植物引起白粉病(见第7章7.1.2)。

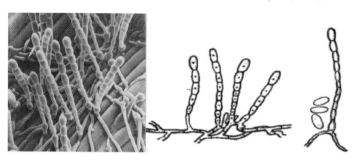

图 2-53 粉孢属分生孢子梗及串生的分生孢子

②链格孢属(*Alternaria*)：菌丝体大部分埋生，部分表生。分生孢子梗由菌丝顶端生成，或从菌丝侧生，色深，顶端单生或串生分生孢子。分生孢子倒棒形、卵形、倒梨形、椭圆形等，淡褐色，有纵横隔膜，顶端可延长成喙。孢子可连续产生次生分生孢子，形成长的或短的、分枝或不分枝的孢子链(图2-54)。全世界已描述的近400个种中，有90%以上的种可兼性寄生于不同科植物上，引起多种叶斑病。其有性态为小光壳属(*Leptosphaerulina*)，引起草坪草的叶枯病(见第7章7.14.2)。

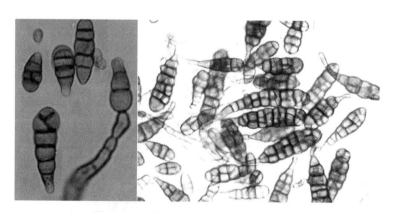

图 2-54 链格孢属分生孢子梗及分生孢子

③尾孢属(*Cercospora*)：菌丝体表生，子座球形，褐色。分生孢子梗不分枝。分生孢子单生，针形、倒棒形、鞭形，无色或淡色，有隔膜(图2-55)。有性态为球腔菌属(*Mycosphaerella*)，侵染多种植物叶片，引起灰斑病和褐斑病。主要的致病种有：变灰尾孢(*C. canescens*)，侵染菜豆(*Phaseolus vulgaris*)和红小豆(*Vigna angularis*)，引起红斑病；高粱尾孢(*C. sorghi*)，侵染高粱，引起紫斑病；玉蜀黍尾孢(*C. zeae-maydis*)，侵染玉米，引起灰斑病。此外，该属菌物侵染多种作物、林木和牧草植物，引起灰斑病或褐斑病。

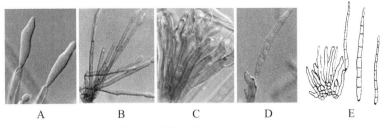

图 2-55　尾孢属（Uwe Braun，2006）

A. 正在产生的分生孢子　B、C. 分生孢子梗　D. 分生孢子从产孢细胞上脱落　E. 分生孢子座及分生孢子

④葡萄孢属（*Botrytis*）：分生孢子梗粗大，顶端分枝，分枝末端膨大，其上聚生分生孢子，外观似葡萄穗状，无色，有隔膜。分生孢子椭圆形、球形或卵形，无色，单胞，表面光滑（图 2-56）。常形成椭圆形或不规则的菌核。侵染三叶草、驴食豆等豆科牧草，引起灰霉病和腐烂病。

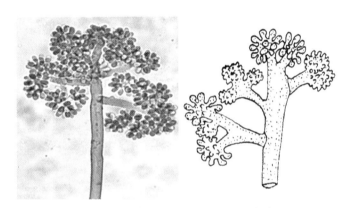

图 2-56　葡萄孢属分生孢子梗及分生孢子

⑤镰孢属（*Fusarium*）：菌丝絮状，培养条件下老熟菌丝常产生红、紫、黄等色素。分生孢子梗无色，常基部结合形成分生孢子座。分生孢子有大型和小型两种。大型分生孢子微弯曲，镰刀形，无色，多隔膜；小型分生孢子椭圆形、卵形和短圆柱形，无色，单胞或双胞，单生或串生（图 2-57）。两种分生孢子常在分生孢子座上聚为黏孢子堆。菌丝中间或

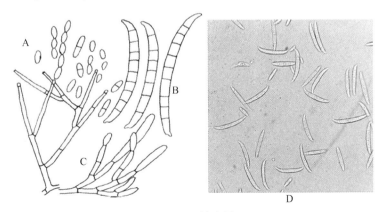

图 2-57　镰孢属

A. 小型分生孢子　B. 大型分生孢子　C. 分生孢子梗　D. 大型和小型分生孢子

顶端可形成圆形或椭圆形的厚垣孢子。有性态为赤霉属(*Gibberella*)等。本属种类中有许多种是重要的经济植物病原菌，侵染植物后主要引起 4 种症状：立枯或猝倒，最终导致死苗；萎蔫，侵害植物的输导组织，引起萎蔫；腐烂，包括根腐、茎腐、穗腐、果腐等；畸形，病菌产生赤霉素，引起植株徒长或瘿瘤。镰孢菌枯萎病是在草坪上普遍发生的、严重破坏草坪景观效果的一种病害(见第 8 章 8.4.2)，在全国各地草坪草上均有发生，危害多种禾本科草坪草，如早熟禾、羊茅、剪股颖等。

⑥黑孢霉属(*Nigrospora*)：分生孢子梗短，分隔处缢缩，顶细胞膨大，暗色，单生或分枝；分生孢子扁球形，顶生，黑色，单细胞，与孢子梗连接处有无色的泡囊(图 2-58)。病原菌主要为球黑孢(*N. sphaerica*)、稻黑孢(*N. oryzae*)和木樨黑孢(*N. osmanthi*)，可引起剪股颖、狗牙根、高羊茅等的黑孢霉枯萎病(见第 7 章 7.11.2)。

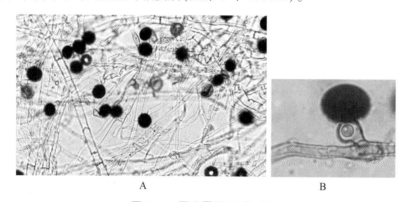

图 2-58 黑孢霉属(金静/摄)
A. 分散在菌丝中的分生孢子　B. 着生在分生孢子梗上的分生孢子

⑦弯孢属(*Curvularia*)：分生孢子梗单枝或分枝，直或弯曲，上部屈膝状，有隔，褐色；分生孢子顶侧生，椭圆形、梭形、舟形或梨形，常向一侧弯曲，3~4 个隔膜，褐色，中间细胞膨大颜色深，两端细胞稍浅(图 2-59)。分生孢子的形状、大小、分隔数、最宽细胞位置、脐部是否突出等特征都是区分种的重要依据。重要病原菌有新月弯孢(*C. lunata*)[有性态为新月旋孢腔菌(*Cochliobolus lunatus*)]、间型弯孢(*C. intermedia*)和膝曲弯孢(*C. geniculata*)等 22 种，可以侵染几乎所有的草坪草，造成弯孢霉叶枯病，又称凋萎

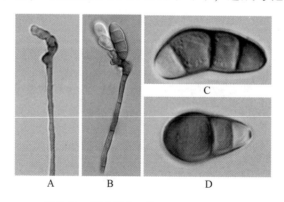

图 2-59 弯孢属(Ji-Chuan Kang, 2015)
A. 分生孢子梗　B. 分生孢子产生在分生孢子梗上　C、D. 分生孢子

病，是草坪上普遍发生的病害，早熟禾、匍匐剪股颖、细叶羊茅和黑麦草受害严重(见第7章7.9.2)。

⑧平脐蠕孢属(*Bipolaris*)：又称离蠕孢属。分生孢子梗单生，少数集生，圆筒状或屈膝状，有隔膜，橄榄褐色至褐色。分生孢子直或弯曲，纺锤形或长椭圆形，棕褐色至黑色，2~12个隔膜(图2-60)。禾草平脐蠕孢(*B. sorokiniana*)可引起草坪常见的病害平脐蠕孢叶枯病，该病发生普遍，导致草坪稀疏、早衰，形成枯草斑或枯草区(见第7章7.10.2)。

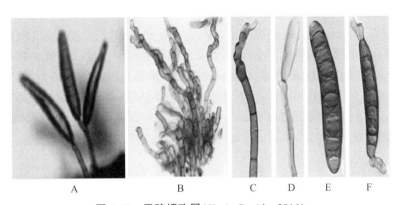

图 2-60 平脐蠕孢属(Kevin David，2016)

A. 体视镜下分生孢子着生状态　B. 聚生的分生孢子梗　C. 单生的分生孢子梗
D. 分生孢子产生在分生孢子梗上　E. 分生孢子　F. 分生孢子两端萌发

⑨梨孢属(*Pyricularia*)：分生孢子梗单生或丛生，多不分枝，顶部屈膝状弯曲，淡褐色，有隔膜。产孢细胞多芽生，圆柱状，全壁芽生产孢，合轴式延伸。分生孢子单生，倒梨形，无色至灰绿色，2个隔膜(图2-61)。灰梨孢(*P. grisea*)危害多种禾本科植物，引起禾草梨孢灰斑病，发病非常广泛。

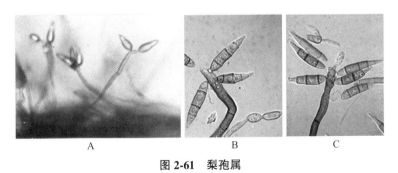

图 2-61 梨孢属

A. 体视镜下分生孢子着生状态(Peter Dernoeden，2007)　B、C. 分生孢子产生并着生
在分生孢子梗上的状态(Sylvia Klaubauf，2014)

⑩禾生钉孢属(*Graminopassalora*)：分生孢子梗浅褐色至褐色，成束呈褐色至暗褐色，0~4个隔膜，从子座上长出。分生孢子单生，椭圆形至卵圆形，或倒卵形、短棒状，0~3个隔膜(多为1个)，基部具有明显的脐，棕色至暗褐色。病原菌为禾生钉孢菌(*G. graminis*)，几乎危害所有草坪草(如黑麦草、狗牙根、高羊茅、早熟禾、结缕草等)造成褐条斑病(见第7章7.16.2)。

⑪微座孢属（*Microdochium*）：分生孢子以向顶式层出的方式产生，无色，宽镰刀形，两端尖削，有时基部略平，无脚胞，0~3个隔膜。有性世代为 *Monographella*，子囊壳近球形，外壁光滑，有乳突状孔口，有侧丝。子囊棍棒状或圆柱形，子囊孢子纺锤形或椭圆形，无色，1~3个隔膜。该属真菌多引起草坪草雪霉病（见第8章8.7.2）。

（3）黑盘孢菌

菌丝体生于寄主组织内，分生孢子盘生于寄主植物的角质层或表皮下，成熟后突破寄主表皮外露。分生孢子形态、色泽多样，群集时孢子团呈白色、乳白色、粉红色、橙色、黑色，引起草地植物病害的重要属为炭疽菌属。

炭疽菌属（*Colletotrichum*）：分生孢子盘生于寄主角质层下，有时生有褐色、有分隔的刚毛，分生孢子梗呈栅栏状排生于分生孢子盘上。分生孢子无色，单胞，长椭圆形或新月形（图2-62）。有性态为小丛赤壳属（*Glomerella*）和球座菌属（*Guignardia*）。其中，重要的致病种类有禾生炭疽菌[*C. graminicola*，有性型为禾生小丛壳（*Glomerrella graminicola*）]、大豆炭疽菌（*C. glycines*）和豆类炭疽菌（*C. truncatum*）。寄生在豆科和禾本科草坪草上，引起禾草炭疽病（见第7章7.4.2）。

图 2-62　炭疽菌属分生孢子盘、刚毛及分生孢子

（4）球壳孢菌

菌丝体发达有分枝，分生孢子器表生、半埋生或埋生，单生、聚生或生于子座上，球形、烧瓶形。分生孢子形态多样，可分为干孢子或黏孢子。寄生在草地植物上，引起叶斑、枝枯等病害。

①壳二孢属（*Ascochyta*）：分生孢子器球形，褐色，散生。分生孢子椭圆形、圆柱形，无色，1~2个隔膜（图2-63）。有性态为球腔菌属（*Mycosphaerella*）和小球腔菌属（*Leptosphaeria*）。侵染多种植物，引起斑点病。常见的致病种类有：甜菜壳二孢（*A. betae*），侵染甜菜叶，引起轮纹病；豌豆壳二孢（*A. pisi*），侵染香豌豆属（*Lathyrus*）、苜蓿属（*Medicago*）、菜豆属（*Phaseolus*）、豌豆属（*Pisum*）、车轴草属（*Trifolium*）、蚕豆属（*Vicia*）等植物的叶片和茎，引起褐斑病；禾生壳二孢（*A. graminicola*）在草地早熟禾、高羊茅、紫羊茅和多年生黑麦草叶片上引起较为常见的壳二孢叶枯病（见第7章7.17.2）。

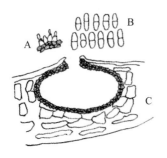

图 2-63　壳二孢属
A. 短小的分生孢子梗　B、C. 分生孢子

②茎点霉属(*Phoma*):分生孢子器埋生、半埋生。分生孢子椭圆形、圆柱形,无色,单胞(图2-64)。有性态为格孢腔菌属(*Pleospora*)和球腔菌属(*Mycosphaerella*)。重要的致病种类有:甜菜茎点霉(*P. betae*)和黑胫茎点霉(*P. lingam*),侵染苜蓿引起黑胫病。

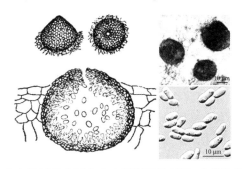

图 2-64　茎点霉属茎点霉分生孢子器及其剖面(内部为分生孢子)

③叶点霉属(*Phyllosticta*):分生孢子器埋生,暗褐色至黑色。分生孢子近球形、卵形、椭圆形(图2-65)。有性态为球座菌属(*Guignardia*)、盘壳菌属(*Discochora*)和球腔菌属(*Mycosphaerella*)。重要的致病种类有:苜蓿叶点霉(*P. medicaginis*),侵染苜蓿叶片,引起斑点病;高粱叶点霉(*P. sorghina*),侵染高粱、苏丹草和黍叶(*Panicum miliaceum*),引起斑点病。

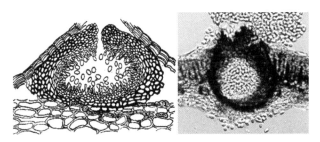

图 2-65　叶点霉属分生孢子器、分生孢子梗及分生孢子

④壳针孢属(*Septoria*):分生孢子器埋生,球形。分生孢子线形,无色,有多个隔膜(图2-66)。有性态为球腔菌属(*Mycosphaerella*)和小球腔菌属(*Leptosphaeria*),侵染植物的叶、茎和果实,引起各种病害。重要的致病种类有:向日葵壳针孢(*S. helianthi*),侵染向日葵,引起褐斑病;苜蓿壳针孢(*S. medicaginis*),侵染苜蓿叶,引起斑枯病。该属真菌在草坪草上常引起壳针孢叶斑病(见第7章7.12.2)。

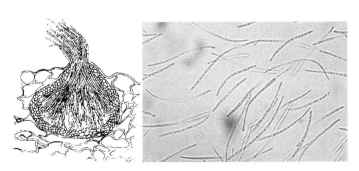

图 2-66　壳针孢属分生孢子器及线形分生孢子(T. A. Zitter/摄)

2.1.5.6 菌物病害的症状特点

菌物病害的主要症状是坏死、腐烂和萎蔫，少数为畸形。特别是在病斑上常常有霉状物、粉状物、粒状物等病征，这是菌物病害区别于其他病害的重要标志，也是进行病害田间诊断的主要依据。

卵菌门的许多真菌，如绵霉菌、腐霉菌、疫霉菌等，大多生活在水中或潮湿的土壤中，经常引起植物根部和茎基部的腐烂或苗期猝倒病，湿度大时往往在病部生出白色的棉絮状物。高等的卵菌如霜霉菌、白锈菌，都是活体营养生物，大多陆生，危害植物的地上部，引致叶斑和花穗畸形。霜霉菌在病部表面形成霜状霉层，白锈菌形成白色的疱状突起。这些都是病原物各自特有的病征。另外，卵菌大多以厚壁的卵孢子或休眠孢子在土壤或病残体中渡过不良环境，成为下次发病的菌源。

接合菌门真菌引起的病害很少，而且都是弱寄生，症状通常为薯、果的软腐或花腐。

许多子囊菌及无性态真菌引起的病害，一般在叶、茎、果上形成明显的病斑，其上产生各种颜色的霉状物或小黑点。它们大多是死体营养生物，既能寄生，又能腐生。白粉菌则是活体营养生物，常在植物表面形成粉状的白色或灰白色霉层，后期霉层中产生小黑点即闭囊壳。多数子囊菌或无性态真菌的无性繁殖比较发达，在生长季节产生一至多次的分生孢子，进行再侵染和传播。它们经常在生长后期进行有性生殖，形成有性孢子，以渡过不良环境，成为下一生长季节的初侵染来源。

担子菌中的黑粉菌和锈菌都是活体营养生物，在病部形成黑色粉状物或褐色的锈状物。黑粉菌多以冬孢子附着在种子上、落入土壤中或在粪肥中越冬，黑粉菌种类多，侵染方式各不相同。锈菌的生活史在真菌中是最复杂的，有多型性和转主寄生的现象。锈菌形成的夏孢子量大，有的可以通过气流进行远距离传播，所以锈病常大面积发生。锈菌的寄生专化型很强，因而较易获得高度抗病的品种，但这些品种也易因病菌发生变异而丧失抗性。

2.2 病原原核生物

原核生物(prokaryote)是指一大类无真正细胞核的单细胞微生物，菌体没有完整的细胞核，但有核区，称为拟核(nucleoid)，拟核无核膜，核糖体为70S型。原核生物形状细短，结构简单，但其是自然界分布最广、个体数量最多的有机体，是大自然物质循环的主要参与者。原核生物有两大类，分别是细菌和古菌，一般来说，引起植物病害的原核生物几乎都是细菌。

对于草坪植物而言，原核生物也是常见的病原菌，如可以引起豆科草坪草细菌性茎疫病、细菌性凋萎病和细菌性根癌病等病害。

2.2.1 原核生物的一般性状

2.2.1.1 细菌的形态与结构

自然界细菌的形态有球状、杆状和螺旋状3种基本形态，而植物病原细菌大多为杆状，菌体大小$(0.5~0.8)\mu m \times (1~3)\mu m$。细菌细胞壁为多层次结构，由肽聚糖、脂类和蛋白质等组成。由于细胞壁结构和组成的不同，可通过革兰染色的方法把细菌分为革兰阳性(G^+)细菌和革兰阴性(G^-)细菌。细胞壁内是半透性的细胞质膜。细菌的细胞核为拟核，由一条双螺旋的 DNA 链折叠而成的核物质集中在细胞质的中央，形成一个核区。在有些细菌中，还有独立于拟核之外的呈环状结构的小的 DNA 分子，具有遗传特性，称为质粒(plasmid)，它编码细菌的抗药性或致病性等性状。细胞质中还有一些颗粒状内含物，如异粒体、中心体、气泡、液泡和核糖体等。除以上基本结构(图 2-67)外，有些细菌在一定

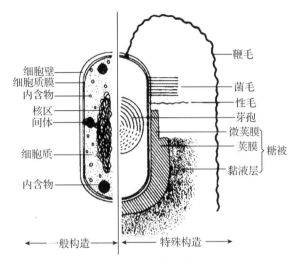

图 2-67　细菌细胞构造模式图

条件下生长到一定时期还产生荚膜、鞭毛和芽孢等特殊结构。荚膜(capsule)是细菌在细胞壁外产生的一层多糖类物质，比较厚，而且有固定形状。采用负染色法后在显微镜下可以观察到荚膜。如果细胞壁外产生的多糖类物质层薄，且容易扩散，不定形，则称为黏液层(slime layer)。植物病原细菌细胞壁外有厚薄不等的黏液层，但很少有荚膜。这些黏液层中的多糖在病原菌与寄主的识别、病原菌的致病性等方面有重要作用。鞭毛(flagellum)是从细胞质膜下粒状鞭毛基体上产生的，穿过细胞壁延伸到体外的蛋白质组成的丝状结构，使细菌具有运动性。鞭毛细而有韧性，直径仅 20 nm，长 15~20 μm，采用鞭毛染色法使鞭毛加粗才能在显微镜下观察到。细菌的鞭毛只在一定的生长时期产生。具有鞭毛的细菌其鞭毛数目和在细胞表面的着生位置因种类不同而异。在细胞一端仅有一根鞭毛，称为单生鞭毛(monotrichous)；在细胞一端或两端着生有多根鞭毛，称为丛生鞭毛(lophotrichous)；细胞四周都着生有鞭毛，称为周生鞭毛(peritrichous)。细菌鞭毛的数目和着生位置在属的分类上有重要意义。大多数的植物病原细菌有鞭毛。芽孢是一些芽孢杆菌在生活过程中菌体内形成的一种内生孢子(endospore)，芽孢具有很强的抗逆能力，是细菌的一种休眠状态。植物病原细菌通常无芽孢。

植物菌原体是一类没有细胞壁，只有单位膜组成的原生质膜包围，个体比细菌小的原核生物。因为没有细胞壁，所以革兰染色反应呈阴性，形态变化也较大，有圆形、椭圆形、哑铃形、梨形、丝状、不规则形、螺旋形等。大小 80~1 000 nm，能通过细菌滤器。菌原体对青霉素不敏感，对四环素类药物敏感。植物菌原体包括植原体(Phytoplasma)和螺旋体(Spiroplasma)两种类型。

2.2.1.2　细菌的繁殖

原核生物是单细胞生物，其生长即个体体积的增大是很有限的，一般不易被观察到，

所以，通常以细胞数量的增加来衡量。菌体数量的增加是繁殖的结果。细菌的繁殖方式为分裂繁殖，简称裂殖。裂殖时菌体先稍微伸长，细胞膜自菌体中部向内延伸，同时形成新的细胞壁，最后母细胞从中间分裂为两个子细胞。遗传物质 DNA 在细胞分裂时，先复制，然后平均地分配给子细胞。质粒也同样地复制并均匀分配在两个子细胞中。遗传物质的复制和平均分配保证了亲代的各种性状能稳定地遗传给子代。细菌的繁殖速度很快，在适宜的条件下，大肠杆菌每 20 min 就可以分裂一次。植原体一般认为以裂殖、出芽繁殖或缢缩断裂法繁殖；螺原体繁殖时是芽生长出分枝，断裂而成子细胞。

植物病原细菌绝大多数为好氧性菌，少数为兼性厌气菌。生长适宜 pH 7.0~7.5，在 pH <4.5 难以生长。生长的最适温度 26~30℃，少数种类生长温度较高或较低。不同的细菌对营养要求略有不同，大多数病原细菌在肉汁胨培养基上可以生长，只有少数种类不能人工培养，如木质部小菌属（*Xylella*）。植原体至今还不能人工培养。

植物病原细菌在固体培养基上形成的菌落颜色多为白色、灰白色或黄色等。而螺原体需在含有甾醇的培养基上才能生长，在固体培养基上形成"煎蛋形"菌落。

2.2.2 原核生物的分类与主要的植物病原原核生物类群

原核生物的"种"是分类学上最基础的单位，是由模式菌株和具有相同性状的菌系群共同组成的群体。在细菌"种"之下，又可以根据寄主范围、致病性等，进一步区分为亚种（subsp.）、致病变种（pv.）和血清型（serovar）等。

根据目前细菌分类学中使用的技术和方法，可把它们分成 4 个不同的水平：细胞形态水平、细胞组分水平、蛋白质水平和基因组水平。在细菌分类学发展的早期，主要的分类鉴定指标是以细胞形态和习性为主，可称为经典分类法。在 20 世纪 60 年代以后，化学分类法、数值分类法和遗传学分类法等现代分类方法不断出现并日渐成熟。原核生物的命名，也采用拉丁双名法。

本教材与国内目前大多数高校选用的微生物学教材保持一致，仍沿用第 9 版《伯杰氏细菌鉴定手册》列举的总的分类纲要，并采用 Gibbons 和 Murray（1978）的分类系统，将原核生物分为 4 个门 7 个纲 35 个组群。4 个门的主要特征是：

(1) 薄壁菌门（Phylum Gracilicutes）

细胞壁薄，厚度为 7~8 nm，细胞壁中含有 8%~10% 肽聚糖，革兰染色反应阴性。重要的植物病原细菌属有土壤杆菌属（*Agrobacterium*）、欧文菌属（*Erwinia*）、假单胞菌属（*Pseudomonas*）、黄单胞菌属（*Xanthomonas*）等。侵染禾本科和豆科牧草引起褐条斑病、细菌性萎蔫病等。

(2) 厚壁菌门（Phylum Firmicutes）

细胞壁肽聚糖含量高（50%~80%），细胞壁厚 10~50 nm，革兰反应阳性。重要的植物病原细菌属有棒形杆菌属（*Clavibacter*）和链丝菌属（*Streptomyces*）。侵染马铃薯，引起马铃薯环腐病和疮痂病。

(3) 软壁菌门（Phylum Tenericutes）

软壁菌门又称柔壁菌门或无壁菌门。菌体无细胞壁，只有一种称为单位膜的原生质膜包围在菌体四周，厚 8~10 nm，没有肽聚糖成分，菌体以球形或椭圆形为主，营养要求苛刻，对四环素敏感。与植物病害有关的统称植物菌原体，包括植原体属（*Phytoplasma*）和螺原体属(*Spiroplasma*)。

(4)疵壁菌门(Phylum Mendosicutes)

疵壁菌门是一类没有进化的原细菌或古细菌,细胞壁中没有胞壁酸和肽聚糖;对内酰胺类抗生素不敏感,化能营养型。有的生活在高盐分、高湿或高温环境中。该门中无植物病原细菌。

草坪植物病原细菌常见的5个属为:

(1)土壤杆菌属(*Agrobacterium*)

土壤杆菌属是薄壁菌门根瘤菌科的成员,为土壤习居菌。菌体短杆状,鞭毛1~6根,周生或侧生。好气性,代谢为呼吸型。革兰反应阴性,无芽孢。营养琼脂上菌落圆形、隆起、光滑,灰白色至白色,质地黏稠,不产生色素。大多数细菌都带有除染色体之外的另一种遗传物质,一种大分子的质粒,它控制着细菌的致病性和抗药性等,如侵染寄主引起肿瘤症状的质粒称为致瘤质粒(tomor inducine plasmid,俗称Ti质粒),引起寄主产生不定根的致发根质粒(rhizogen inducine plasmid,俗称Ri质粒)。代表病原菌是根癌土壤杆菌(*A. tumefaciens*),寄主范围广,可侵染多种草类植物,包括三叶草、百脉根等豆科草坪草。但在我国豆科草坪草上尚未发现该菌的危害。

(2)假单胞菌属(*Pseudomonas*)

假单胞菌属是薄壁菌门假单胞菌科的模式属。菌体短杆状或略弯,单生,大小(0.5~1.0)μm×(1.5~5.0)μm,鞭毛1~4根或多根,极生。革兰阴性,严格好气性,代谢为呼吸型。无芽孢。已发现的植物病原细菌有一半属于此属,主要引起各种叶斑或坏死症状以及茎秆溃疡。例如,侵染三叶草引起三叶草细菌性叶斑,侵染苜蓿引起苜蓿细菌性茎疫病(见第7章7.18.3)。

(3)黄单胞菌属(*Xanthomonas*)

黄单胞菌属是薄壁菌门的成员。菌体短杆状,多单生,少双生,单鞭毛,极生。革兰阴性。严格好气性,代谢为呼吸型。营养琼脂上的菌落圆形隆起,蜜黄色,产生非水溶性黄色素。黄单胞菌属的成员都是植物病原菌,模式种是野油菜黄单胞菌。侵染多种牧草植物,引起叶斑病。例如,侵染苜蓿引起苜蓿细菌性叶斑病,侵染禾草引起禾草细菌性枯萎病(黑腐病)和细菌性条斑病(见第7章7.18.1和7.18.2)。

(4)棒形杆菌属(*Clavibacter*)

菌体有多种形态,常见的有短杆状、棒杆状、楔形或不规则棒杆状,常弯曲成"L"形或"V"形,无芽孢。包含5个种和7个亚种,都是植物病原菌,引起系统性病害,表现萎蔫、蜜穗、花叶等症状。重要的病原细菌有马铃薯环腐病菌(*C. michiganensis* subsp. *sepedonicum*)。病菌可侵害5种茄属植物引起马铃薯环腐病。病菌大多借切刀的伤口传染,病株维管束组织被破坏,横切时可见到环状维管束组织坏死并充满黄白色菌脓,稍加挤压,薯块即沿环状的维管束内外分离,故称环腐病。也可侵染苜蓿、三叶草等草类植物引起细菌性萎蔫病。

(5)植原体属(*Phytoptoplasma*)

植原体属即早期有些教材中的类菌原体(mycoplasma-like organism,MLO),菌体的基本形态为圆球形或椭圆形。菌体大小80~1 000 nm。目前还不能在离体条件下培养它们。日本学者土居养二(Doi,Y)首先从桑萎缩病组织切片中发现该病原体,称为类菌原体。其分类和鉴定主要依靠生物学特征,如寄主、症状、介体专化性等。近年来分子生物学方法已广泛应用于此领域,分类取得了很大的进展。在国内,除桑萎缩病外,还有枣疯病、泡桐丛枝病、水稻黄矮病、水稻橙叶病和甘薯丛枝病等。在草类植物上,主要侵染苜蓿,此外还侵染百脉根、白花草木樨等,引起丛枝病。侵染三叶草引起变叶病。病原借助叶蝉(*Scaphytopius dudius*)和烟草叶蝉(*Orosius argentatus*)在苜蓿和其他豆科植物间传播。

除上述5个属外,也有芽孢杆菌属(*Bacillus*)、链霉菌属(*Streptomyces*)等属的原核生物也可引起某些植物病害,但目前尚未见其导致草类植物病害的报道。

2.3 病毒

病毒(virus)是一类由核酸和蛋白质等少数几种成分组成的超显微"非细胞生物",其本质是一种只含有 DNA 或 RNA 的遗传因子,它们能以感染态和非感染态两种状态存在。在宿主体内时呈感染态(活细胞内专性寄生),依赖宿主的代谢系统获取能量、合成蛋白质和复制核酸,然后通过核酸和蛋白质的装配而实现其大量繁殖;在离体条件下,它们能以无生命的生物大分子状态存在,并可保持其侵染活性。第一个已知的病毒是烟草花叶病毒,迄今已有超过 5 000 种不同类型的病毒得到鉴定。植物病毒作为植物的一类病原物,引起病害种类很多,仅次于真菌病害排第二位。一种病毒常常可以侵染多种寄主,而一种寄主植物又可受到多种病毒的危害,导致严重损失。病毒不但引起许多作物严重的病害(如水稻病毒病、麦类病毒病、马铃薯病毒病等),也可引起多种草坪病害,如禾草黄矮病毒病、黑麦草花叶病毒病和三叶草花叶病毒病等。

2.3.1 植物病毒的一般形状

2.3.1.1 病毒的形态和结构

(1)形状和大小

植物病毒粒体很小,仅在电子显微镜下才能观察到,其度量单位为纳米(nm)。大多数病毒粒体为球状、杆状和线状,少数为弹状。球状病毒直径大多在 20~35nm,是由 20 个正三角形组合而成的多面体结构。杆状病毒多为(20~80)nm×(100~250)nm,两端平齐,粒体刚直不弯曲。线状病毒多为(11~13)nm×(700~750)nm,两端也是平齐的,呈不同程度的弯曲。许多植物病毒由不止一种粒体构成。如苜蓿花叶病毒有 5 种粒体组分:大小 58 nm ×18 nm、54 nm ×18 nm、42 nm ×18 nm、30 nm×18 nm、18 nm × 10 nm。球状、杆状及线状病毒的表面由一定数目的蛋白质亚基构成(图 2-68)。

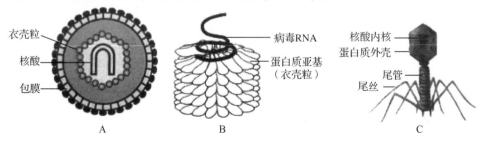

图 2-68 不同形态病毒模型(许志刚,2021)

A. 球状病毒 B. 杆状病毒 C. 蝌蚪状病毒(T4 噬菌体)

(2)结构

完整的病毒粒体是由一个或多个核酸分子(DNA 或 RNA)包被在蛋白质衣壳里构成的。蛋白质衣壳(capsid)和核酸统称核衣壳(nucleo-capsid)。绝大多数病毒粒体都只是由核酸和蛋白衣壳组成的,但有些病毒在核壳外还有一层外套,称为包膜(envelope),包膜由脂肪和蛋白组成,如弹状病毒(*Rhabdoviridae*)粒体外面就有包膜包被。衣壳的化学成分是蛋白质,绝大多数植物病毒的衣壳只有一种蛋白质,蛋白多肽链经过三维折叠形成衣壳的基本机构单位,称为蛋白质亚基(subunit)。在球状病毒上,多个蛋白亚基聚集起来形成壳基(capsomer)。壳基是形态单位,因聚集的蛋白亚基数目不同而分别称为二聚体、三聚体和五邻体、六邻体,很多壳基组成的衣壳起到保护核酸链的作用。由于不同病毒的蛋白亚基在衣壳体上的排列不同,使得不同的病毒粒体形态结构也不同,植物病毒的粒体结构主要杆状、线状、球状、弹状等。

2.3.1.2 病毒的化学组成

植物病毒的主要成分是核酸和蛋白质。少数大型病毒还含有脂类和糖类物质。病毒只含一类核酸(DNA 或 RNA),至今还没有发现一种病毒同时兼有两类核酸。大多数植物病毒的核酸为 RNA,少数为 DNA;噬菌体的核酸大多数为 DNA,少数为 RNA;动物病毒,包括昆虫病毒,则部分是 DNA,部分为 RNA。含 DNA 的病毒称 DNA 病毒,含 RNA 的病毒称 RNA 病毒。

无论是 DNA 还是 RNA 病毒,都有单链(ss)和双链(ds)之分。RNA 病毒多数是单链,极少数是双链;DNA 病毒多数为双链,少数单链。病毒核酸还有线状和环状之分,如玉米条纹病毒的核酸为线状单链 DNA。RNA 病毒核酸都呈线状,罕有环状。此外,病毒核酸还有正(+)、负(-)链的区别。凡碱基排列顺序与 mRNA 相同的单链 DNA 或 RNA,称为(+)DNA 链或(+)RNA 链;凡碱基排列顺序与 mRNA 链互补的单链 DNA 和 RNA,称为(-)DNA 链或(-)RNA 链。例如,烟草花叶病毒的核酸属于(+)RNA,正链(+)核酸具有侵染性,可直接作为 mRNA 合成蛋白质;负链(-)核酸没有侵染性,必须依靠病毒携带的转录酶转录成正链后才能作为 mRNA 合成蛋白质。

2.3.1.3 生物学特性

(1)传染性

植物病毒具有传染性。病毒侵入植物时必须通过微伤口或由特定的刺吸式口器昆虫将病毒注入植物的韧皮部内与植物的原生质接触后才能与植物建立寄生关系。

(2)复制性

病毒缺少细胞生物所具备的细胞器,并且绝大多数病毒还缺乏独立的酶系统,不能合成自身繁殖所需的原料和能量,当病毒侵入植物细胞后寄主的代谢途径被改变,寄主细胞在病毒核酸(基因组)的控制之下。以单链 RNA 病毒为例,首先病毒的核酸(RNA)与蛋白质衣壳分离,RNA 以单链状态吸附在细胞核的周围或在细胞核里,这条单链的 RNA 作为一个正链模板,可以复制出与它本身在结构上相对应的负链,这个负链与原来的正链分开,又以该负链为模板复制出相对应的正链,随后复制出的正链离开细胞核进入细胞质,在细胞质中翻译出病毒自身所需要的蛋白质,然后在寄主细胞内将核酸和蛋白质装配成完整的病毒粒体,由此,病毒完成其繁殖即复制增殖(multiplication)。

（3）抗原性

植物病毒具有很强的抗原性，能够刺激动物产生抗体，并和抗体发生反应，是血清学方法鉴定病毒的依据。抗原特性来自分布在蛋白质衣壳表面或包膜蛋白表面的一些特殊的化学基团，称为抗原决定簇（antigenic determinant），其特异性取决于氨基酸组成及其三维结构的差异。因此，可用血清学反应作病毒的诊断，同时也可用于植物检疫及抗病品种的选育。

2.3.2 植物病毒的侵染和传播

2.3.2.1 植物病毒的侵染

大多数植物病毒从机械的或传毒介体所造成的微伤口（fine wound）侵入寄主，少数经过内吞（endocytosis）作用，包膜病毒通过融合方式（fusion）进入寄主细胞。

2.3.2.2 植物病毒的复制和增殖

植物病毒因没有细胞结构，因此，不像大多数生物那样具有复杂的繁殖器官进行有性和无性繁殖，也不像细菌那样进行裂殖生长，而是分别合成核酸和蛋白质，再组装成子代病毒粒体，最后以各种方式释放到细胞外，感染其他细胞，这种特殊的繁殖方式称为复制增殖。

病毒侵入植物后，在活细胞内增殖后代病毒需要两个步骤：一是病毒核酸的复制（replication），即病毒的基因传递；二是病毒基因的表达（gene expression），即病毒蛋白质合成。这两个步骤遵循遗传信息的一般规律，但也因病毒核酸类型的变化而存在具体细节上的不同。

2.3.2.3 植物病毒的传播

植物病毒为专性寄生物，不能离开活细胞，也不能形成休眠器官，在寄主活体外存活的时间一般不会太久。植物病毒没有主动侵入寄主细胞的能力，也不能从植物的自然孔口侵入，因此，植物病毒的传播完全是被动的。植物病毒从一植株转移或扩散到其他植物的过程称为传播（transmission），而从植物的一个局部到另一个局部的过程称为移动（movement）。根据自然传播方式的不同，传播可以分为介体传播和非介体传播两类。介体传播（vector transmission）是指病毒依附在其他生物体上，借生物体的活动而进行的传播及侵染。介体包括动物介体和植物介体两类。没有其他生物介体传播的方式称非介体传播，包括植株汁液接触传播、嫁接传播和花粉传播。病毒随种子和无性繁殖材料传带而扩大分布的情况也是一种非介体传播。植物病毒传播感染途径概括为：①昆虫传播是自然条件下最主要的传播途径。主要虫媒是半翅目刺吸式口器的昆虫，如蚜虫、叶蝉和飞虱。②病株的汁液接触无病株伤口，可以使植株感染病毒。③无性繁殖材料和嫁接传染。几乎所有全株性的病毒都能通过嫁接传染。④花粉和种子传播。种子带毒的为害主要表现在早期侵染和远距离传播。由花粉直接传播的病毒数量并不多，知道的有十几种，多数为害木本植物。

病毒在植物叶肉细胞间的移动称作细胞间转移，这种转移的速度很慢。病毒通过维管束的转移称作长距离转移，转移速度较快。

2.3.3 重要的植物病毒及其所致病害

2.3.3.1 苜蓿花叶病毒

苜蓿花叶病毒（alfalfa mosaic virus，AMV）为正单链 RNA 病毒（positive-sense RNA viruses)雀麦花叶病毒科(Bromoviridae)苜蓿花叶病毒属(*Alfamovirus*)。AMV 的寄主范围广泛，可以侵染 51 科双子叶植物中的 430 多种，如马铃薯、烟草、番茄、大豆、苜蓿、芹菜、豌豆、三叶草等。AMV 感染往往造成严重的病害。由于 AMV 可经汁液摩擦传播，多种蚜虫以非持久性方式传播，在苜蓿、辣椒等植物上可经种子传播，造成防治困难，目前尚无有效的防治方法，所以培育抗 AMV 的作物新品种成为亟待解决的问题。

2.3.3.2 烟草花叶病毒

烟草花叶病毒(tobacco mosaic virus，TMV)为烟草花叶病毒属(*Tobamovirus*)的模式种。在世界各地均有分布，寄主范围非常广泛。在自然界主要以植株间接触传播。对外界环境的抵抗力很强，混有病残体的肥料、种子、土壤和带病的其他寄主植物以及野生植物都可以成为病害的初侵染源。病害发生与品种的抗病性有密切关系。在干旱少雨、气温偏高时发病较重。抗病品种在防治 TMV 引起的病毒病中作用很大，但因病毒变异速度快，品种很容易丧失其抗病性。TMV 引起多种植物的花叶病，造成严重的品质和产量损失。

2.3.3.3 黄瓜花叶病毒

黄瓜花叶病毒(cucumber mosaic virus，CMV)为黄瓜花叶病毒属(*Cucumovirus*)的模式种。寄主十分广泛，自然寄主有 67 科 470 多种植物。引起许多单子叶及双子叶植物重要病害，而且常与其他病毒混合侵染，造成更严重的危害。引致的症状主要有花叶、蕨叶、矮化，在有的寄主上能形成各种形状的坏死斑。CMV 在自然界主要依靠多种蚜虫以非持久性方式传播，之外还可经汁液摩擦传毒，有些寄主种子可传毒。CMV 可在多年生的杂草、花卉或栽培植物中越冬。传毒蚜虫数量多，传毒效率高，所以由其引起的病害流行速度快、损失大，防治困难。目前最有效的防治措施是选用抗病品种。另外，铲除田间杂草寄主和早期发病植株、减少蚜虫的迁入量也对病害的控制有一定的作用。

2.3.3.4 大麦黄矮病毒

大麦黄矮病毒(barley yellow dwarf virus，BYDV)为黄症病毒属(*Luteovirus*)代表种。BYDV 广泛分布于世界各地，侵染 100 种以上单子叶植物，包括大麦、燕麦、小麦、黑麦和许多草坪草、田园和牧场杂草等。具有显著的株系分化现象，是麦类作物的重要病毒病原。BYDV 为韧皮部限制性病毒，病毒仅存在于韧皮部。但受侵植物因韧皮部坏死导致生长延缓、叶绿素减少，从而表现为黄化、矮化等症状。BYDV 由长管蚜、无网长管蚜、麦二叉蚜和缢管蚜等蚜虫以持久性方式传播。不同株系的病毒往往由不同的蚜虫传播。田间栽培及野生的寄主植物是病毒的侵染源，经蚜虫传播到麦类作物上，病害的发生流行与传毒蚜虫的数量呈正相关。培育抗病品种、减少初侵染源、内吸性药剂拌种灭蚜、生长期防虫、改变耕作制度是可供选择的防治措施。

2.3.3.5 小麦土传花叶病毒

小麦土传花叶病毒(wheat soil-borne mosaic virus，WSMV)为菌物传杆状病毒属(*Furovirus*)的模式种。WSMV 主要为害冬小麦和大麦。开始在叶片上形成短线状褪绿条纹，后逐渐变黄、矮化，产生大量分蘖，呈莲座状丛生，重病株不能抽穗。症状的严重度取决于寄主的品种、病害的株系和气候条件。WSMV 通过土壤中的禾谷多黏菌(*Polymyxa graminis*)进行传播。禾谷多黏菌是小麦根部的弱寄生菌，对小麦影响不大。但其形成的休眠孢子带有病毒，病毒存在于孢子的表面和孢子的内部，在萌发形成游动孢子时，可将病毒传播到健康的植株。该病毒还可经汁液摩擦传播，但种子不传毒。因病毒介体可长期存在于土壤中，防治上以铲除介体菌为中心，小面积发病可采用药剂处理的方法防治，大面积发病则需利用抗病品种和多年轮作的方法防治。

除上述5种模式病毒外，近些年已有越来越多的植物病毒被发现，目前研究较多的危害草坪草的病毒有黑麦草花叶病毒和鸭茅斑驳病毒（见第7章7.19）。

2.3.4 草坪植物病毒病害的症状特点

2.3.4.1 症状类型

植物病毒大多属于系统性侵染的病原。当寄主植物感染病毒后，或早或迟都会在全株表现出病变和症状，但植物病毒病害只有明显的病状而无病征。绝大多数病毒侵入寄主后可以引起植物叶片不同程度的斑驳、花叶或黄化，同时伴随有不同程度的植株矮化、丛枝等症状。一些病毒可引起卷叶、植株畸形等症状，少数病毒还能在叶片上或茎秆上造成局部坏死和肿瘤、脉突等增生现象。通常植物感染病毒后可使植物表现出3种主要的症状。

（1）变色

由于叶绿体受到破坏，或不能形成叶绿素，从而引起花叶、黄化、红化等，叶片上出现条纹、条点、明脉、沿脉变色等。

（2）组织坏死

最常见的坏死症状是枯斑。枯斑是寄主植物过敏性的反应，可阻止侵入病毒的进一步扩展，有的病斑褪绿深浅相间呈环痕，称为环斑。有些病毒侵染引起韧皮部坏死，有些则引起植株系统性坏死。如红三叶草斑驳病。

（3）畸形

感病器官变小和植株矮小，几乎是所有病毒病害的最终表现。叶片主要表现为卷叶、瘤状突起、脉突、丛簇、缩叶、皱叶等症状；花器变叶芽，节间缩短，侧芽增生等。如三叶草伤瘤病。

病毒侵染植物除造成上述外表症状外，还有内部细胞的或组织的不正常表现。最突出的表现是在感染病毒植株的细胞内形成细胞内含体，这在花叶病中较普遍。植物病毒内含体是植物病毒病诊断的根据之一。

植物病毒病只有明显的病状，不表现病征。这在诊断上有助于将病毒病与其他病原物所引起的病害区分开来，但易与非侵染性病害，特别是缺素症、药害和空气污染所致病害相混淆。

2.3.4.2 系统侵染

绝大多数植物病毒病害是系统侵染（systemic infection）的。病毒能由侵入点扩展至全株，而表现全株性症状，以叶片、嫩枝表现得最为明显。

2.3.4.3 症状潜隐

有些病毒在寄主植物上只引起很轻微的症状，有的甚至是侵染后不表现明显症状的潜伏侵染。表现潜伏侵染的病株，病毒在它的体内还是正常蔓延和繁殖，病株的生理活动也有所改变，但是外面不表现明显的症状，这种现象称为症状潜隐（latent symptom）。受到病毒侵染而不表现症状的植物称作带毒者。植物病毒的潜伏侵染在栽培植物和野生植物上普遍存在。

2.3.4.4 隐症现象

环境条件有时对病毒病害的症状有抑制或增强作用。如病毒引起花叶症状，在高温条件下常受到抑制，而在强光照条件下则表现得更为明显。由于环境条件的关系，发病植物暂时不表现明显的症状，甚至原来已表现的症状也会暂时消失，这种现象称为隐症现象(masking of symptom)。

2.4 病原线虫

线虫(nematode)是一类两侧对称的原体腔无脊椎动物，属于动物界中的线虫门。在自然界分布广泛，许多种类可在水域、土壤中自由生活，部分种类寄生在人、动物和植物体内。危害植物的称为植物病原线虫或植物寄生线虫，或简称植物线虫。地球上约有植物线虫10万种，目前有记载的植物线虫仅有200属5 700多种。植物受线虫危害后所表现的症状，与一般的病害症状相似，因此常称线虫病，习惯上把寄生线虫作为病原物来研究。重要的植物线虫有茎线虫、根结线虫和瘿线虫等，危害多种植物。

2.4.1 植物病原线虫的一般性状

2.4.1.1 植物病原线虫的形态和结构

植物病原线虫多呈细线状，两端尖(图2-69)，线虫体宽15~35 μm，长0.2~2 mm，个别种类体长达4 mm左右。部分种类的成熟雌虫呈梨形或肾形，体内贮有大量卵。线虫虫体结构较为简单，体壁外层是不透水的角质层，体壁几乎是透明的，所以能看到它的内部结构。体腔是很原始的，充满了一种液体，即体腔液。体腔液湿润各个器官，并供给所需要的营养物质和氧，可视为一种原始的血液，起着呼吸和循环系统的作用。线虫缺乏真正的呼吸系统和循环系统。线虫的体腔无体腔膜，称为假体腔。体腔内由消化系统、生殖系统、神经系统、排泄系统等组成。线虫头部由头架、口孔、感觉器官和侧器组成。

头部顶面观的典型模式是有一块卵圆形的唇盘，唇盘中央有一卵圆形的口孔，唇盘基部有6个唇片。植物线虫的消化系统包括口孔、口针、食道、肠、直肠和肛门。植物寄生

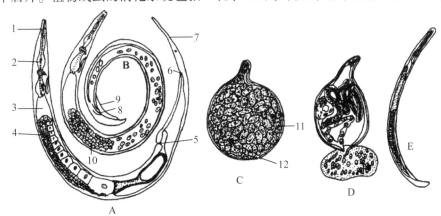

图2-69 线虫的形态结构(王连荣，2000)

A. 雌线虫　B. 雄线虫　C. 梨形线虫(胞囊线虫属)雌虫　D. 梨形线虫(根结线虫属)雌虫
E. 梨形线虫(根结线虫属)雄虫

1. 头部及口针　2. 食道球部　3. 肠　4. 卵巢　5. 阴门　6、12. 肛门　7. 尾部
8. 交合刺　9. 交合腺　10. 睾丸　11. 卵

线虫的口腔内有一个针刺状的器官称作口针(spear 或 stylet),口针能穿刺植物的细胞和组织,并且向植物组织内分泌消化酶,消化寄主细胞中的物质,然后吸入食道。植物线虫的食道类型有以下 3 种(图 2-70),线虫的食道类型是线虫分类鉴定的重要依据。

①矛线型食道(dorylaimoid oesophagi):口针强大,食道分两部分,食道管的前部较细而薄,渐向后加宽加厚,呈瓶状。

②垫刃型食道(tylenchoid oesophagi):整个食道可分为四部分,靠近口孔是细狭的前体部,接着是膨大的中食道球,然后是狭部,最后是膨大的食道腺。背食道腺开口位于口针基球附近,而腹食道腺则开口于中食道球腔内。

③滑刃型食道(aphelenchoid oesophagi):整个食道构造与垫刃型食道相似,但其背、腹食道腺均开口于中食道球腔内。

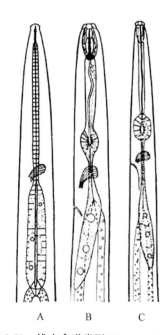

图 2-70 线虫食道类型(Sasse, 1992)
A. 矛线型食道 B. 垫刃型食道
C. 滑刃型食道

雌虫生殖系统由卵巢、输卵管、受精囊、子宫、阴道和阴门组成;雄虫生殖系统由睾丸、精囊、交合刺、引带和交合伞组成。

2.4.1.2 植物病原线虫的生物学特性

植物病原线虫的生活史比较简单,绝大多数线虫由卵孵化出幼虫,幼虫发育为成虫,两性交配后产卵,完成一个发育循环,即线虫的生活史。卵孵化出来的幼虫形态与成虫大致相似。所不同的是生殖系统尚未发育或未充分发育。幼虫发育到一定阶段就蜕皮一次,蜕去原来的角质膜而形成新的角质膜,蜕化后的幼虫大于原来的幼虫。每蜕化一次,线虫就增加一个龄期。线虫的幼虫一般有 4 个龄期。不同种类的线虫完成一代所需的时间不同,与环境条件有关,在环境条件适宜的情况下,线虫完成一个世代一般只需要 3~4 周的时间,如温度低或其他条件不合适,则所需时间要长一些。线虫在一个生长季节里大部分可以发生若干代,发生的代数因线虫种类、环境条件和危害方式而不同,不同线虫种类的生活史长短差异很大。小麦粒线虫则一年仅发生一代。有些线虫的雌虫不经交配也能产卵繁殖,进行孤雌生殖(parthenogernesis)。

线虫基本上是一类水生动物,保持水生习性,除了休眠状态的幼虫、卵和胞囊,线虫都需要在适当的水中或土壤颗粒表面有水膜时才能正常活动和存活,或寄生在寄主植物的活细胞和组织内。活动状态的线虫长时间暴露在干燥的空气中,将很快死亡。不同线虫种类其发育最适温度不同,一般在 15~30℃均能发育。在 45~50℃的热水中 10 min,即可被杀死。线虫在生活史中有一段时期生活或存活在土壤中;有些线虫只是很短促的时间从植物上取食,而大部分时间生活在土壤中,即使一些固定寄生在植物体内的线虫,它们的卵、侵入前的幼虫和成虫都有一个时期存活于土壤中,因此,土壤是线虫最重要的生态环境。在土壤环境中,温度和湿度是影响线虫的重要因素,土壤的温湿度高,线虫活跃,体内的养分消耗快,存活时间较短;在低温低湿条件下,线虫存活时间就较长。许多线虫能经休眠状态在植物体外长期存活，如土壤中未孵化的卵，特别是卵囊和胞囊中的卵存活期更长。线虫大都生活在土壤的耕作层中，从地面到 15 cm 深的土层中线虫较多，特别是在根周围土壤中更多。这主要是由于有些线虫只有在根部寄生后才能大量繁殖，同时根部的分泌物对线虫有一定的吸引力，或者能刺激线虫卵孵化。植物病原线虫都是专性寄生物，只能在活的植物细胞或组织内取食和繁殖，在植物体外就依靠它体内贮存的养分生活或休眠。

2.4.2 植物病原线虫的分类和主要类群

2.4.2.1 植物病原线虫的分类概述

线虫分类是植物线虫研究的基础，线虫的种类和数量很多，据 Hyman(1951)估计，全世界有 50 多万种，在动物中是仅次于昆虫的庞大类群。目前，关于线虫门下的分类，目、亚目、总科和科的分类系统，分类专家的意见尚不一致。本教材仍然采用 Maggenti(1991)提出的分类系统表，即根据有无侧尾腺口(phasmid)，分为两个纲：侧尾腺口纲(Secernentea)和无侧尾腺口纲(Adenophorea)。植物寄生线虫主要分布在垫刃目三矛目和矛线目 3 个目内，垫刃目属于侧尾腺口纲，矛线目属于无侧尾腺口纲。农业上重要的植物寄生线虫属见表 2-1 所列。

表 2-1 农业上重要的植物寄生线虫属的分类地位

纲	目	总 科	重要的属
侧尾腺口纲 Secernentea	垫刃目 Tylenchida	垫刃总科 Tylenchoidea	*Anguina* 粒线虫属 *Ditylenchus* 茎线虫属 *Tylenchorhynchus* 矮化线虫属 *Pratylenchus* 短体线虫属 *Radopholus* 穿孔线虫属 *Hirschmanniella* 潜根线虫属 *Scutellonema* 盾线虫属 *Helicotylenchus* 螺旋线虫属 *Heterodera* 异皮线虫属 *Meloidogyne* 根结线虫属 *Globodera* 球孢囊线虫属 *Nacobbus* 珍珠线虫属 *Rotylenchulus* 肾形线虫属 *Tylenchulus* 半穿刺线虫属
		滑刃总科 Sphelenchoidae	*Aphelenchoides* 拟滑刃线虫属 *Bursaphelenchus* 伞滑刃线虫属
无侧尾腺口纲 Adenophorea	矛线目 Dorylaimida	矛线总科 Dorylaimoidae	*Longidorus* 长针线虫属 *Xiphinema* 剑线虫属
	三矛目 Triplonchida	毛刺总科 Trichodoridae	*Trichodorus* 毛刺线虫属 *Paratrichodorus* 拟毛刺线虫属

注：引自许志刚，2021。

2.4.2.2 植物病原线虫的主要类群

（1）粒线虫属

虫体较大，雌雄异体，两性生殖。成虫雌虫肥大，呈螺旋形，体长大于 1 mm，有时可达 4 mm。垫刃型食道，中食道球有或无瓣门，后食道球膨大呈耳朵状，有缢缩，单卵巢，卵母细胞多列，呈轴状排列。雄虫体细长稍弯，不卷曲，精巢通常有回折，精母细胞多行排列。交合伞长，交合刺粗而宽（图 2-71）。粒线虫属线虫大都寄生在禾本科植物的地上部，在茎、叶上形成虫瘿，或者破坏子房形成虫瘿。

粒线虫属至少包括 17 个种。模式种为小麦粒线虫（*A. tritici*），也是该属最主要的植物病原线虫，侵染小麦、黑麦、剪股颖，引起小麦粒线虫病。

（2）根结线虫属

雌雄虫形态明显不同，雄虫细长，尾短，无交合伞，交合刺粗壮。成熟雌虫膨大为梨形，阴门和肛门在体后部。阴门周围的角质膜形成特征性的会阴花纹。这类线虫寄主范围广泛，有卵、幼虫、成虫 3 个阶段，主要以幼虫危害（图 2-72）。一年可发生多代，可进行多次重复侵染。雌虫可在寄主植物内（主要在植物的根瘤内）或在土壤中产卵，但主要在根瘤内产卵。在适宜的温、湿度条件下，卵孵化为幼虫危害。在病土内越冬的幼虫，可通过气孔或伤口直接侵入寄主的根部，在根皮与中柱之间危害，并刺激根组织过度生长，形成小瘤状物，以后幼虫会在瘤内生长发育。重要种有南方根结线虫、花生根结线虫、爪哇根结线虫、北方根结线虫，可侵染苜蓿引起根结线虫病。

（3）茎线虫属

虫体较大，有的可达 2 mm，表皮有很细的环纹，唇区无环纹。侧区有 4~6 侧线。口

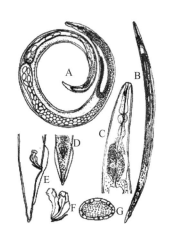

图 2-71 小麦粒线虫的形态

（Chitwood, 1935）

A. 雌虫　B. 雄虫　C. 头部　D. 雄虫尾部腹面观　E. 雄虫尾部侧面观　F. 交合伞及引带　G. 卵巢横面观

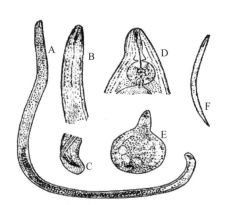

图 2-72 根结线虫的形态（Filipjev, 1936）

A. 雄虫　B. 雄虫前端　C. 雄虫尾端
D. 雌虫前端　E. 雌虫　F. 二龄幼虫

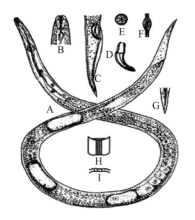

图 2-73 茎线虫的形态（Filipjev, 1936）

A. 雌虫　B. 头部　C. 雄虫尾部　D. 交合刺
E. 唇区正面　F. 中食道球　G. 尾尖
H. 侧区与侧线　I. 侧区横截面观

针细小为 7~11 μm；后食道腺短或长，雌虫单生殖腺、后阴子宫囊有或无。雄虫精巢不转折，精细胞大(3~5 μm)，交合伞延伸至尾长的 1/4~3/4 处，尾长圆锥形，交合刺窄细，基部宽大，其上具特殊的突起(图 2-73)，可作为某些种的分类特征。茎线虫属已报道近百种，其中有几种寄生植物地上和地下部位，在经济上有重要影响，可引起许多寄主(如红三叶草、黑麦草等草坪草)生长畸形，是我国重要的对外检疫性线虫。

2.5 寄生性种子植物

寄生植物(parasitic plant)只以活的有机体为食，从绿色植物取得其所需的全部或大部分养分和水分。寄生植物不含叶绿素或只含很少、不能自制养分，约占世界上全部植物种的 1/10。寄生性种子植物(parasitic seed plants)大多数属双子叶植物，可以开花结籽，分属 12 科约 2 500 种，最重要的是菟丝子科(Cuscutaceae)、桑寄生科(Loranthaceae)和列当科(Orobanchaceae)。危害最大的种类有菟丝子、列当、桑寄生、槲寄生和南方的独脚金、野菰等。桑寄生科的植物最多，占寄生性种子植物的 1/2 以上，主要分布在我国的热带、亚热带地区。列当科植物主要分布在高纬度地区。菟丝子科主要分布在温带地区。

2.5.1 寄生性种子植物的寄生性

根据寄生性种子植物对寄主依赖程度的不同，寄生性种子植物分为全寄生种子植物和半寄生种子植物。全寄生种子植物是指寄生植物从寄主植物上获取它自身生活需要的所有营养物质，包括水分、无机盐和有机物质，如菟丝子、列当和无根藤等。这些植物叶片退化，叶绿素消失，不能进行光合作用，根系蜕变为吸根。解剖上的特点是其吸根中的导管和筛管与寄主植物的导管和筛管相连，并从中不断吸取各种营养物质。半寄生种子植物本身具有叶绿素，能够通过光合作用来合成有机物质，但由于根系缺乏而需要从寄主植物中吸取水分和无机盐。解剖上的特点是其导管与寄主植物的导管相连，如槲寄生、樟寄生和桑寄生等。由于它们与寄主植物的寄生关系主要是水分的依赖关系，故又称"水寄生"。另外，根据寄生植物在寄主植物上的寄生部位，又可将其分为根寄生和茎寄生等。前者如列当和独脚金，后者如菟丝子和槲寄生。寄生性种子植物的寄主范围也不一样，有的比较专化，只能寄生一种或少数几种植物。有些寄主范围比较广，如桑寄生的寄主有 29 科 54 种植物。

寄生性种子植物的种子依靠风吹、鸟类携带、寄主种子混杂调运等途径进行传播蔓延，扩大危害范围。

寄生植物对寄主植物的致病作用主要表现为对营养物质的争夺。一般来说，全寄生植物比半寄生植物的致病能力要强。例如，全寄生植物菟丝子和列当，主要寄生在一年生草本植物上，可引起寄主植物黄化和生长衰弱，严重时造成大片死亡，对产量影响极大。半寄生植物如槲寄生和桑寄生等则主要寄生在多年生的木本植物上，寄生初期对寄主生长无明显影响，当寄生植物群体较大时会引起寄主生长不良和早衰，虽有时也会造成寄主死亡，但与全寄生植物相比，发病速度较慢。除了争夺营养外，有些寄生植物如菟丝子还能起桥梁作用，将病毒、植原体等从病株传导到健康植株上。

2.5.2 寄生性种子植物的主要类群

2.5.2.1 菟丝子

菟丝子是菟丝子科菟丝子属(*Cuscuta*)植物。在世界范围广泛分布,约有170种。我国发现10余种,其中主要有中国菟丝子(*C. chinensis*)、南方菟丝子(*C. australis*)、田野菟丝子(*C. campestris*)和日本菟丝子(*C. japonicus*)等。前几种菟丝子主要危害草本植物,日本菟丝子则主要危害木本植物。

寄主植物遭菟丝子危害后生长严重受阻,衰弱,容易萎蔫,抗逆性下降,一般减产20%左右,严重时可达50%以上,甚至绝收,品质也显著降低。

2.5.2.2 列当

列当是植物上一类重要的寄生性种子植物,列当科包括15属约180种,广泛分布于世界各地。我国有9属40种,以西北、华北和东北地区受害较重。重要的种有草苁蓉(*Boschniakia*)、肉苁蓉(*Cistanche*)、野菰(*Aeginetia*)、假野菰(*Christisonia*)和列当(*Orobanche*)。

列当属(*Orobanche*)植物重要的种类有埃及列当(*O. aegyptica*)和向日葵列当(*O. cumana*),主要寄生于瓜类、豆类、向日葵、茄科等植物的根部,营全寄生生活。

列当为一年生草本植物。茎肉质,单生或有分枝。叶片退化为鳞片状,无叶绿素。根退化成吸根,吸附于寄主植物的根表,以短须状次生吸器与寄主根部的维管束相连。花两性,穗状花序,花冠筒状,多为蓝紫色。果为球状蒴果,成熟时纵裂散出种子,每个蒴果内有几百甚至数千粒种子。种子极小,卵圆形,深褐色,表面有网状花纹。

列当种子落入土壤中可进一步靠风、流水、农事操作活动等传播,也可混杂在寄主种子内传播。种子在土壤中可保持生活力达10多年。遇到适宜的温、湿度条件和植物根分泌物的刺激,种子开始萌发。种子萌发后产生的幼根向寄主的根部生长,接触后生成吸盘,并靠次生吸器与寄主植物的维管束相连,吸取寄主植物的水分和养分。侵入寄主根部后,茎在根外发育,并向上长出花茎。初生根又长出次生根,次生根向外生长,与寄主的其他根相接触后随即侵入,然后从此接触点又产生新的茎和根,使列当在地面表现为簇生状。随着吸根的增加和列当的不断生长,寄主植物被吸取的养分也越来越多,造成生长不良或严重减产。牧草中苜蓿和三叶草等可受害。

有些植物的分泌物虽能促使列当种子萌发,但萌发后不能与其建立寄生关系,称为诱发植物,可用于列当的防治。例如,辣椒是向日葵列当的诱发植物,玉米、三叶草是埃及列当的诱发植物。列当种子较小,数量大,一旦定植则很难清除,所以要做好检疫工作,避免调种时传入。在列当种子成熟前进行人工拔除能有效减轻危害,也可以使用环保除草剂杀灭列当或种植诱发植物进行防治。

桑寄生属(*Loranthus*)、槲寄生属(*Viscum*)、独脚金属(*Striga*)和无根藤属(*Cassytha*)主要寄生于树木上,这里不作介绍。

小结

草坪草在生长发育过程中发生侵染性病害,其主要原因是受到各种病原物的侵染而产生病变,影响其正常生长。本章根据病害侵染物的不同,认识了病原菌物,从菌物营养体、繁殖、生活史、分类及命名，介绍了与草地植物病害相关的病原菌物主要类群；进而从形态、结构、繁殖特性学习了病原原核生物——细菌，按照分类、主要类群进一步了解原核生物，同时了解了植物病毒、植物病原线虫、寄生性种子植物等其他病原物，从病原物角度进一步了解病害发生的原因。

思考题

1. 菌物营养体的类型有哪些？在适应生活环境中营养体有哪些变态类型及其功能如何？
2. 试述植物病原菌物的无性繁殖和有性生殖的特点及其在草地植物病害发生流行中的作用。
3. 试述菌物生活史的类型。
4. 简述子囊菌的一般形态与特征。
5. 试述至少10种草坪植物病原菌物的分类地位及其形态特征和引起的病害种类。
6. 植物病原原核生物有哪几大类类群？重要的植物病原细菌有哪几个属？
7. 植物病毒的基本组成成分都有哪些？
8. 简要叙述植物病毒粒体的常见构型。

第2章 彩图

第 3 章
草坪病原物的致病性和寄主的抗病性

在特定的环境条件下，从病原物与寄主植物接触开始，到植物发病，发生了一系列复杂的识别、侵染、致病和抗病反应过程，这个过程就是植物和病原物发生相互作用的过程，简称互作过程。本章将会重点学习在互作过程中，病原物的致病机制和植物发展起来的抵抗病原物侵入的抗病机制。

3.1 草坪病害病原物的寄生性和致病性

植物病害的发生是病原物和植物在特定环境条件下相互作用的结果。在植物病害系统中，病原物需具备为了自身生长发育而必须从寄主植物活体细胞和组织中获取营养物质而生存的性能和损害寄主植物引起病变的特性，即寄生性和致病性。病原物的这两种基本属性决定其所致病害的特点，同时也在一定程度上影响其侵染过程和侵染循环。

3.1.1 病原物的寄生性

寄生性(parasitism)是指病原物从活的植物体内获取所需营养，来维持生存和继续繁殖的能力。提供营养物质和生存环境的一方称为寄主(host)，营寄生性的生物称为寄生物(parasite)。不同病原物从寄主植物中获取营养的能力不同，有的只能从活的植物细胞和组织中获得所需要的营养物质，而有的既可以在活的组织上营寄生生活，还可以在死的植物组织上，以有机质作为生活所需要的营养物质营腐生生活。

通常，人们把只能从活细胞或活组织中获取营养的病原物，称为专性寄生物(obligate parasite)，这种获取营养的方式称为活体营养(biotroph)，有这种生活方式的生物又称活体寄生物。植物病毒、植原体、寄生性种子植物，以及大部分植物病原线虫和菌物中的霜霉菌、白粉菌和锈菌等，都是专性寄生物。而把那些既可以从活组织也可以从垂死乃至死亡的组织中获取营养的病原物，称为非专性寄生物(non-obligate parasite)。大部分菌物病原和细菌病原属于非专性寄生物，兼具寄生和腐生的能力。

不同的非专性寄生物寄生能力有差异。一些非专性寄生物先在活的寄主组织上寄生获取营养后，很快杀死寄主植物的细胞和组织，然后从死亡的组织中吸取养分，这种获取营养的方式称为死体营养(necrotroph)。这类非专性寄生物的寄生能力弱，腐生能力强，以营腐生生活为主，因而又称死体寄生物或兼性寄生物(facultative parasite)。由于该类寄生物的寄生性较弱，它们只能侵染生活力弱的活体寄主植物或休眠状态的植物组织或器官。

还有一些非专性寄生物可以先在活的寄主组织上寄生获取营养，但并不立即杀伤寄主植物的细胞和组织，而是继续在活的寄主细胞获取营养，直至植物组织死亡，然后在死亡的组织上营腐生生活。该类非专性寄生物的寄生性仅次于专性寄生物，又称强寄生物，其寄生能力强，腐生能力弱，以营寄生生活为主，但也具有一定的腐生能力，因而又将这类非专性寄生物称为兼性腐生物(facultative saprophyte)。它们能适应寄主植物发育阶段的变化而改变寄生特性，当寄主处于生长阶段，它们营寄生生活；当寄主进入衰亡或休眠阶段，它们则转为营腐生生活。这种营养方式的改变伴随着病原物发育阶段的转变，病原物的发育也从无性阶段转入有性阶段。因此，它们的有性阶段往往在成熟和衰亡的寄主组织(如枯草层)上被发现。

了解一种病原物的寄生性强弱是非常重要的，因为这与植物病害的防控关系密切。例如，对于寄生性强的病原物，培育抗病品种是很有效的防控措施；而对于许多弱寄生物引起的病害来说，很难得到理想的抗病品种，对于这类病害的防治，应着重于加强栽培管理以提高植物的抗侵染能力。

3.1.2 寄主范围与寄生专化性

3.1.2.1 寄主范围

由于病原物对营养条件的要求不同，从而对寄主的选择性不同，病原物能够侵染的寄主植物种的范围称为寄主范围。任何寄生物都只能寄生在一定范围的寄主植物上，不同的病原物可以侵染和危害的寄主植物不同，造成寄主范围差别很大。有的病原物只能寄生在一种或几种植物上，如枣疯病菌只危害枣树，柑橘黄龙病菌只危害柑橘；有的却能寄生在几十种或上百种植物上，如灰霉病菌的寄主范围非常广，能危害上千种植物。不同病原物的寄主范围，取决于该病原物能否通过对该种植物的长期适应，克服该种植物的抗病性。如能克服，则两者之间具有亲和性(compatibility)，寄生物有致病性，寄主植物表现感病；如不能克服，则两者之间具有非亲和性(incompatibility)，寄生物不具致病性，寄主植物表现抗病。一般来说，非专性寄生物尤其是弱寄生物的寄主范围比较广泛，而专性寄生物的寄主范围则比较狭窄(部分病毒除外)。严格寄生物的寄主范围较窄，而弱寄生物的寄主范围较宽。对病原物寄主范围的研究，可为采用轮作和铲除野生寄主防病提供理论基础。

3.1.2.2 寄生专化性

寄生物对寄主植物的科、属、种或品种的选择性，称为寄生专化性(parasitical specialization)。即病原物不同类群对不同分类单元植物的寄生选择性，有时将这一现象称为致病性分化(pathogenic specialization)。

一种病原物的寄生专化性往往被区分为变种、专化型、生理小种等。

(1)变种

同种病原物的不同群体在形态上略有差别，在寄生性上对不同科、属的寄主植物也有不同。例如，禾柄锈菌(*Pucinia graminis*)有9个变种，小麦禾柄锈菌(*Puccinia graminis* var. *tritici*)、燕麦禾柄锈菌(*Puccinia graminis* var. *avenae*)是其中的2个变种，小麦禾柄锈菌不能侵染燕麦，而燕麦禾柄锈菌也不能侵染小麦。

(2)专化型

同种病原物的不同群体在形态上没有差别，但在寄生性上对不同科、属寄主植物不同。例如，引起草坪草叶锈病的隐匿柄锈菌(*Puccinia recondite*)对寄主的专化性很强，已发现多种专化型，如剪股颖专化型、冰草专化型、雀麦专化型等。

(3) 生理小种

同种病原物的不同群体在形态上没有任何差别，但在培养性状、生理生化特性和致病性等方面有明显差异。生理小种是专化型或变种内的个体对寄主植物品种的选择和专化的表现。一般情况下，同一小种对同种作物不同品种（或不同种属）之间的致病性不同，如小麦秆锈病菌已鉴定出300多个生理小种。生理小种的概念在菌物、细菌、病毒、线虫等病原物中都适用，细节可以不同。有时细菌的生理小种称菌系，病毒的称毒系或株系。

有些植物病原菌物还可以根据营养体亲和性，在种下或专化型下面划分出营养体亲和群或菌丝融合群。营养体亲和群与小种的关系较复杂，有的营养体亲和群内包含多个小种，而有的同一个小种的菌株可以划分为不同的营养体亲和群。

病原物的变种、专化型和生理小种等是寄生性高度专化的一种表现，其中以专性寄生的锈菌、白粉菌、霜霉菌等的寄生专化现象最明显。大多数非专性寄生菌没有专化性的表现，如从任何一个寄主上分离出来的灰霉菌、腐霉菌或丝核病菌，都可以寄生于该菌寄主范围内的任何其他寄主上，其致病性并没有显著的差异。但有些非专性寄生菌也存在寄生专化现象，如尖孢镰孢菌引起多种植物的枯萎病，包括分别专化于瓜类、甘蓝、棉花、番茄、香蕉等不同科属植物上的不同专化型。各专化型内根据其对各种作物种或品种的毒性差异，又可分为不同的致病小种，如香蕉枯萎病菌的专化型可分为毒性不同的两个小种，水稻白叶枯病菌也存在小种的分化。对病原物寄生专化性的研究，特别是对小种的研究与选育抗病品种有着密切的关系。

病原物寄生的专化性还表现在病原物的转主寄生方面，即有的病原物必须经过在两种亲缘关系不同的寄主植物上寄生生活才能完成其生活史。在其所需要的寄主植物中，通常是把较为重要的寄主称为主要寄主，较为次要的寄主称为转主寄主。例如，苹果锈病的病原菌山田胶锈菌（*Gymnosporangium yamadai*）和梨锈病的病原菌梨胶锈菌（*G. haraeanum*），分别在苹果和梨树上渡过它们的性孢子和锈孢子阶段，而在桧柏上渡过它们的冬孢子和担孢子阶段。没有桧柏，这两种锈菌就不能完成其生活史，锈病也就不会发生。苹果树和梨树即为锈菌的主要寄主，而桧柏则为锈菌的转主寄主。

3.1.3 病原物的致病性

3.1.3.1 致病性

致病性（pathogenicity）是指病原物所具有的破坏寄主和引起病变的能力。致病性和寄生性是病原物统一的特性，但是两者的发展方向并不一致。生物的营养方式，事实上也反映了病原物的不同致病作用。

活体营养的专性寄生物，它们一般从寄主的自然孔口或直接穿透寄主的表皮细胞侵入，侵入后形成吸取营养的特殊结构称为吸器，由吸器伸入寄主细胞内吸取营养物质（如锈菌、霜霉菌和白粉菌），甚至病原物生活史的一部分或大部分是在寄主组织细胞内完成的（如芸薹根肿菌）。这些病原物的寄主范围一般较窄，它们的寄生能力很强，但是它们对寄主细胞的直接杀伤和破坏作用较小，这对它们在活细胞中的生长繁殖是有利的。

属于死体营养的非专性寄生物，从寄主植物的伤口或自然孔口侵入后，往往只在寄主组织的细胞间生长和繁殖，通过它们所产生的酶来降解植物细胞内容物为其生长繁殖提供营养，或者同时分泌毒素使寄主的细胞和组织很快死亡，然后以死亡的植物组织作为它们生活的基质，再进一步破坏周围的细胞和组织。这类病原物的腐生能力一般都较强，能在死亡的有机质上生长，有的可以长期离开寄主在土壤中或其他场所营腐生生活。它们对寄主植物细胞和组织的直接破坏作用比较大且作用迅速，在适宜条件下有的只要几天甚至几小时，就能破坏植物的组织，对幼嫩多汁的植物组织的破坏更大。此外，这类病原物的寄主范围一般较广，如立枯丝核菌（*Rhizoctonia solani*）和胡萝卜欧文菌（*Erwinia carotovora*）等，可以寄生危害多种甚至上百种不同的植物。

寄生性和致病性是病原物固定的两种性状，病原物都有寄生性，病原物就是寄生物，但并不是所有的寄生物都是病原物，寄生性不等同于致病性，寄生性的强弱和致病性的强弱也没有一定的正相关性。专性寄生的锈菌致病性并不比非专性寄生的灰霉菌强。例如，引起腐烂病的病原物大都是非专性寄生的，有的寄生性很弱，但是它们的破坏作用却很大。一般来讲，病原物的寄生性越强，其致病性相对越弱；病原物的寄生性越弱，其致病性相对越强。例如，植物病毒侵染寄主，很少立即把植株杀死，这是因为它们的生存严格依赖寄主，如果没有了活寄主也就没有了病毒存在的可能，这是病原和寄主长期协同进化的结果。

3.1.3.2 致病性分化

同种病原物中不同菌株对寄主植物中不同的属、种或品种的致病性存在差异的现象称为病原物致病性分化（pathogenic differentiation）。它和上述寄生专化性是植物病原物的同一特性，不同类型病原物种内致病性分化可用不同的术语表示。例如，植物病原菌物中常用生理小种，细菌中常用致病变种和菌系表示，病毒中常用株系表示等。

用于测定一种病原物群体中个体之间致病性分化的一套品种或材料叫作鉴别寄主（differential host）。一套理想的鉴别寄主所采用的品种或材料都是近等基因系。生理小种的数量可以随着选择的鉴别寄主数量多少而改变。生理小种命名一般采用数字表示，如黑麦草'大斑病菌 2 号'小种等。病原物致病性分化是导致植物品种抗病性丧失的一个重要原因，所以说生理小种鉴定是一项非常重要的工作，对植物品种合理布局和抗性利用具有重要指导意义。但生理小种仍不是一个遗传纯系，是一个包含一系列不同遗传背景的生物型。

3.1.3.3 毒力

一种特定的病原物对一种特定的植物要么是能致病，要么是不能致病的特性，是质的属性。病菌的致病性强弱程度称为致病力，即毒力，也称毒性（virulence），体现致病性的强度，是量的属性。通常病原菌的毒力越大，其致病性就越强。同一病原菌群体中，不同菌株间其毒力的大小也不相同，有强毒株、弱毒株和无毒菌株之分。所以，毒力是病原物诱发病害的相对能力，一般用于病原物小种和寄主品种相互作用的研究。

3.1.3.4 侵袭力

侵袭力（aggressiveness）是指病原物克服寄主的防御作用，并在其体内定殖、繁殖和扩散的能力。相同环境条件下表现在病害病斑的大小、病原物繁殖和病害扩展的速度快慢等方面。范德普朗克对侵袭力的解释为：如果病原物小种间表现在致病作用的严重程度不同，而不受寄主品种的影响，称为侵袭力不同。

3.1.3.5 致病性遗传变异

侵染植物的病原物拥有几类必不可少的基因引起病害或增加对一种或数种寄主的毒性，这些基因有的是单基因或寡基因遗传，也有多基因和胞质遗传。目前，对菌物的致病性遗传研究较多,根据已有资料,病原菌物的毒性遗传多为单基因隐性独立遗传,少数情况下有互作和连锁,很少有复等位现象。

(1) 致病性相关基因

了解病原物致病性相关基因是分子水平上阐明植物病原物致病性遗传特点的基础。病原物基因组的测序和分析、致病基因的克隆和功能研究可以提供更多重要遗传变异信息。

①病原物基因组:迄今为止,大量植物病毒基因组测序工作已完成,一些植物病原细菌基因组也已完成测序或完成基因组草图绘制,而在丝状菌物和卵菌中也有稻瘟病菌、大豆疫霉、玉米黑粉菌和禾谷镰孢菌等完成基因组测序工作。此外,还建立了许多植物病原物的表达序列标签库。

②病原物致病基因:致病基因(pathogenicity genes)是病原物中决定对植物致病性的有关基因,是使特定微生物成为病原物的基因,在病原物侵染植物过程中,参与了植物病害形成的关键步骤。一类致病基因直接编码了生化性质清楚的致病因子,包括胞外降解酶、胞外多糖、毒素、黑色素和激素等;另一类致病基因编码侵染过程中病原物自身的生长、发育和代谢功能(如菌物孢子形成和萌发,芽管形成和菌丝生长,病毒脱外壳和传播等),如 $mpg1$ 是一个编码疏水蛋白基因,是稻瘟病菌附着胞形成所必需的,受到破坏不仅其致病性丧失,而且产孢量也减少 100 倍。

③无毒基因(avirulence genes, avr):是病原物中决定对带有相应抗病基因的寄主植物特异地不亲和无毒性的基因,病原物的无毒基因与寄主植物中相对应的抗病基因(R)互作。一般认为无毒基因直接或间接地编码了激发子(elicitor),而植物抗病基因编码了激发子的受体(receptor)。例如,番茄叶霉病菌(Fulvia fulva)无毒基因 $avr9$ 专化性地激发了带有抗病基因 $cf9$ 的番茄品种植株的过敏性坏死反应(hypersensitive response, HR)。目前,已经用基因库互补法和分子杂交法从多种细菌、菌物和病毒中克隆出几十个无毒基因。绝大多数病原物 avr 基因相互之间及与已知序列之间均无明显相似性,表明了病原物中被植物识别位点的多样性及植物识别病原物的特异性。

(2) 致病性变异

病原物致病性尤其是毒性的变异,是引起品种抗病性丧失的主要原因。因此,只有系统掌握植物病原物致病性变异的规律,才能制定出科学的控制品种抗病性丧失、延长品种使用年限的策略和措施,更好地发挥品种在病害综合治理中的作用。

植物病原物的变异性是病原物的一种遗传特性,也是病原物的一种适应特性,有了较强的变异性,病原物才能适应不断变化的环境而得以继续生存和发展。

①致病性变异的类型:植物病原物致病性变异,有毒性变异、侵袭力变异和致病谱的改变 3 个方面。毒性变异(variation in virulence)是指病原物菌系或株系的一定毒性基因与品种的一定抗病性基因互作,结果导致其毒力(性)增强或变弱,也可由无毒力变为有毒力或由有毒力变为无毒力;侵袭力变异(variation in aggressiveness)是指病原物小种在孢子萌发率、侵染率、潜育期、产孢量和侵染期等方面的变异。这些变异一般在供试小种有毒力品种上才能表现出来。较强的侵袭力是病原物小种在群体中有较高适合度的基本条件之一。致病谱的改变是指病原物寄主植物种类的增加或减少。

此外,与上述致病性因素发生变异的同时,病原物在形态、色泽、生理生化特性等方面也可发生一系列变化。掌握这些变化对于认识病原物致病性变异和了解其机制是十分重要的。

②致病性变异的途径：病原物致病性不断发生变异，是新的致病类型层出不穷的最根本原因。因此，研究掌握植物病原物致病性变异的规律，才能深入了解病原物新致病类型的产生途径和条件，为控制变异和新小种形成提供科学依据。

关于植物病原物新致病类型的产生途径，主要有有性杂交、突变、异核现象、准性生殖和适应性变异等多种途径。

a. 有性杂交（sexual hybridization）：病原物通过有性杂交产生新的致病类型，这在具有有性生殖的病原物，如锈菌、黑粉菌、白粉菌、霜霉菌和许多其他病原中是常见的变异方式。植物病原菌在杂交过程中，发生基因分离和重组，从而发生遗传性质的变异。植物病原菌的有性杂交，一般有4种方式：小种内自交、小种间杂交、专化型间杂交、属间或种间杂交。植物病原菌通过有性杂交产生新的小种，在自然条件下也是经常发生的。例如，对小麦秆锈菌的8个小种通过小种内自交方式分析其致病性变异情况发现，供试的8个小种，除1个为纯合子外，其余7个小种均为杂合子，其后代一些是新小种，一些是已有的小种。

b. 突变（mutation）：是指病原物基因组 DNA 分子发生的突然的、可遗传的变异现象，是病原物新小种产生的重要途径，也是新的毒性基因产生的唯一途径。因此，掌握植物病原物突变的机制和条件对控制病原物致病性的变异有非常重要的意义。突变按照其产生方式可分为自发突变（spontaneous mutation）和诱导突变（induced mutation）。自发突变是在自然条件下，由于病原物本身自然发生的变异；诱导突变是人工用物理、化学等因素诱发产生的变异。自发产生的基因突变型和诱发产生的基因突变型之间没有本质上的不同，基因突变的作用也只是提高了基因的突变率。无论哪种突变造成的病原菌变异，均表现在病原菌形态（如菌落离变）、颜色（如孢子白化）、毒性和一些数量性状（如孢子堆的大小、产孢量增多或减少）的变化上。在自然条件下，不同病原物的突变率不同，如小麦叶锈菌约为 $1:(4\times10^6)$，小麦条锈菌为 $1.6:(1\times10^6 \sim 2\times10^6)$。

c. 异核现象（heterokaryosis）：又称异核作用，是指在病原菌物的一个细胞或孢子中有2个以上遗传物质不同的细胞核的现象。植物病原菌物异核体（heterocaryon）的形成一般主要通过芽管结合、菌丝联结、菌丝融合等方式发生细胞核中染色体的交换或重组，也可通过双核菌丝中的一个核发生突变。存在异核体的病原菌可使其致病性发生变异，从而产生新小种。

d. 准性生殖（parasexualism）：对无性繁殖或有性生殖作用不大的病原菌物来说，准性生殖是产生遗传性状重组和遗传变异的有效方式，对新小种的产生具有很重要的作用，如禾草秆锈病菌、禾草叶锈病菌、禾草黑粉病菌等多种病原菌物均可通过准性生殖产生新的小种。

e. 适应性变异（adaptive variation）：在植物病原菌由于长期适应了植物病害系统中的因素而发生的毒性渐进变异现象，在自然界中是常见的。渐进变异可以是病菌致病力的逐步提高，也可以是病菌致病力的逐步降低。

不同病原物的变异途径不同，上述5种变异途径病原菌物均可采用，而原核生物病原细菌的变异主要是通过突变、转化（transformation）、转导（transduction）和结合（conjugation）等途径。病原病毒的变异主要是通过突变和同一病株体内不同病毒间的基因重组的途径，植物病原线虫的变异主要是通过突变、不同线虫间染色体的偶合和有性过程基因重组的途径。

3.1.4 病原物的致病机制

病原物在寄生过程中，寄生性和致病性协同作用，导致植物产生病害特有的症状。病原物在接触、附着、识别、侵入和定殖在寄主植物体内以及在寄主体内扩展的过程中，常借助施加机械压力，营养攫取，产生胞外酶、毒素、生长调节物质、胞外多糖、黑色素等，使寄主的生长发育受阻，诱发植物一系列的病变，通常将这些决定病原物致病性的因子统称为致病性因子(pathogenicity effector)。病原物不同，致病性因子在病害中所发挥的作用也不一样，有些病原物可以迅速杀死寄主的细胞和组织，而有一些病原物则在相当长的时间内不致使寄主死亡。

3.1.4.1 施加机械压力

病原物中菌物、线虫和寄生性种子植物可以通过对寄主植物表面施加机械压力而侵入。菌物的菌丝和寄生性植物的胚根首先接触并附着在寄主表面，继而其前端膨大，形成附着胞，由附着胞产生纤细的侵入钉，对植物表皮施加机械压力，并分泌相应的降解酶软化角质层和细胞壁而穿透表皮侵入。线虫则先用口针反复穿刺，最后刺破寄主表皮，进入植物体细胞和组织中。另外，一些病原真菌在寄主表皮下形成子实体后，对表皮施加一定机械压力，使表皮凸起和破裂，将其子实体外露，有利于孔口打开或繁殖体释放，如禾草叶锈病菌、炭疽病菌等。

3.1.4.2 攫取寄主的生活物质

各种病原物都具有寄生性，能够从寄主上获得必要的生活物质。寄主体表或体内的寄生物越多，所消耗的寄主养分也越多，从而使寄主植物营养不良，表现出黄化、矮化、枯死等症状。半寄生植物自身也能进行光合作用，但无根系，主要依赖吸收寄主植物的水分和无机盐，对寄主的不良影响较小，症状较轻；全寄生植物需从寄主体内摄取全部生活物质，对寄主的损害极大，受害植物会很快因营养被掠夺而黄化死亡。

3.1.4.3 产生胞外酶

病原物在侵染寄主植物，获得营养并与寄主建立寄生关系的过程中，产生多种与致病性相关的胞外酶类，如角质酶、细胞壁降解酶、蛋白酶、淀粉酶、脂酶等。病原物一旦进入寄主细胞或者破坏了组织，就可以利用细胞质内的蛋白质、淀粉、脂肪和核酸等作为营养物。但这些物质不能直接被吸收利用，需要经过一系列酶使其降解为较简单的成分，如病原物分泌的蛋白酶可使蛋白质降解为氨基酸，淀粉酶可使淀粉降解为单糖，其他的(如脂肪和核酸)也有相应的酶进行降解。不同种类的病原物所分泌的酶类也不尽相同。

(1) 分解细胞壁物质的酶类

植物体表最外层为蜡质层，往里为角质层和由果胶、纤维素、半纤维素、木质素及少量蛋白质组成的细胞壁。许多病原菌物可直接穿透植物表皮而侵入，这个过程中会产生一系列降解表皮角质层和细胞壁的酶，帮助其侵入和扩展。有关能产生降解酶降解蜡质的病原物报道很少。一些菌物产生的角质酶能催化角质多聚物的水解，如角质脂酶能水解角质组分中的酯键，羧基角质过氧化酶能水解角质组分中的过氧化键(图3-1)。

许多病原菌物能分泌多种果胶酶，作用于联结细胞的胞间层的果胶成分，使寄主细胞

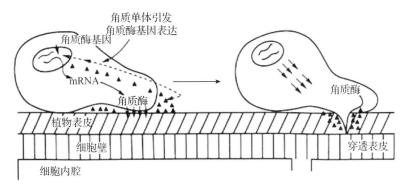

图 3-1　病原菌依靠角质酶穿透植物表皮进入细胞

彼此分离，导致植物组织解离(maceration)，从而外观上植物组织软化呈现水渍状软腐病的典型症状。除浸解植物组织外，果胶酶还引起植物细胞的死亡。

纤维素是一种由葡萄糖分子链构成的多糖。病原物中菌物、细菌和线虫都可以产生纤维素酶。在几种纤维素酶的共同作用下，纤维素最终降解为可被病原物利用的葡萄糖，从而达到了软化和分解植物细胞壁的作用。

半纤维素是由多种单糖构成的异质多聚体。植物病原菌物可分泌木聚糖酶、半乳聚糖酶、葡聚糖酶、阿拉伯糖酶、甘露糖酶等多种半纤维素降解酶，在这些酶的共同作用下，酶解半纤维素，破坏和分解植物细胞壁。

(2) 分解细胞内物质的酶类

植物病原菌还能产生一些降解细胞内物质的酶，如蛋白酶、淀粉酶、脂酶等，用于降解蛋白质、淀粉和脂类等重要物质。另外，还有报道在菌物和细菌中发现有降解核酸的核酸酶。

3.1.4.4　产生毒素

(1) 毒素概念及作用

毒素(toxin)是植物病原菌物和细菌代谢过程中产生的一类小分子化合物，能在非常低的浓度范围内干扰植物正常生理功能，是对植物有毒害的非酶类化合物。毒素的作用位点为植物细胞的质膜蛋白、线粒体、叶绿体或细胞内特定的酶类。植物细胞膜损伤、透性改变和电解质外渗几乎是各种敏感植物对毒素的普遍反应。毒素还能钝化或抑制一些酶类的活性，中断相应的酶促反应，引起植物广泛的代谢变化，包括抑制或刺激呼吸作用、干扰光合作用、抑制蛋白质合成、干扰酚类物质代谢或使水分代谢紊乱等。

(2) 毒素类型

依据对毒素敏感的植物范围和毒素对寄主种或品种有无选择性，可将病原菌产生的毒素分为寄主选择性毒素(host-selective toxin，HST)和非寄主选择性毒素(non-host-selective toxin，NHST)。

寄主选择性毒素也称寄主专化性毒素(host-specific toxin)，是一类对寄主植物有较高致病性，而对非寄主植物或抗病品种基本无毒害作用的毒素。大多数 HST 是病原菌致病性的决定因子。病原菌诸菌系(小种)的毒性强弱与其产生毒素能力的高低相一致，而寄主植物的抗感性与其对毒素的敏感性与否相一致。一般来说，感病的寄主品种对毒素也很敏感，中度抗病品种对毒素有中等程度的敏感性，抗病品种对毒素则有高度的耐受性。

非寄主选择性毒素又称非寄主专化性毒素(non-host-specific toxin),是一类不仅对寄主植物有致病性,而且对非寄主植物也有毒害作用的毒素,即该类毒素对寄主植物没有严格的专化性和选择性。大多数 NHST 在病原菌侵染寄主植物时能加重症状,但不决定病菌是否导致病害,只是病菌侵袭力的决定因子。寄主植物对毒素的敏感性与其抗病性可能不一致。但在一定浓度范围内,寄主植物也表现敏感性的差异,据此也能区分品种的抗病性差异。

3.1.4.5 产生植物生长调节物质

植物生长调节物质又称植物激素,是植物体内天然存在的对植物生长发育起调节和控制作用的微量化学物质。许多病原菌能产生与植物生长调节物质相同或类似的物质,如生长素、赤霉素、细胞分裂素、乙烯和脱落酸等,严重扰乱寄主植物正常的生理过程,造成植物徒长、矮化、畸形、赘生、落叶、顶芽抑制和根尖钝化等症状,甚至还会引起植物抗病性的改变,这也是植物-病原物互作研究中的热点问题。

(1)生长素

生长素(auxin)主要是吲哚乙酸(IAA)。多种病原菌都能产生 IAA,有的病原菌虽然自身不产生 IAA,但会抑制植物体内 IAA 氧化酶的产生,从而阻滞 IAA 的降解,导致 IAA 水平升高,最终造成植物徒长、增生、畸形等症状;还有些病原菌会产生类似 IAA 氧化酶作用的酶类,快速降解 IAA,从而干扰叶片生长素的供应,导致离层的形成而造成提前落叶。

(2)赤霉素

赤霉素(gibberellin)在植物中的正常生理作用是刺激茎的伸长,促进开花和性别分化,打破休眠,防止脱落及诱导形成一些重要酶类。赤霉素是一类含有 19 个或 20 个碳原子的多环类萜。很多菌物、细菌和放线菌能产生赤霉素类物质(赤霉素 GA_3)。植物受到一些病毒、类菌原体或黑粉菌的侵染后,赤霉素含量下降,生长迟缓,矮化或腋芽受抑制,若用外源赤霉素喷洒病株,则症状缓解或消失。例如,水稻恶苗病菌可产生赤霉素,引起水稻茎叶徒长。

(3)细胞分裂素

细胞分裂素(cytokinin)可促使植物细胞分裂和分化,抑制蛋白质和核酸降解,阻滞植株衰老。一些病原细菌和根肿病菌侵染植物后,寄主的细胞分裂素水平显著提高,从而造成病组织细胞分裂增强,表现出肿瘤和徒长等症状。由于细胞分裂素还可抑制核酸和蛋白质的降解和转移,造成营养物质的局部积累,出现与锈菌、白粉菌侵染后常见的"绿岛"相似的症状。

(4)乙烯

乙烯(ethylene)是一种调节生长、发育和衰老的植物激素。乙烯的生物活性很高,用百万分之一的浓度处理植物,就足以产生显著影响。植株受病原菌物和细菌侵染后,乙烯的含量明显增加,造成果实早熟或植株早期落叶。例如,感染枯萎病的香蕉会提前成熟,被大丽轮枝菌落叶型菌株侵染的棉花会早期落叶,这些都是病组织中乙烯积累、浓度增高的缘故。

(5)脱落酸

脱落酸(abscisic acid)具有诱导植物休眠、抑制种子萌发和植物生长、刺激气孔关闭、促使离层形成等生理作用。脱落酸是植物和某些病原菌物产生的一种重要生长抑制剂,可导致植物矮化、叶片脱落等。

总之，一种病原物往往可产生几种植物生长调节物质，所以对寄主植物的影响也是综合性的。

3.1.4.6 产生胞外多糖

胞外多糖（extracellular polysaccharide，EPS）是存在于一些病原物的表面或被病原物释放到环境中的大分子碳水化合物。植物病原细菌常分泌 EPS 到细胞外，形成黏质层，有利于菌体吸附在寄主上和抵御干燥环境。植物病原菌物中炭疽菌、镰孢菌等产生的多糖类物质，会堵塞维管束，导致水分不能正常输送，从而形成萎蔫的症状。

3.1.4.7 产生黑色素

黑色素（melanin）的合成对于许多病原菌的生长和发育不是必需的，但与一些病菌的致病性密切相关。有的病原菌形成的黑色素沉积在附着胞细胞壁的内层，使附着胞吸水后膨胀，内部形成的膨压促进侵染钉刺穿植物胞壁组织，还有的病原菌产生的黑色素有利于芽管和微菌核的形成，提高该病菌的致病性。另外，生物合成黑色素可以增强病原菌在逆境环境中的存活和竞争能力，如能提高菌物抗紫外线辐射、耐极端温度和耐干燥能力等。

3.2 寄主植物的抗病性

植物的抗病性是植物与病原物在长期的协同进化中相互选择、相互适应的结果。病原物产生不同类别、不同程度的寄生性和致病性，植物也相应地形成了不同类别、不同程度的抗病性。

3.2.1 植物抗病性

植物的抗病性是指植物避免、中止或抵抗病原物侵入与扩展，减轻发病和损失程度的一种可遗传的特性。它是植物与病原物在外界环境下相互选择、相互适应的结果。

植物抗病性是植物普遍存在的、相对的性状，主要表现为免疫、高度抗病、抗病、感病到高度感病的连续系列反应。抗病性强便是感病性弱，抗病性弱便是感病性强，没有绝对的抗病性或感病品种。

抗病性是植物的遗传特性，具有一定的稳定性，但也会发生变异，受寄主与病原物相互作用的性质和环境条件的共同影响。按照遗传方式的不同可将植物抗病性分为主效基因抗病性（major gene resistance）和微效基因抗病性（minor gene resistance）。前者是由单个或少数几个主效基因控制，按孟德尔遗传定律，抗病性表现为质量性状，即垂直抗性；后者由多个微效基因控制，抗病性表现为数量性状，即水平抗性，也称广谱抗病性。

植物抗病性的特征与病原物寄生专化性的强弱关系密切，是植物和病原物协同进化的结果。病原物的寄生专化性越强，则寄主植物的抗病性分化越明显。对锈菌、白粉菌、霜霉菌等及其他专性寄生物和部分兼性寄生物，寄主的抗病性可以仅针对病原物群体中的少数几个特定小种，称为小种专化抗病性（race-specific resistance）。小种专化抗病性通常是由主效基因控制的，其抗病效能较高，是当前抗病育种中广泛利用的抗病性类别，主要缺点是其抗病性易因病原物小种组成的变化而"丧失"。与小种专化抗病性相对应的是非小种专化抗病性（race-non-specific resistance），具有该种抗病性的寄主品种与病原物小种间无明显特异性相互作用,通常是由微效基因控制的,对病原物大多数种都有一定程度的抗性,这在理论上是最理想的一类抗性(即水平抗性),但是在选育时非常困难。

植物抗病性反应是由多种抗病因素共同作用、顺序表达的动态过程。根据抗病性表达的病程阶段不同,可划分为抗接触、抗侵入、抗扩展、抗损害和抗再侵染等。其中,抗接触又称避病,抗损害又称耐病,而植物的抗再侵染则可称为诱导抗病性。

3.2.2 寄主植物抗病性与病原物致病性间的遗传互作

3.2.2.1 寄主植物与病原物的遗传互作模式

寄主植物与病原物的相互作用(简称互作)是指病原物从接触植物到植物表现出感病或抗病整个过程中双方相互影响、相互制约的现象。互作影响病原物能否成功侵染植物并引起病害,或者寄主植物能否表现出感病或抗病性状。病原物能成功侵染植物引起植物发病的特征称为亲和性互作(compatible interaction);而病原物侵染失败,植物表现出抗病的特征称为非亲和性互作(incompatible interaction)。

植物与病原物既相互依存,又相互对立,因此植物的抗病性不仅取决于植物本身的基因型,还取决于病原物的基因型,植物与病原物互作的特征受植物和病原物基因型的调控。植物与病原物互作可发生在群体、组织、细胞和分子不同层次的水平上,涉及植物与病原物之间的识别、植物防卫反应的激活及信号传导过程等,植物与病原物互作的遗传基础构成了植物抗病的遗传基础。

20世纪中期,弗洛尔提出的"基因对基因"假说(gene-for-gene theory),阐明了寄主植物与病原物互作的遗传关系。该学说认为:寄主植物具有抗病基因(R)和感病基因(r),病原物方面也存在与之匹配的无毒基因(avr)表达或毒性基因(vir)。双方的相互作用产生特定的表型,任何一方的基因都只有在相对应的另一方基因发挥作用的条件下才被鉴别出来。两者基因的互作组合,决定抗病或感病反应。"基因对基因"假说不仅可作为改进品种抗病性与病原物致病性的鉴定方法,还可预测病原物新小种的出现,同时对抗病机制和植物与病原物共同进化理论的研究也有指导作用。

利用抗病基因介导的抗性进行抗病育种是一种行之有效的控制病害、减少病害损失的绿色防控策略。然而,这种策略具有一定的挑战性和风险性,当单一的 R 基因被大范围和长时间部署时,高质量的抗性会对病原物种群施加强大的定向选择。在这种情况下,具有更强致病力的病原物可能很快在病原物种群中出现,导致抗性基因完全崩溃。

3.2.2.2 寄主植物与病原物互作的相关基因

(1)植物的抗病基因

植物抗病相关基因包括抗病基因和防卫反应基因两大类。

抗病基因是寄主植物中一类与抗病有关的基因,其表达产物与病原物无毒基因(avr)表达产物互作,使植物呈现抗病表型。抗病基因决定寄主植物对病原物的专化性识别并激发抗病反应。目前,已从不同植物中克隆得到300多个针对不同类型病原物的抗病基因,根据这些抗病基因编码的蛋白质产物的保守结构域,可将其分为富含亮氨酸重复序列(leucine-rich repeat,LRR)和核苷酸结合位点(nucleotide-binding site,NBS)两类。根据细胞定位,富含亮氨酸重复序列可分为胞外 LRR 和胞内 LRR,主要参与蛋白质与蛋白质互作。核苷酸结合位点具有核苷酸结合活性,主要作用是参与抗病信号转导,其中果蝇 Toll 蛋白和哺乳动物白细胞介素 I 受体同源域主要参与抗病信号转导，蛋白激酶域和卷曲螺旋域参与胞内信号转导。

防卫反应基因是被物理、化学或生物激发子激活而表达的，其产物参与植物主动防卫反应的一类基因。目前，已经克隆的植物防卫反应基因主要有三类：植保素和木质素合成的关键酶基因、富含羟脯氨酸糖蛋白基因、病程相关蛋白编码基因。

(2) 病原物的无毒基因

病原物的无毒基因（avr）可与寄主抗病基因（R）相互作用，其产物作为激发子与寄主植物的受体结合引发植物防卫反应。目前，已从菌物、细菌、病毒和卵菌中均克隆到多个无毒基因。大多数病原物的 avr 基因具有双重功能，即在抗病的寄主植物中，与植物 R 基因互作，导致小种-品种专化性抗性产生；而在不含 R 基因的感病寄主植物中，起到促进病原物侵染或有利于病原物生长发育等毒性作用。现有研究结果证实，avr 基因的产物具有致病性效应子的作用，通常是植物先天免疫反应或基本抗性的抑制因子。

3.2.3 植物的抗病性机制

依据植物抗病性机制的差异，可将其划分为形态结构抗病性（即物理抗病因素）和生理生化抗病性（即化学抗病因素）。

3.2.3.1 植物形态结构与生理生化抗病性

(1) 形态结构抗病性

植物固有的形态结构构成了植物防御病原物侵染的第一道屏障。这些形态结构包括表皮毛的数量，覆盖表皮细胞上的蜡质层和角质层的厚度，表皮细胞的气孔、皮孔、水孔和蜜腺等自然孔口的数量、形状、大小和位置，以及导管的组织结构特点等，它们主要以其机械坚韧性和对病原物酶作用的稳定性而抵抗病原物的侵入和扩展。气孔等自然孔口是许多病原物的侵入途径，故气孔少、孔隙小的品种或器官比较抗病。较厚或纤维素较多的植物细胞壁可限制一些穿透力弱的病原菌的侵入和定殖。

植物受到病原菌侵染后，导致亚细胞、细胞或组织水平的形态和结构改变，从而产生主动的形态结构抗病性，表现在表皮细胞壁木质化、木栓化、钙化、硅化（硅在植物表皮组织沉积，使组织硅质化，起机械屏障作用）等方面，起到增强细胞壁的强度，阻碍、阻断和限制病原菌侵入和扩展的抗病目的；多种植物细胞壁在受到病原菌侵染或伤害后会沉积酚类化合物，进而氧化为醌类化合物，并聚合为黑色素，以抑制病原菌分泌细胞壁降解酶；在寄主植物细胞壁内侧与质膜之间还会沉积胼胝质（callose），与菌物附着胞和侵入钉相对应的位置上形成半球状沉积物，即乳头状突起，简称乳突（papillae），对化学物质和酶有高度的抵抗性，是抗侵入的重要因素；维管束阻塞是植物抵抗维管束病害的主要保卫反应，维管束阻塞的主要原因是病原物侵染诱导产生了胶质（gum）和侵填体（tylose），它既能防止菌物孢子和细菌等病原物随蒸腾液流上行扩展，又能促进寄主抗菌物质积累和防止病菌酶和毒素扩散。

(2) 生理生化抗病性

植物固有的天然抗菌物质，如酚类物质、皂角苷、不饱和内酯、有机硫化合物等，能够抑制病原菌孢子的萌发、病原菌的生长和毒害病原菌等作用；植物体内的酸类、单宁和蛋白质是水解酶的抑制剂，可作用于病原菌分泌的一系列水解酶，从而延缓或阻止病程发展；另外，植物组织中缺乏病原物寄生所必需的重要营养物质，也成为抗病原菌扩展的因素。

植物受到病原物侵染后，会激发起一系列的防卫反应，合成一些对病原菌直接起杀伤作用的化合物，从而产生主动的生理生化抗病性，表现在：

①过敏性坏死反应（hypersensitive necrosis response）：是植物对不亲和性病原物侵染表现高度敏感的现象，即受侵染的细胞及其邻近细胞迅速坏死，进而病原物受到遏制、死亡或被封锁在枯死组织中。过敏性坏死反应是植物发生最普遍的保卫反应类型，是非寄主抗性和小种-品种专化抗病性的重要机制，对菌物、细菌、病毒和线虫等多种病原物普遍有效。

②活性氧迸发（reactive oxygen burst）：是指植物在受病原物侵染初期，植物细胞内外迅速积累并释放大量活性氧的现象。该现象发生普遍，在植物与病原物互作的防卫反应过程具有以下重要作用：具有抗微生物活性，对病原菌造成直接的伤害；可参与植物细胞壁木质化及富含羟脯氨酸糖蛋白的交联，使细胞壁强化，有利于抵御病菌的侵染；可作为被侵染细胞过敏性坏死的局部触发信号，诱导寄主细胞过敏性坏死的发生，可能参与了植物程序性细胞死亡过程；可作为可扩散的信号分子诱导邻近细胞防卫基因的表达，并启动植物植保素合成基因的转录。

此外，一氧化氮（NO）作为氧化还原活化信号物质，参与了植物抗病反应过程，经常与活性氧一起作用，促进植物细胞过敏性坏死的发生。

③植物保卫素（phytoalexin，PA）：植物保卫素是植物受到病原物（菌物、细菌、病毒、线虫等）侵染后或受到多种非生物因子（金属粒子、叠氮化钠和放线菌酮等化学物质、机械刺激等）激发后所产生或积累的一类低分子质量抗菌性次生代谢产物。目前，已知30多科150种以上的植物产生植物保卫素。在豆科、茄科、锦葵科、菊科和旋花科植物中产生的植物保卫素最多。植物保卫素多为类异黄酮（如豌豆素、菜豆素、基维酮和大豆素等）和类萜化合物（如日齐素、防疫素、甜椒醇等）。植物保卫素在病菌侵染点周围代谢活跃细胞中合成，并向毗邻已被病菌定殖的细胞扩散，在死亡和即将死亡细胞中有大量积累，植物保卫素与植物细胞死亡有密切关系。

④病程相关蛋白（pathogenesis-related protein，PR蛋白）：PR蛋白是植物受病原物侵染或不同因子的刺激后产生的一类水溶性蛋白。在遗传控制上，PR蛋白都是由多基因编码，通常成为基因家族。PR蛋白可攻击病原物，分解病菌细胞壁大分子，降解病原物的毒素、抑制病毒外壳蛋白与植物受体的结合等功能。例如，PR-2能降解病原菌物细胞壁中的β-1-3-葡聚糖成分；PR-3、PR-4、PR-8、PR-11均能降解病原菌物细胞壁中几丁质成分；PR-12、PR-13具有直接杀菌活性。

⑤植物的解毒作用：是指植物组织能够代谢或分解病原菌产生的毒素，将毒素转化为无毒害作用的物质。植物的解毒作用是一种主动保卫反应，能够降低病原菌的毒性，抑制病原菌在植物组织中的定殖和症状表达，因而被认为是重要的抗病机制之一。

3.2.3.2 植物的避病和耐病机制

植物避病和耐病构成植物免疫系统的最初和最终两道防线，即抗接触和抗损害。这种广义的抗病性与抗侵入、抗扩展有着不同的遗传和生理基础。植物因不能接触病原物或接触的机会减少而不发病或发病减少的现象称为避病。植物可能因时间错开或空间隔离而躲避或减少了与病原物的接触,前者称为时间避病,后者称为空间避病。避病现象受到植物本身、病原物和环境条件因素以及三方相互配合的影响。植物易受侵染的生育阶段与病原物有效接种体大量散布时期是否相遇,是决定发病程度的重要因素之一。两者错开或全然不相遇就能收到避病的效果。

植物的形态和机能特点可能成为重要的空间避病因素。对于只能在幼芽和幼苗期侵入的病害,种子发芽势强,幼芽生长和幼苗组织硬化较快,可缩短病原菌的侵入期,发病较轻;禾草散黑穗病菌由花器侵入,因而闭颖授粉的品种发病较少。

耐病品种具有抗损害的特性,但关于植物耐病的生理机制现在还所知不多。禾谷类作物耐锈病的原因主要可能是生理调节能力和补偿能力较强。另外,还发现植物对根病的耐病性可能是由于发根能力强,被病菌侵染后能迅速生出新根。

3.2.3.3 植物的非寄主抗病性

非寄主抗性是指整个植物物种对非适应性病原体物种的所有遗传变异体的抗性,是植物对大多数潜在致病性微生物表现出的最常见、最持久的抗性形式。非寄主抗性的产生与植物和病原物长期的共同进化相关。禾草类锈菌表现出高度寄主特异性,一种锈菌通常只侵染一种禾草。利用作物的非寄主抗性,在不同品种间转移非寄主抗性基因,已被认为是一种持久抗锈病的育种策略。非寄主抗性是自然界中最普遍的抗性,具有广谱性和持久性的特点,为育种者提供新的抗性来源,可用于开发新的抗性品种或阻止抗病品种的抗性丧失。

3.2.3.4 植物的诱导抗病性及其机制

诱导抗病性(induced resistance)又称诱发抗病性,是植物经各种生物预先接种后或受到化学因子、物理因子处理后所产生的抗病性,也称获得抗病性(acquired resistance)。显然,诱导抗病性是一种针对病原物再侵染的抗病性。

在早期诱导抗病性的研究中,人们发现病毒近缘株系间有交叉保护作用。当植物寄主接种弱毒株系后,第二次接种同一种病毒的强毒株系,则寄主抵抗强毒株系,症状减轻,病毒复制受到抑制。人们把第一次接种称为诱导接种,把第二次接种称为挑战接种。后来证实这种诱导抗病性现象是普遍存在的。不仅同一病原物的不同株系和小种交互接种能诱发植物产生抗病性,而且接种不同种类、不同类群的微生物也能诱发植物产生诱导抗病性。此外,在热力、超声波或药物处理致死的微生物,从微生物和植物中提取的物质(葡聚糖、糖蛋白、脂多糖、脱乙酰几丁质等),甚至机械损伤等,在一定条件下均能诱导植物产生抗病性。

诱导抗病性有两种类型,即局部诱导抗病性和系统诱导抗病性。局部诱导抗病性只表现在诱发接种部位,系统诱导抗病性(系统获得抗病性)能在接种植株未做诱发接种的部位和器官表达。

大量的研究表明,诱导抗病性的机制涉及植物防卫反应的激活,其中包括免疫信息物质、病程相关蛋白、植物激素、木质素及酚类物质的合成等。

利用植物诱发抗病性来控制病害是一个很有希望的研究方向。人们早就试图利用病毒的弱毒株系或病原菌弱毒菌系来诱发植物产生抗病性,用来防治病害。近年来,人们合成了许多能够诱发系统获得抗病性的化学物质。这类化合物不具有体外抗菌活性,在植物体内也不能转化为抗菌物质,但能激活植物的防卫反应,获得免疫效果,如水杨酸(SA)、茉莉酸(JA)、茉莉酸甲酯(MeJA)、2,6-二氯异烟酸(INA)和苯并噻二唑(BTH)等。INA 和 BTH 是广谱植物免疫诱抗剂，能够激发多种植物的抗病性，已用于防治由菌物、细菌甚至病毒引起的病害。

3.2.4 植物抗病性的变异

从生态学观点看，植物病害是寄主与病原物之间相互作用的结果。植物抗病性变异的实质是植物对病原物某一种或某一个生理小种的抗性发生了改变。植物抗病性变异可分为抗病性基因型的表型变异和寄主抗病性基因型的遗传性变异。

3.2.4.1 抗病性基因型的表型变异

该变异可以是因病原物致病性基因型不同，病原物数量、接种势能不同，或环境条件不同而引起的。

(1)病原物致病性基因型不同引起的变异

病原物致病力的变异主要通过有性杂交、突变、异核作用、准性生殖和适应性等途径发生。植物同一抗病性基因型，如遇不同的病原物致病性基因型，则抗病表现会有所不同。

(2)病原物数量、接种势能不同引起的变异

同一抗病性基因型，如所遭受的接种势能强弱不同，抗病性表现也可能不同，这在微效基因抗病性中是普遍存在的现象。一个中度抗病品种，如接种量很大，接种势能（包括接种量和诱发侵染的环境条件）很强，也会表现为高度感病性，反之，如接种势能很弱，则会冒充高度抗病性。

(3)环境条件不同引起的变异

主效基因抗病性中有些是对环境条件敏感的，环境条件不同，感抗表现不同，对温度敏感的最为常见。例如，小麦抗秆锈病 $Sr6$ 基因就是一个温敏基因，其纯合体当处于20℃以下时表现抗病，25℃时则表现感病。微效基因抗病性受环境条件影响的现象就更为普遍和明显。温度、湿度、光照、营养元素、栽培管理、农药施用、虫害等环境因素的改变，以及植物体内外微生物区系变化，都可能不同程度地影响寄主植物的抗病性。

3.2.4.2 寄主抗病性基因型的遗传性变异

该变异途径不外乎是自身基因突变，或是杂交后的基因重组。变异方向可能使抗病性增强，也可能减弱。变异的速度取决于选择方向和选择压力。具体变异因抗病性是由主效基因控制的还是微效基因控制的而有所不同。

(1)主效基因抗病性的变异

由于大多数主效基因抗病性都为显性，所以由抗病性(RR)变为感病性(Rr)，当代是表现不出来的，要通过以后的杂交重组、产生双隐性个体(rr)，才得以表现，加上突变率一般都很低，因而这种现象很少被人发现。而由感病性变为抗病性，只要有病害发生，当代就能显露，尽管突变率很低，却成为抗病育种中从感病品种群体筛选抗病单株的主要手段。此外，苗木混杂、天然杂交也可以使感病品种群体中出现少数抗病性单株。

如果撇开人工有意识的单株选择，只靠自然选择和一般人工选择，那么，从群体看，主效基因抗病性的变异速度很慢，甚至很难察觉，对生产和病害防治的影响并不大。

(2)微效基因抗病性的变异

微效基因抗病性的变异产生原因与主效基因抗病性相同，但其中每个微效基因的作用

很小，一个基因的突变或基因型有所重组，其表型效应自然比主效基因抗病性的更小。但是，从群体看，微效基因抗病性的变异却较主效基因抗病性更快、更明显，因而在生产和病害防治中显得更为重要。

小结

植物病原物的寄生性和致病性是两种不同的性状。植物病原物都是寄生物，它们从寄主植物活体内获取营养物质而生存的特性称为寄生性。致病性则是病原物所具有的干扰破坏寄主和引起病变的能力。病原物能攫取寄主植物的生活物质，产生胞外酶、毒素、生长调节物质、胞外糖和黑色素等，诱发植物一系列病变并产生特有症状。

病原菌的角质酶和多种细胞壁降解酶是重要的致病因子，可降解植物细胞壁的各种组分，使病原菌能够直接侵入。毒素是病原菌的代谢产物，在非常低的浓度范围内对植物就有毒害，其作用位点包括植物细胞的质膜、线粒体、叶绿体或特定的酶类。植物病原菌产生的毒素，按照对寄主种或品种有无选择，分为寄主专化性毒素和非寄主专化性毒素两大类。病原菌能合成与植物生长调节物质相同或类似的物质，如生长素、细胞分裂素、赤霉素、脱落酸和乙烯等，从而严重扰乱寄主正常的生理过程，诱导产生徒长、矮化、畸形、赘生、落叶、顶芽抑制和根尖钝化等多种形态病变。植物病害的发生经常是病原物多种致病因素协同作用的结果。

植物的抗病性是指植物避免、中止或抵抗病原物侵入与扩展，减轻发病和损失程度的一种可遗传的特性。植物抗病性是植物普遍存在的、相对的性状。依据植物抗病性机制的差异，可将抗病性划分为形态结构抗病性（即物理抗病因素）和生理生物化学的因素（即化学抗病因素）；根据抗病性的遗传方式，可分为主效基因抗病性和微效基因抗病性；根据抗病性表达的病程阶段不同，可分为抗接触、抗侵入、抗扩展、抗损害和抗再侵染等。植物抗病相关基因包括抗病基因和防卫反应基因两大类。

寄主植物与病原物的互作是指病原物从接触植物到植物表现出感病或抗病整个过程中双方相互影响、相互制约的现象。根据病原物能否成功侵染植物，并引起植物发病，将二者之间的互作分为亲和性互作和非亲和性互作。植物与病原物互作的特征受植物和病原物基因型的调控，植物的抗病性不仅取决于植物本身的基因型，还取决于病原物的基因型。"基因对基因"假说阐明了寄主植物与病原物相互作用的遗传关系。

非寄主抗性是指整个植物物种对非适应性病原体物种的所有遗传变异体的抗性。利用作物的非寄主抗性，在不同品种间转移非寄主抗性基因，已被认为是一种持久抗锈育种策略。诱导抗病性是植物经各种生物预先接种后或受到化学因子、物理因子处理后所产生的抗病性，也称获得抗病性，是一种针对病原物再侵染的抗病性。

植物避病和耐病是植物保卫系统的最初和最终两道防线，即抗接触和抗损害。植物因不能接触病原物或接触的机会减少而不发病或发病减少的现象称为避病，分为时间避病和空间避病。耐病的原因主要可能是生理调节能力和补偿能力增强所致。

植物抗病性变异的实质是植物对病原物某一种或某一个生理小种的抗性发生了改变，可分为抗病性基因型的表型变异和寄主抗病性的遗传性变异两种类型。从群体来看，主效基因抗病性变异的变异速度很慢，变异表型不明显，对生产和病害防治的影响并不很大。

而微效基因抗病性的变异却较主效基因抗病性更快、更明显,因而在生产和病害防治中显得更为重要。

思考题

1. 为什么说植物病原物的寄生性和致病性是其最基本的两个属性?
2. 什么是病原菌的效应子?其有什么功能?研究它的意义是什么?
3. 简述寄主专化性毒素与非寄主专化性毒素。
4. 研究病原菌的寄主范围和寄生专化性有何意义?
5. 植物抗病性有不同的分类方法,你认为哪种方法最能反映抗病性的本质?
6. 为什么说植物保卫素、活性氧和病程相关蛋白是重要的生理生化抗病性因素?
7. 何谓寄主植物与病原物的"互作"?研究它的意义是什么?
8. 什么是非寄主植物抗病性?在植物病害防控方面有什么应用潜力?

第4章
草坪病害诊断

草坪病害诊断(diagnosis of turf disease)是对草坪植物发生病害的诊察与判断,根据病害症状特点、所处场所和环境条件,经过详细调查、检验与综合分析,最后对草坪植物的发病原因做出准确判断和鉴定的过程。与人体医学不同,植物医学服务对象为植物,植物的病历、病因和受害程度,全凭植保工作者依据经验和知识去调查与判断。因此,面对复杂的周围环境,要对植物病害做出及时而正确的诊断,就要求诊断人员必须具有坚实的专业基础知识和丰富的实际工作经验,熟练掌握植物病害诊断和病原鉴定的技能和方法,并具有良好的综合分析能力和较广泛的信息来源。

4.1 草坪病害诊断依据

诊断的目的在于查明草坪发病的原因,确定病原类型和病害种类,为病害防治提供科学依据。因此,正确的诊断是防治草坪病害的前提。草坪病害诊断依据包括症状识别和病原识别两方面的内容。

4.1.1 症状识别

症状(病状和病征)是病害诊断的重要依据。病状是寄主植物和病原在一定外界条件的影响下相互作用结果的外部表现,且具有相对稳定性,是诊断草坪病害的基础。病征是由病原微生物的群体或器官着生在植物病体表面所构成的,它更直接地暴露了病原物在本质上的特点,如菌物子实体在寄主表面形成的霉层、黑点等。由植物病毒、植原体、许多病原细菌引起的病害和非侵染性植物病害等没有病征的表现。病征虽受环境条件的影响很大,但一经表现出来却是相当稳定的特征,因此根据病征能够正确判定病害。

4.1.2 病原识别

草坪病害按照病因类型分为侵染性病害和非侵染性病害两大类,这两类病害的病原完全不同。诊断时首先应确定所发生的病害属于哪一类,然后做进一步的鉴定。

(1)侵染性病害的病原识别

在症状识别的基础上,通过组织培养、显微镜观察等方法,利用第2章草坪侵染性病害的病原物知识,判断病害是由哪种生物(如菌物、细菌、病毒、线虫等)引起的。

(2)非侵染性病害的病原识别

对非侵染性病害,根据病因和发病特点的不同,可采用化学诊断、人工诱发试验和指示植物鉴定等方法判断病原。

4.2 草坪侵染性病害的诊断方法

4.2.1 症状观察

侵染性病害发生时，病斑(感病草在田间形成的斑块)一般在草坪上呈分散状分布，但具有明显的由点到面扩展的特征，即由一个发病中心逐渐向四周扩大的过程。有的病害在田间扩展还与某些昆虫有关。传染性病害的病原中除了病毒、植原体外，在病部都产生病征，其中菌物病害的病征很明显，在病部表面可见粉状物、霉状物、颗粒状物和锈状物等各种特有的结构。细菌病害在潮湿条件下一般在病部可见滴状或一层薄的脓状物，通常呈黄色或乳白色，即细菌的菌脓。寄生性种子植物所致的病害，在病部很容易看见寄生的植株。线虫病害在病部也能看见线虫。病毒所致病害虽不产生病征，但所致病害病状有显著特点，如变色、畸形等全株性病状。

虽然可以根据症状判断病害，但有较大局限性。首先，许多病害常产生相似的病状，因此要依据多方面的特点去综合判断；其次，植物常因品种的变化或受害器官的不同，而使病状有一定的变化；再次，病害的发生发展是一个渐变过程，初期和后期病状也随之变化；最后，环境条件对病状和病征有一定的影响，尤其是湿度对病征的产生有显著作用，加之发病后期病部往往会长出一些腐生菌的繁殖器官。此外，综合症、并发症、继发症、潜伏侵染和隐症现象等，常给病害的诊断带来难度。因此，症状的稳定性和特异性只是相对的，要认识症状的特异性和变化规律，在观察植物病害时，须认真地从症状的发展变化中去研究和掌握症状的特殊性；观察和采集植物病害标本，仔细地区别病征的那种微小的、似同而异的特征，才能正确地诊断病害。除常见病外，大多数病害要通过实验室的病原物鉴定才能得出确切的结论。

4.2.2 病原物鉴定

引起草坪侵染性病害的病原物种类很多，但是不同种类病原物的形态特征和分类地位不同，这是利用病原物鉴定病害的主要依据。

(1)菌物病害的病原鉴定

通常用解剖针直接从病组织上挑取粉状物、霉状物或颗粒状物等制片，在显微镜下观察其形态特征，并根据这些形态特征确定属名。对常见病在进行症状鉴别及镜检病原物后即可确定病原菌物种及病名。对少见的或新发现的病害的病原菌物必须进行致病性测定，分清其他形态特征并查阅有关文献资料，查证核对后才能确定病原物种。

(2)细菌病害的病原鉴定

细菌侵染引起的受害部位维管束或薄壁细胞组织中一般都有大量的细菌，用显微镜观察组织有无细菌流出(喷菌现象)。镜检时，要选择典型、新鲜、早期的病组织，流水冲洗干净，吸干水分，用灭菌剪刀将病部略带健康组织剪下，置于显微镜下观察病组织周围，有大量细菌似云雾状溢出，即可确定为细菌病害。少见的或新的细菌病害，除采用科赫法则(Koch's postulates)证实外，还要根据染色反应、培养性状、生化反应、DNA 中 G+C 的物质的量之比以及血清学反应、分子生物学等方法鉴定，有的还需进行噬菌体测定。

(3) 病毒病害的病原鉴定

对常见、多发的病毒病害，可利用不同病毒间生物学特性的差异，如症状类型、传播方式和寄主范围等结合文献资料做出诊断；而对于疑难或新的病毒病害则需要结合病毒鉴定进行诊断。实验室诊断常用的方法有鉴别寄主、传染试验、显微镜(光学、电子)观察、血清学检测和核酸杂交技术等。

(4) 线虫病害的病原鉴定

通常将确定为线虫病害的病株病部产生的虫瘿或病瘤切开，挑取线虫制片或直接用病组织切片镜检，根据线虫的形态可确定其分类地位。对于肉眼难于观察的线虫，可采用漏斗分离法或叶片染色法等进行检查。

(5) 新病害病原鉴定

对少见的或新的病害，不能仅就病部发现的病原物做出结论。通常应进行组织分离培养、接种和再分离，即做致病性的测定后才能做出结论。这种诊断步骤称为科赫法则，是由科赫提出的对未知病害进行诊断和鉴定时应遵循的基本原则，其内容是：第一，某种可疑的病原微生物必然经常出现在这种病害的寄主上或病部；第二，从病组织中可以分离获得该种微生物的纯培养物，并能在培养基上生长；第三，将这种培养物接种或引入同种健康寄主上，可以产生相同症状的病害；第四，从接种发病的寄主上能再次分离到这种纯培养物，其性状与原来的分离物相同。

严格按照上述四步对所分离的微生物进行验证，就可以确认该种微生物是否为这种病害的病原物。非专性寄生物(如绝大多数植物病原菌物和细菌)所引起的病害，可以很方便地应用科赫法则来验证排除；但有些专性寄生物(如病毒、植原体和一些线虫等)，目前还不能在人工培养基上培养，常被认为不适合应用科赫法则。但也已证明，这些专性寄生物同样也可以采用科赫法则来验证，只是在进行人工接种时，直接从病组织上采集病原物，或采用带病毒或菌原体的汁液、枝条和昆虫等进行接种。因此，从理论上来说，所有侵染性病害的病原物的诊断鉴定都可按照科赫法则进行。

近年来随着分子生物学的发展，基因水平的科赫法则(Koch's postulates for genes)应运而生，在生物实验室应用。目前，已经取得共识的有以下几点：

第一，应在致病菌株中检出某些基因或其产物，而无毒力菌株中无此基因或其产物。

第二，如有毒力菌株的某个基因被损坏，则该菌株的毒力应减弱或消除。或将此基因克隆到无毒菌株内，后者即可成为有毒力菌株。

第三，将病原菌接种寄主植物时，这个基因应在感染的过程中表达。

第四，在接种寄主植物体内能检测到这个基因产物的抗体，或产生免疫保护。该法则也适用于细菌以外的微生物，如病毒。

4.2.3 分子生物学技术

新病害的诊断与鉴定是一项复杂的工作，近年来通过分子生物学的检测分析方法进行病害诊断越来越受到重视，不断有新的相关介绍报道。

4.2.3.1 核酸分子杂交技术

由于核酸分子杂交技术(nucleotide hybridization，又称分子探针技术)具有高度特异性及灵敏性，故在病害诊断中被广泛应用。该技术是具有一定同源性的两条核酸单链在一定的条件下按碱基互补原则退火形成双链的过程,称为杂交。杂交的双方是待测核酸序列及用于检测的已知核酸片段,称为探针(probe)。为了便于示踪,探针常用放射性同位素或一些非放射性标记物如生物素等进行标记。杂交技术主要包括膜上印迹杂交和核酸原位杂交两种。膜上印迹杂交是指将核酸从细胞中分离纯化后结合到一定的固相支持物上,在体外与存在于液相中标记的核酸探针进行杂交的过程。核酸原位杂交是指标记的探针与细胞或组织切片中的核酸进行杂交并对其进行检测的方法,是在细胞和组织内进行 DNA 或 RNA 精确定位的特异性方法之一,在病原物检测方面有着广泛的应用前景。

4.2.3.2 聚合酶链式反应

聚合酶链式反应(polymerase chain reaction,PCR)是 1985 年由 Mullis 等创建的一种体外扩增特异 DNA 片段的技术,包括 3 个基本步骤:高温变性(denature),即目的双链 DNA 在 94℃下解链;低温退火(anneal),两种寡核苷酸引物在适当温度(50℃左右)下与模板上的目的序列通过氢键配对;适温延伸(extension),在 Taq DNA 聚合酶合成 DNA 的最适温度下,以两条目的 DNA 为模板合成新 DNA。由这 3 个基本步骤组成一轮循环,理论上每一轮循环将使目的 DNA 扩增一倍,这些经合成产生的 DNA 又可作为下一轮循环的模板,所以经 25~35 个循环就可使 DNA 的量扩增达 10^6 倍。由于此法灵敏、准确、方便,可在短时间内扩增出数百万个目的 DNA 序列的拷贝,如用特异引物 PCR 测定方法将病毒检测灵敏度由血清学的 μg、ng 水平提高到了 pg 级,因此被广泛应用于植物病原物的快速检测。根据病原菌在 rDNA 的 ITS 区段既具保守性又在科、属、种水平上均有特异性序列的特性,对 ITS 区进行 PCR 扩增、测序及序列分析后再设计特异性引物来诊断和检测植物病原菌,尤其在植物病原菌物的分子检测上应用越来越广泛。对于用常规方法难以分离、培养的植物病原物(如病毒、类病毒和 MLO 等),应用该技术就更加显示出它的优越性。近几年随着分子生物学技术的迅猛发展,在常规 PCR 技术的基础上又衍生出多种方法,如逆转录-聚合酶链式反应(reverse transcription polymerase chain reaction,RT-PCR)和多重 PCR(multi-plex PCR),以及实时荧光定量 PCR 等。实时荧光定量 PCR 是在 PCR 反应中加入荧光基团,利用荧光信号积累实时监测 PCR 进程,通过标准曲线对未知模板进行定量分析。实时荧光定量 PCR 所用荧光探针主要有 3 种:分子信标探针、杂交探针和 TaqMan 荧光探针,其中 TaqMan 荧光探针使用最为广泛。该技术 PCR 扩增时在加入一对引物的同时加入一个特异性的荧光探针,该探针为一寡核苷酸,两端分别标记一个报告荧光基团和一个淬灭荧光基团。探针完整时,报告基团发射的荧光信号被淬灭基团吸收,PCR 扩增时,Taq DNA 聚合酶的 $5'\rightarrow 3'$ 外切核酸酶活性将探针酶切降解,使报告荧光基团和淬灭荧光基团分离,从而荧光监测系统可接收到荧光信号,即每扩增一条 DNA 链,就有一个荧光分子形成,实现了荧光信号的累积与 PCR 产物形成完全同步。目前,该技术广泛用于植物病原菌物、细菌、线虫和病毒的诊断鉴定,特别是对难培养细菌及其近似种或种下的分类鉴定。

4.3 草坪非侵染性病害的诊断方法

草坪的非侵染性病害是由于草坪草自身的生理缺陷或遗传性疾病,或生长环境中有不适宜的物理、化学等因素直接或间接引起的一类病害。与侵染性病害相比,因不是病原物侵染引起,故在草坪植物不同个体间不能互相传染,所以又称非传染性病害,或者生理性病害。引起草坪植物生理病害的因素很多，常发生的生理病害有草坪日灼病、草坪草缺素症、化肥烧苗、机械漏油烧苗、药害中毒、冻害、烟害、干热风、弱光照、干旱洪涝等。

4.3.1 草坪非侵染性病害的病原

4.3.1.1 不适宜的环境因素

环境中的不适宜因素主要分为物理因素和化学因素两大类。

(1) 物理因素

物理因素主要包括温度、光照和土壤水分等因素的异常。

温度过高或过低均会影响草坪生长，甚至造成严重危害。例如，盛夏日照会使草坪草叶表面温度过高，导致蒸发蒸腾作用无法有效降低叶片温度，从而影响植株体内酶的正常功能，乃至叶细胞和组织死亡，这种损伤也称日灼。温度过低对草坪的影响主要有两种情况。一种是冬寒枯死，可造成直接或间接危害。直接危害是草坪草冰冻后，细胞内形成冰晶，从而胀破细胞膜和细胞壁，使植物组织或整个植株受损或死亡。间接危害是冬季草坪土壤已冰冻，但草坪草未冻，此时草坪如无积雪覆盖或其他保护性覆盖物，会因失水过多而根系又无法从土壤吸取水分来补偿而死亡。另一种是霜冻。霜冻发生在草坪生长季节的早期和晚期，当温度骤降时，因草坪草耐寒性已降低、消失或还未完全发育成熟，故易被冻伤，其危害机制与冬寒枯死的直接危害机制相同。

土壤水分含量过高或过低也是危害草坪生长的非生物因子。土壤水分过高加上排水不良会影响草坪生长。草坪草根系因缺氧或有害气体的积累而变弱或致死，同时土壤水分过高还会为病原物的生长与繁殖提供有利环境条件。土壤缺水时，草坪生长减慢，变为稀疏、失绿并转为灰绿色，部分植株会变为枯草色使草坪呈枯黄色，同时使草坪衰弱易受极端温度和机械损伤。

(2) 化学因素

化学因素主要包括土壤中的养分失调、空气污染和农药等化学物质的毒害。

草坪土壤肥力不足会严重影响草坪生长。草坪草缺乏某种元素或其比例失调会引起缺素症，如老叶缺氮会引起叶片黄化，新叶缺钙会导致幼芽枯萎。另外，某些元素过量也会导致草坪草中毒，如粪肥害、药害和盐碱地等。

工业生产、车辆等产生的气态污染物浓度过高会改变草坪草代谢活动，进而影响草坪生长。其症状表现在叶尖、叶缘部分变白、失绿或死亡，有时在叶片上形成横向黄带、棕色点刻，或者整个叶片在坏死之前变为棕色；有时危害仅表现在生长减慢，但无其他明显症状。

施用农药(特别是除草剂)过量会危害草坪健康或杀死草坪。药害的症状特点和施用农药的方式及农药的种类等相关，一般呈窄条状、宽带状或不规则状，变化较多。药害可在施药后不久出现，也可在几天后发生，叶片上可形成斑点、失绿或坏死。

4.3.1.2 机械损伤

(1) 机具伤害

剪草机(特别是刀片水平旋转的旋刀式剪草机)刀片钝时修剪会损伤草坪，滚刀式剪草机刀具安装调整不合适时也会损伤草坪。其危害表现在刀口不齐有撕裂伤，受害叶片顶端发灰，草坪生长缓慢，情况严重时会使草坪死亡。此外，撕裂伤口的存在还易导致病菌入侵而感病。

(2) 修剪过度

草坪修剪时要遵循"三分之一原则"(见第6章6.6.2)。过度修剪使草坪长势减弱或停止生长,严重时草茎基部裸露,伤及根茎和匍匐茎,形成枯黄色斑块,有时会导致杂草入侵,被损伤的根茎和匍匐茎多会自行康复,但伤害严重处应重新播种。

(3) 草坪磨损

当草坪使用过度时,会磨损草叶,受损的草叶易变焦干,呈暗灰绿色,状如因土壤缺水形成的萎蔫,几天内草坪转为褐色或漂白色,同时草坪草逐渐稀疏。因根冠一般还存活,如减少或停止使用,草坪可以恢复,但如磨损过度会导致草坪死亡。

4.3.1.3 草坪草自身遗传或生理缺陷引起的遗传性病害

草坪草因自身遗传或生理缺陷引起的遗传性病害,虽然不属于环境因子,但由于没有侵染性,也属于非侵染性病害。

4.3.2 草坪非侵染性病害的诊断方法

4.3.2.1 症状观察

用肉眼或放大镜观察草坪草病株上发病部位,病斑形态大小、颜色、气味、质地、有无病征等外部症状,非侵染性病害只有病状而无病征。必要时可切取病组织表面消毒后置恒温条件下诱发,如仍无病征发生,可初步确定该病不是真菌或细菌引起的病害,而属于非侵染性病害或病毒病害。

4.3.2.2 显微镜检

将新鲜或剥离表皮的草坪草病组织进行切片并进行染色处理,显微镜下检查有无病原导致的组织病变,即可判断非侵染性病害的可能性。

4.3.2.3 环境分析

进行病害现场的观察和调查,并了解有关环境条件的变化。非侵染性病害由不适宜环境引起时,应注意病害发生与地势、土质和肥料及与当年气象条件的关系,以及栽培管理措施(如排灌、喷药)是否适当,工厂三废是否引起植物中毒等都做分析研究,才能在复杂的环境因素中找出主要的致病因素。

4.3.2.4 病原鉴定

确定非侵染性病害后,应进一步对非侵染性病害的病原进行鉴定。

(1) 化学诊断法

对病组织或发病草坪土壤进行化学分析,测定其成分和含量并与正常值进行比较,从而查明过多或过少的成分,确定病原。这一诊断方法常用于缺素症和盐碱害的诊断。

(2) 人工诱发试验

根据初步判断分析结果,人为提供类似发病条件,如低温、缺乏某种营养元素和药害等,对健株进行处理,观察是否发病。或采取治疗措施排除病因,用可疑缺乏元素的盐类对病株进行喷洒、注射和灌根等方法治疗,观察是否可以减轻病害或恢复健康。

(3) 指示植物鉴定法

该方法用于鉴定植物缺素症。当疑似缺素时,可选择最容易缺乏该种元素、症状表现明显、稳定的植物,种植在疑为缺乏该种元素的草地植物附近,观察其症状反应,借以鉴定植物表现出的症状是否为该种元素的缺乏症。

4.4 非侵染性病害与侵染性病害的相互关系

非侵染性病害和侵染性病害的关系密切,非侵染性病害可使植物的抗病性降低,更有利于侵染性病原的侵入和发病。例如,冻害不仅可以使细胞组织死亡,还往往导致植物生长势衰弱,使许多病原物更易于侵入。同样,侵染性病害也削弱植物对非侵染性病害的抵抗力。例如,某些叶斑病害不仅引起木本植物提早落叶,也使植株更容易遭受冻害和霜害。因此,加强作物栽培管理,改善作物生长条件和及时防治病害,可以减轻两类病害之间的恶性相互作用。

小结

植物病害的诊断是一个由表及里、透过现象看本质的认识过程,诊断的目的是查明病因,采取合理的防治措施,及时有效的防治病害。在进行诊断时,首先应根据病害的传染特性和发生特点将侵染性病害与非侵染性病害分开,然后根据各类侵染性病害病原的致病特点进行区分,逐渐缩小诊断的范围。对于一些常见的具有典型病状和病征的植物病害,一般根据病害的症状就可比较准确地诊断,对一些疑难病害或新的病害则尽量按照科赫法则,通过一系列的分离、培养、接种和鉴定获得确诊。熟练地掌握各类病原物的致病特点和尽量多的病例对病害诊断都有很大的助益。准确的诊断是病害防治是否有效的关键与前提。

由各类病原物侵染引起的植物病害称为传染性病害(侵染性病害、寄生性病害、生物性病害),具有传染性,通常先有发病中心,然后向四周蔓延。传染性病害按病原物种类不同,又可分为真菌病害、细菌病害、病毒病害、植原体病害、线虫病害和寄生性种子植物等。其中,属于菌类的病原(如真菌和细菌)称为病原菌。病原菌一般都是寄生物。被寄生的植物称为寄主。传染性病害是植物病理学的主要研究内容。

植物的非侵染性病害主要是因植物自身遗传或生理缺陷,或由环境中不适合的或过低光照强度或光周期的不正常变化等引起的。诊断非侵染性病害的关键在于掌握其与侵染性病害的区别。主要应抓住病害症状类型、发生特征(空间分布、发生期及与环境因子变化的关系)、无侵染性和早期处理即可恢复等特点。

非侵染性病害和侵染性病害的关系密切,非侵染性病害可使植物的抗病性降低,更有利于侵染性病原的侵入和发病。

思考题

1. 草坪病害诊断的依据是什么?防治与诊断有何因果关系?
2. 简述科赫法则的主要内容,它在病害诊断中有何作用?
3. 如何诊断不同类型的非侵染性病害?
4. 侵染性病害和非侵染性病害在田间的表现各有什么特点?

第 5 章
草坪病害的发生、流行与预测

草坪病害的发生发展、流行规律研究和预测是草坪病理学研究的核心问题之一。草坪草从遭受病原物侵染到发病，从单株发病到群体发病，以及病害从一个生长季节发病到下一个生长季节再度发病，都需要经过一定的时间过程，并且在此过程中会受到寄主、病原物和各种环境因素的影响，尤其会随着寄主植物的抵抗而不断变化。了解草坪病害发生与发展的规律，是制定防治病害策略和方法的重要依据。

5.1 侵染性病害的侵染过程

病原物的侵染过程(infection process)是指从病原物与寄主植物可侵染的部位接触后侵入寄主植物，建立寄生关系，并在植物体内进一步扩展和繁殖，发生致病作用，最后出现病害症状的过程，简称病程(pathogenesis)。其实质是病原物的致病性与寄主植物的抗病性矛盾斗争的过程。从寄主植物方面看，受侵染植物产生相应的抗病或感病反应，在生理、组织和形态上产生一系列的病理变化程序，逐渐由健康的植物变为感病的植物甚至最终死亡。从病原物方面看，病程是病原物克服了寄主植物抗病性，建立异养生活关系，再进行繁殖而表现于植物体外的一个全部过程。因此，病原物的侵染过程受病原物、寄主植物和物理、化学及生物等环境因素的影响。

病原物的侵染是一个连续的过程。为了便于分析和研究，将侵染过程人为划分为接触期、侵入期、潜育期和发病期 4 个时期，但各个时期并无绝对的界限。

5.1.1 接触期

病原物必须接触到寄主的感病部位，才能发生侵染。因此，接触期(contact period)是指从病原物与寄主接触，或到达能够受到寄主外渗物质影响的根围或叶围后，开始向侵入部位生长或运动，并形成某种侵入结构的一段时间。

5.1.1.1 接触识别

病原物与寄主植物接触后，并不马上侵入寄主，而是在寄主植物表面或根围生长一段时间。在这个过程中，菌物的孢子等休眠体萌发所产生的芽管或菌丝的生长、释放的孢子、细菌的分裂繁殖、线虫幼虫的蜕皮和生长等都有助于病原物到达侵入部位。此间病原物与寄主之间有一系列的识别(recognition)活动，其中包括物理学识别和生化识别等。物理学识别包括寄主表皮的作用及水和电荷的作用。寄主植物表皮的作用包括表皮毛、表皮结构等部位对病原物的刺激作用，称作趋触性(contact tropism)。例如，单子叶植物上的锈菌芽管由于受叶表物理学的诱导，芽管沿纵行叶脉生长；菌物芽管和菌丝生长由于受趋水性的影响，向气孔分泌的水滴或有水的方向运动，菌物从气孔侵入，已经被证明和气孔的分泌水有一定的关系。病原物对其亲和性的(compatible)寄主植物(感病的)或品种的专化性的亲和性，而对非亲和性的(imcompatible)寄主植物(抗病的)或品种的不亲和性，涉及一系列的病原物和其对应的寄主蛋白质、氨基酸和DNA的特异性识别，最后决定植物的病理过程并对病原物致病作用起到不同程度的促进或阻碍作用。

5.1.1.2 影响因素

接触期间，寄主植物体表的淋溶物和根系分泌物可以促使病原物休眠结构或孢子萌发或诱集病原物的聚集。例如，植物根系生长所产生的 CO_2 和某些氨基酸可使植物寄生线虫在根部聚集，在土壤和植物表面的拮抗微生物可以明显抑制病原物的活动。除此之外，非生物环境因素中温度、湿度对病原物的影响最为明显。其中，温度主要影响病原物的萌发和侵入速度。例如，菌物的孢子在适宜温度下，萌发率增加，萌发时间缩短。湿度直接影响孢子的萌发，如大多数病原菌物孢子必须在水滴中才能萌发。因此，雨、露及植物表面的一层水膜都可以促进孢子的萌发。为了使病原物穿透植物，湿度必须要维持足够长的时间，否则干燥会使芽管死亡。对于绝大部分气流传播的菌物，湿度越高越有利于侵入。但白粉菌的分生孢子细胞渗透压较高，自身呼吸产生的水分可以满足其萌发需要。因此，白粉病菌的分生孢子在湿度较低的条件下可以萌发，白粉病在干旱的条件下发生严重，在无雨的温室发生也很严重。此外，光照一般对菌物孢子的萌发影响不大。

5.1.2 侵入期

病原物在寄主植物表面或周围萌发，或生长到达侵入部位，就有可能侵入寄主。通常将病原物从侵入寄主到建立寄生关系的这段时间，称为病原物的侵入期(penetration phase)。植物病原物几乎都是内寄生的，只有极少数是真正外寄生的。例如，引起植物煤污病的小煤炱科的菌物在植物叶片或果实的表面生活，主要以植物或昆虫的分泌物为营养物质，有时也稍微进入表皮层，但并不形成典型的吸器，这类菌物是典型的外寄生菌。寄生性植物、白粉菌和部分线虫虽然也称外寄生菌，但必须利用吸盘、吸根、吸器或口针从寄主植物体内吸收营养。因此，大多数病原物涉及侵入问题。

5.1.2.1 侵入途径

各种病原物的侵入途径不同，总体将侵入途径分为直接穿透侵入、自然孔口侵入和伤口侵入3种途径。

(1) 直接穿透侵入

直接穿透侵入是指病原物直接穿透寄主的保护组织(角质层、蜡质层、表皮及表皮细胞)和细胞壁进入寄主组织。这种侵入方式是病原菌、寄生性植物和病原线虫最普遍的侵入方式，其中最常见和研究最多的是白粉菌属(*Erysiphe*)、炭疽菌属(*Colletotrichum*)和黑星菌属(*Venturia*)。菌物直接穿透侵入的过程为：落在植物表面的菌物孢子，在适宜的条件下萌发产生芽管，芽管顶端膨大形成附着胞，附着胞分泌的黏液以机械压力将芽管固定在植物的表面，然后从附着胞与植物接触的部位产生纤细的侵染丝(penetration peg)，借助机械压力和化学物质的作用穿过植物角质层。菌物穿过角质层后，或在角质层下扩展，或穿过细胞壁进入细胞内，或穿过角质层后先在细胞间扩展，然后穿过细胞壁进入细胞内。穿过角质层和细胞壁后，侵染丝会变粗并恢复为原来的菌丝状(图5-1)。寄生性种子植物与病原菌物具有相同的侵入方式，即形成附着胞和侵染丝。侵染丝在与寄主接触处形成吸根或

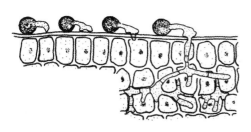

图 5-1 菌物的侵染丝直接穿透寄主表皮侵入(Agriob, 2005)

吸盘，并直接进入寄主植物细胞间或细胞内吸收营养，完成侵染过程。病原线虫的直接穿透侵入是用口针不断刺伤寄主细胞，之后在植物体内也通过该方式并借助化学作用侵入。

（2）自然孔口侵入

植物的许多自然孔口(如气孔、排水孔、皮孔、柱头、蜜腺等)，都是病原物侵入的途径，许多菌物和细菌是从自然孔口侵入的。在自然孔口中，以气孔最为重要。菌物的芽管或菌丝从气孔侵入寄主的情况是最常见的，许多细菌也是从气孔侵入的。菌物孢子落在植物叶片表面，在适宜的条件下萌发形成芽管，芽管直接从气孔侵入。

（3）伤口侵入

植物表面的各种伤口都可能成为病原物侵入的途径，如冻伤、灼伤、虫伤以及植物在生长过程中造成的一些自然伤口等。所有的植物病原原核生物，大部分的病原菌、病毒、类病毒可通过不同形式的伤口侵入。

植物病毒的伤口侵入情况比较特殊，它需要以未死亡的寄主细胞极微伤口作为侵入途径。其他病原物(如菌物和细菌)的伤口侵入则有不同的情况，有的是以伤口作为侵入的途径，一部分病原物除以伤口作为侵入途径外，还利用伤口的营养物质。有的病原物先在伤口附近的死亡组织中生活，然后进一步侵入健全组织。这类病原物也称作伤口寄生物，大多都属于寄生性较弱的寄生物。

5.1.2.2 侵入过程

（1）菌物

菌物的侵入途径包括直接穿透寄主表皮层、自然孔口和伤口 3 种方式。但是各种菌物的侵入途径并不完全一致。从寄主表皮直接侵入的菌物和从自然孔口侵入的菌物，一般寄生性都比较强，如霜霉菌和白粉菌等；从伤口侵入的菌物很多是寄生性较弱的菌物，如镰孢菌等。菌物大都以孢子萌发后形成的芽管或菌丝侵入。典型的步骤是：孢子的芽管顶端与寄主表面接触时形成附着胞，附着胞分泌黏液将芽管固着在寄主表面，然后从附着胞上产生较细的侵染丝侵入寄主体内。无论是直接侵入或从自然孔口、伤口侵入的菌物都可以形成附着胞，其中以从角质层直接侵入的和从自然孔口侵入的较为普遍，从伤口侵入的绝大多数不形成附着胞，而以芽管直接从伤口侵入。从表皮直接侵入的菌物，其侵染丝先以机械压力穿过寄主植物角质层，然后通过酶的作用分解细胞壁而进入细胞内。菌物无论是从自然孔口侵入还是直接侵入，进入寄主体内后，孢子和芽管里的原生质随即沿侵染丝向内输送，并发育为菌丝体，吸取寄主体内的养分，建立寄生关系。

（2）细菌

植物病原细菌缺乏直接穿过寄主表皮角质层侵入的能力，其侵染途径只有自然孔口和伤口两种方式。细菌个体可以被动地落到自然孔口里或随着植物表面的水分被吸进孔口；有鞭毛的细菌靠鞭毛游动也能主动侵入。从自然孔口侵入的植物病原细菌，一般都有较强的寄生性，如黄单胞菌属和假单胞菌属的细菌。寄生性较弱的细菌则多从伤口侵入，如欧文菌属的细菌。

(3) 病毒

病毒缺乏直接穿过寄主表皮角质层侵入和从自然孔口侵入的能力，只能从伤口与寄主细胞原生质接触来完成侵入。由于病毒是专性寄生物，所以只有在寄主细胞受伤但不丧失活力的情况下(即微伤)才能侵入。此外，病毒也可由昆虫介体来完成侵入。

(4) 线虫

植物寄生线虫有外寄生和内寄生两种寄生类型，但也有部分兼而有之。外寄生的植物线虫只能以口针吸取植物汁液，不进入植物体内；内寄生的线虫多数从植物的伤口或裂口侵入，也有少数从自然孔口或表皮直接侵入。

5.1.2.3 影响侵入的因素

病原物侵入寄主与寄主建立寄生关系，除了寄主感病期、感病部位的影响外，环境条件对病原物侵入的影响最为明显。其中，以湿度和温度影响最大。

(1) 湿度

湿度对侵入的影响包括病原物和寄主植物两方面。大多数菌物孢子的萌发、游动孢子的游动、细菌的繁殖和细菌细胞的游动都需要在水滴里进行，因此湿度对侵入的影响最大。植物表面不同部位不同时间内，可以有雨水、露水、灌溉水和从气孔溢出的"吐水(guttation)"，其中有些水分虽然保留时间不长，但足以满足病原物完成侵入的需要。一般来说，湿度高使寄主植物抗侵入的能力降低，而对病原物(除白粉菌以外)的侵入有利。在高湿度下，寄主愈伤组织形成缓慢，气孔开张度大，水孔泌水多而持久，保护组织柔软，从而降低了植物抗侵入的能力。

(2) 温度

温度主要影响孢子萌发和侵入的速度。各种菌物的孢子都具有其最高、最适和最低的萌发温度。在适宜的温度下，孢子萌发率高且所需的时间短、形成的芽管长；超过最适温度越远，孢子萌发所需的时间越长，如果超出最高和最低的温度范围孢子便不能萌发。

在病害发生的季节里，温度一般都能满足病原物侵入的要求，而湿度条件变化较大，常常成为病原物侵入的限制因素。病毒在侵入时，外界条件对病毒本身的影响不大，而与病毒的传播和侵染的速度等有关。例如，干旱年份病毒病害发生严重，主要是由于气候条件有利于传毒昆虫的活动。此外，光照、营养物质等对病原物的侵入也有一定的影响。

5.1.3 潜育期

潜育期(incubation period)是指病原物与寄主建立寄生关系到出现明显症状的阶段。这一时期是病原物在寄主植物体内吸取营养和蔓延扩展的时期，也是寄主植物对病原物的扩展表现不同程度抵抗性的时期。在潜育期内，无论是专性还是非专性寄生的病原物，在寄主体内扩展时都消耗寄主的养分和水分，同时分泌酶、毒素和生长调节物质，扰乱寄主正常的生理代谢活动，使寄主组织遭到破坏、生长受到抑制或增殖膨大，最后导致症状的出现。症状的出现就是潜育期的结束。

病原物在寄主植物体内的扩展，有的局限在侵入点周围，称为局部侵染(local infection)，如菌物侵染引起的叶斑病；有的则从侵入点向植株各个部位蔓延，甚至扩展到全株，称为系统侵染(systemic infection)。草地植物病害以局部性侵染的居多，如叶斑病；系统性病害中以草地植物的各种病毒病、细菌性枯萎病等居多。一般系统性病害的潜育期较长，而局部性侵染的病害潜育期较短。

每种植物病害均有一定的潜育期，潜育期的长短因病害种类而异，主要决定于病原物的生物学特性。环境条件和寄主植物的抗病性也对潜育期有一定的影响。环境条件以温度影响最大，在一定范围内，温度升高，潜育期缩短；而湿度对于潜育期的影响较小，因为这时病原物已经侵入寄主体内，受外界湿度的干扰较小。

值得注意的是，有些病原物侵入寄主植物后，由于寄主植物抗病性较强，病原物只能在寄主植物体内潜伏而不表现症状，但是当寄主抗病性减弱时，病原物继续扩展，寄主植物表现症状，这种现象称为潜伏侵染。潜伏侵染对于病害的防治具有重要意义。

潜育期是植物病害侵染过程的重要环节，借助现代分子生物学手段和生物化学等先进技术研究侵染早期植物的反应，揭示病原物和寄主植物间相互作用的本质，是现代植物病理学领域的研究热点。

5.1.4 发病期

寄主植物出现症状以后到停止发展为止称为发病期(symptom appearance)。症状出现以后，病原物仍有一段或长或短的生长和扩展时期，然后进入繁殖阶段产生子实体，症状也随之发展，如病斑不断扩大、侵染点数不断增加、病部产生更多的子实体等。症状的出现是寄主植物生理病变和组织解剖病变的必然结果，标志着一个侵染程序的结束。菌物性病害随着症状的发展，在受害部位或迟或早都会产生各种各样的病征。细菌性病害在显症以后，病部往往产生脓状物，含有大量的细菌个体。病毒是细胞内寄生物，在寄主体外无表现。

外界环境条件中，温度、湿度、光照等对菌物孢子的产生都有一定影响。孢子产生的最适温度一般在25℃左右，高湿度对病斑的扩大和孢子形成的影响最显著。光照对许多菌物产生各种繁殖器官都是必需的，但对某些菌物有抑制作用。发病期内病害的轻重和造成的损失大小，不仅与寄主抗性、病原物致病力和环境条件适合程度有关，还与采取的防治措施有关。

5.2 病害的侵染循环

侵染循环(disease cycle)指一种病害从寄主植物前一生长季节开始发病，到下一生长季节再度发病的过程。侵染循环包括3个基本环节：病原物的越冬(over-wintering)或越夏(over-summering)、病原物的初侵染(primary infection)与再侵染(secondary infection)和病原物的传播(dissemination)。侵染过程只是其中的一环，病害侵染循环研究寄主植物群体和病原物群体的相互关系，是研究病害发生发展规律的基础，也是研究病害防治的中心问题，病害防治措施的提出就是以侵染循环特点为依据的。

5.2.1 病原物的越冬(越夏)

病原物的越冬(越夏)是指冬季草坪休眠枯黄后(或夏季温度太高时)，病原物在何处存活，包括越冬(越夏)场所、方式和存活率等。病原物越冬(越夏)的主要场所是寄主植物在生长季节内的初侵染源，因此，及时消灭越冬(越夏)的病原物，对降低下一季节病害的严重程度有重要意义。病原物越冬(越夏)的场所主要有以下几个。

5.2.1.1 病株及其残体

草坪草大多为多年生植物,一旦染病后,病原物就可在寄主体内定殖,成为翌年的初侵染来源。如三叶草褐斑病、根腐病等。其中,病毒以粒体,细菌以细胞,菌物以孢子、休眠菌丝或休眠组织(菌核、菌索等)在病株内部或表面度过夏季和冬季,成为下一个生长季的初侵染来源。许多病毒、细菌和菌物,均可在多年生草坪草的根系、根颈和根茎中越冬,翌年侵入新生枝叶,成为田间的初侵染来源。因此,草坪病株残体的清除对防治病害有很大意义。

5.2.1.2 种子及其他繁殖材料

病原物可以休眠体的方式混杂在种子及其他繁殖材料之间(如混杂在三叶草种子中的菟丝子种子、麦角菌的菌瘿等)越冬(越夏)。种子可以种间、种表和种内3种方式带菌,了解种子带菌的方式对于草坪建植前进行种子处理具有实践意义。使用带病的繁殖材料不但使草坪草植株本身发病,还以发病植株为中心,传染给相邻的健康植株,造成病害的蔓延扩展。同时,带菌的种子及其他繁殖材料还可随着调运,将病害远距离地传播到新的地区。

5.2.1.3 土壤

对于土壤传播的病害或根部病害来说,土壤是最重要的或唯一的侵染来源。病株残体和病株上的病原物都很容易落到土表或埋入土中。因此,土壤就成为病原物越冬(越夏)的场所。病原物可以厚垣孢子、休眠孢子和菌核等在土壤中休眠越冬(越夏),有的可存活数年之久,如禾本科草坪草的黑粉菌冬孢子和豆科草坪草上的菌核,条件适宜时就可萌发成为草坪初侵染源。病原物除休眠体外,还以腐生方式在土壤中存活。根据病原物在土壤中存活能力的强弱,可分为土壤寄居菌和土壤习居菌。土壤寄居菌必须在病株残体上营腐生生活,一旦寄主植物残体分解,便很快在与其他微生物的竞争下丧失生活能力。土壤习居菌有很强的腐生能力,寄主植物残体分解后能直接在土壤中营腐生生活,如腐霉属(*Pythium*)、丝核菌属(*Rhizoctonia*)和镰孢属(*Fusarium*)的菌物。病原菌在土壤中存活的期限除受环境直接影响外,生物因素也是一个重要因素,一方面土壤中大量微生物可加快病株残体的分解,另一方面有些微生物对病原菌有拮抗作用,这也是病害生物防治的基础。

5.2.1.4 粪肥

病原物可以随着病株残体混入肥料或以休眠组织直接混入粪肥,如有机肥、农家肥等未充分腐熟,其中的病原物就可以存活下来。有些病原菌(如禾生指梗霉的卵孢子和小麦腥黑穗病菌的冬孢子)通过家畜的消化道后仍保持存活,因此用带有病原菌休眠孢子的草料喂养家畜,排出的粪便就可能带菌,如不充分腐熟便施入草坪,可能成为侵染来源引起病害。

5.2.1.5 机具

草坪修剪或其他机具中残留下的病株残体,能够成为病原物越冬(越夏)的场所。下一次修剪或耕作时带入健康的草坪,成为侵染来源。例如,三叶草的炭疽病菌,就可以这种方式度过休眠阶段。

根据病原物越冬(越夏)的方式和场所,可以拟定相应的消除初侵染源的措施。

5.2.2 初侵染和再侵染

越冬(越夏)的病原物,在植物新一代植株开始生长后引起最初的侵染称为初侵染(primary infection)。受到初侵染的植物发病后,病原物在寄主体外或体内产生大量的繁殖体,通过传播又可以侵染更多的寄主植物或同一寄主植物的不同部位,这种重复侵染称为再侵染(reinfection)。再侵染来源于当年发病的植株,在同一季节中,经传播引起第二次或更多次的侵染,导致植株群体连续发病。根据有无再侵染,病害循环可分为多病程病害(polycyclic disease)和单病程病害(monocyclic disease)。多病程病害也称多循环病害,是一个生长季节中发生初次侵染过程以后,还有多次再侵染过程。这类病害很多,如草坪草最常见的白粉病、霜霉病和炭疽病等,潜育期都较短,再次侵染可以重复发生,所以在生长季可以迅速发展而造成病害的流行。单病程病害也称单循环病害,是一个生长季节中仅有一次侵染过程。这类病害多为系统性病害,如黑粉病等,潜育期一般较长,从几个月到一年。除少数外,一般有初侵染而无再侵染。一种病害是否有再侵染,涉及这种病害的防治方法和防治效率。只有初侵染而无再侵染的病害,只要防治初侵染,这些病害就可得到控制,对于再侵染的病害,在注意防治初侵染的前提下,还要加强再侵染各个环节的控制,因此,防治方法和防治效率的差异也较大。

病害循环并不简单意味着病害年复一年的,不变的重复发生。由于环境条件、植物本身和病原物每年都在不断变化演替,因此,在不同年份每一种病害的侵染循环规律都会有差异。侵染循环反映了病害的发生发展规律,只要掌握了病害的侵染循环,就能找出它的薄弱环节,采取针对措施,达到更好的防治效果。

5.2.3 病原物的传播

在植物体外越冬(越夏)的病原物,必须传播(transmission)到植物体上才能发生初侵染。在最初发病植株上繁殖出来的病原物也必须传播到其他部位或其他植株上才能引起再侵染。再侵染也是靠不断的传播才能发生。有些病原物也要经过传播才能到达越冬(越夏)的场所。可见,传播是联系病害循环中各个环节的纽带。防止病原物传播不仅可使病害循环中断,病害发展得到控制,还可防止危险性病害发生区域的扩大。

各种病原物的传播方式不尽相同。菌物主要以孢子随气流和雨水传播;细菌多以雨水和昆虫传播;病毒则主要靠生物介体传播;寄生性种子植物可以由鸟类传播也可随气流传播(少数可主动弹射传播);线虫一般在土壤中或在根系内、外,主要由土壤、灌溉水和水流传播。此外,修剪机械和牲畜的啃食等也可带来远距离的传播。

病原物的传播方式有主动传播和被动传播。有些病原物可以通过自身活动主动地进行传播。例如,许多菌物具有强烈释放其孢子的能力;有一些菌物能产生游动孢子;具有鞭毛的病原细菌能游动;线虫能够在土壤中和寄主上爬行;菟丝子可以通过蔓茎的生长而蔓延。但是病原体自身放射和活动的距离有限,只能作为传播的开端,一般还需要依靠外力传播到距离较远的植物上。除了上述主动传播外,病原物主要的自然传播或被动传播方式有以下几种。

5.2.3.1 风力传播

风力传播(也称气流传播)是病原物传播的主要方式。菌物的孢子、病原物的休眠体、病组织或附着在土粒上的病原物都可以被风吹送到较远的地方。特别是菌物产生的孢子数量大，孢子小而轻，更有利于风力传播。风力传播的距离较远，范围也较大，但不同病害由于其病原体特性的不同，其传播的距离也不同。细菌和病毒不能由风力直接传播，但是带菌的病残体和带病毒的昆虫是可以通过风力做远距离传播。风力可以引起植物各个部位或临近植株间的相互摩擦和接触，有助于植物与细菌、菌物、病毒和类病毒的接触而传播。

5.2.3.2 雨水传播

雨水传播是病原物十分普遍的传播方式，但传播距离不及风力远。菌物中炭疽菌的分生孢子、球壳孢目的分生孢子和许多病原细菌都黏聚在胶质物内，在干燥条件下不能传播，必须利用雨水把胶质溶解，使孢子和细菌散入水内，然后随着气流或飞溅的雨滴进行传播。此外，雨水还可以把病株上部的病原物冲洗到下部或土壤中，或者借雨滴的飞溅作用把土壤中的病菌传播到距地面较近的寄主组织上进行侵染。雨滴还可以促使飘浮在空气中的病原物沉落到植物上。因此，风雨交加的气候条件，更有利于病原物传播。土壤中的病原物还能随着灌溉水传播。防治雨水传播的病害主要是消除初侵染的病原物，灌溉水要避免流经发病田块等。

5.2.3.3 土壤传播

土壤是病原物越冬（越夏）的重要场所，也是病害传播的重要方式之一。很多危害寄主植物根部的寄生物能在土中存活很长时间，如鞭毛菌的休眠孢子类、卵菌的卵孢子、黑粉菌的冬孢子、菟丝子和列当的种子及线虫的胞囊或卵囊等。土壤中的病原物可以通过自身的生长和移动接触健康植物，从而产生侵染。例如，孢子的自动弹射、线虫在土壤和寄主中的蠕动、真菌菌丝或菌索在土壤或寄主上的生长蔓延等行为都可将病原物传播至健康植株，或通过带土块茎、苗木等的移动可进行病原物远距离传播，进而发生侵染。多数土壤中含有多种致病病菌，但由于浓度、数量不足，不一定会发病。在多年重茬、连作的大棚、温室中，病原菌越积累越多，因此发病严重。经土壤传播的植物病害往往与病原体在土壤中的存活时间、土壤理化性质和植株生长季节等因素有关，如小麦秆黑粉菌和小麦粒线虫因土壤温湿度不适宜，导致其不易在淮河以南地区的土壤中长期存活。因此，在防治过程中应重视和考虑土壤理化因素、土壤微生物、植物及病原物之间相互关系的制约作用。

5.2.3.4 生物介体传播

生物介体中昆虫是最主要的传播介体。有许多昆虫在植物上取食和活动，成为传播病原物的介体。昆虫中的蚜虫、飞虱和叶蝉是病毒最重要的传播介体。昆虫传播与病毒病害和植原体病害关系最为密切，一些细菌也可以由昆虫传播，但与菌物的关系较小。

植原体存在于植物韧皮部的筛管中，它的传播介体都是在筛管部位取食的昆虫。例如，玉米矮化病（corn stunt）是由多种在韧皮部取食的叶蝉传播的，禾草大麦黄矮病毒病和禾草条斑病毒病可以借助蚜虫传播。

线虫和螨类除了能够携带菌物的孢子和细菌细胞外，还能够传播病毒。例如，剑线虫（*Xiphinema paraelongatum*）能传播禾草雀麦花叶病毒病，螨类可传播禾草黑麦草花叶病毒病等。

鸟类和哺乳动物的活动也能造成病害的传播。鸟类可以传播寄生性种子植物的种子，家畜啃食也可以造成病害的传播。菟丝子在植物之间缠绕能够传播病毒，一些菌物也能传播病毒。

对于昆虫传播的病害，防治害虫实际上就是一种防治病害的有效措施。

5.2.3.5 人为传播

引种、施肥和修剪等草坪养护活动及人们在草坪上行走、娱乐等活动，可以造成病原物的传播。例如，草坪修剪中，机具和人很容易成为传播途径，将病菌或带有病毒的汁液传播到健康的植株上。使用带病的种子可以把病菌带入草坪，引种可能把病原物从一个地方传播到另一个地方。一个地区新病害的发生主要与这些途径有关。在草坪的管理和利用中，修剪可能造成大量的伤口传染，应引起重视并采取科学的修剪方法来减少传播和感染。

5.3 病害流行与预测

5.3.1 病害流行

5.3.1.1 概念

病害流行是指植物病害在较短时间内突然大面积严重发生，从而造成重大损失的过程，而在定量流行学中则把植物群体的病害数量在时间和空间中的增长都泛称为流行。某种草坪病害在一个地区、较短时间内普遍而严重发生的现象称为草坪病害流行。

5.3.1.2 病害流行的类型

根据病害流行特点的不同，病害流行的类型可分为单循环病害和多循环病害。

单循环病害多为种传或土传的全株性或系统性病害，在田间其自然传播距离较近，传播效能较小。在一个生长季节中，单循环病害在田间的病株率比较稳定，每年的流行程度主要取决于初始病原物数量和初侵染的发病程度，受环境条件的影响较小。此类病害在一个生长季中因无再侵染或再侵染作用很小，初侵染病原物数量少时不会引起病害的当年流行。但随着病原数量逐年积累，稳定增长，达到一定程度后，将可能导致较大的流行，因而也称积年流行病害。例如，禾草黑粉病、三叶草病毒病等都是积年流行病害。

多循环病害绝大多数是局部侵染的，病原物的增殖率高，寄主的感病时期长，病害的潜育期短。多循环病害在适宜环境条件下病原增长率很高，病害数量增幅大，有明显的由少到多、由点到面的发展过程，可以在一个生长季内完成病原物数量积累，造成病害的严重流行，因而又称单年流行病害。例如，草坪草锈病、霜霉病、白粉病、三叶草褐斑病等都属于单年流行病害。

单循环病害与多循环病害的流行特点不同，防治策略也不相同。防治单循环病害，铲除初始病原物很重要，除选用抗病品种外，草坪卫生、土壤消毒、种子消毒、拔除病株等措施都有良好防治效果。即使当年发病很少，也应采取措施抑制病原菌量，防止其逐年积累。防治多循环病害主要应种植抗病品种，采用药剂防治和合理的管护措施，降低病害的增长率。

另外，根据病害流行频率的差异，可划分为常发区、易发区和偶发区。常发区是病害流行的最适宜区，易发区是流行的次适宜区，而偶发区为不适宜区，仅个别年份有一定程度的流行。根据当年的流行程度和损失情况，病害流行的类型可分为大流行、中度流行、轻度流行和不流行。

5.3.1.3 病害流行的因素

草坪病害是草坪草和病原物在一定的环境条件下相互斗争的结果，因此，草坪病害的流行受到寄主植物群体、病原物群体、环境条件和人类活动等诸多因素的影响，这些因素的相互作用决定了流行的强度和广度。

(1) 寄主植物

大量感病寄主植物的存在是病害流行的基本前提。不同种和品种的草坪草对同一病害具有不同的感病性。当感病寄主种或品种在特定地区大面积单一化存在时，将有利于病害的传播和病原物增殖，导致病害大流行。在病害常发区大面积推广种植单一抗病品种，短期内对病害的防治效果好，但也因此增加了对病原物的选择压力，易使病原物群体中出现新的生理小种而使寄主种群抗病性丧失，造成病害流行。因此，对不同种或不同抗病品种进行合理布局是防止病害流行的重要手段。草坪建植时提倡多种草坪草混播可减轻病害的发生和流行。

(2) 病原物

具有强致病性的病原物，且病原物数量多是病害流行的必要条件。许多病原物群体内部有明显的致病性分化现象，具有强致病性的小种或菌株占据优势有利于病害大流行。在种植寄主植物的抗病品种时，病原物群体中具有匹配致病性(毒性)的类型将逐渐占据优势，使品种由抗病转为感病，导致病害重新流行。有些病原物种类能够大量繁殖和有效传播，短期内能积累巨大数量(如禾草锈菌)；有些则抗逆性强，越冬(越夏)存活率高，初侵染病原数量较多(如禾草黑粉菌)，这些都是重要的流行因子。对于生物介体传播的病害，有亲和性的传毒介体数量也是重要的流行因子。病原物除来自本地外，也可能从外地或国外传入。此外，病原物适于风力、雨水和昆虫传播，对环境有广泛的适应性等也是造成病害流行的条件。

(3) 环境条件

在满足病害流行的感病寄主和病原物条件下，适宜的环境条件常常成为病害流行的主导因素。强烈削弱寄主植物的抗病力，或有利于病原物积累和侵染活动的环境条件，都是诱使病害流行的重要因素。环境条件主要是指气象条件和土壤条件，其中以气象条件影响较大。有利于病害流行的条件应能持续足够长的时日，且出现在病原物繁殖和侵染的关键时期。

①气象条件：主要包括温度、水分(含湿度、雨量、雨日数、雾和露等)和日照等，既影响病原物繁殖、传播和侵入，又影响寄主植物抗病性。不同类群的病原物对气象条件要求不同。例如，霜霉菌的孢子在水滴中才能萌发，而水滴对白粉菌的分生孢子萌发不利。多雨的天气容易引起霜霉病流行，而对白粉病多有抑制作用。光照对一些病原菌的孢子和菌丝生长有较大的影响，如禾柄锈菌(*Puccinia graminis*)的夏孢子在没有光照条件下萌发较好。但禾本科植物的气孔在黑暗条件下是完全关闭的，夏孢子的芽管不易侵入，因此锈菌侵入时有一定光照是有利的。

另外，寄主植物在不适应的温度、湿度及光照条件下生长不良，抗病性下降，加重了病害的发生和流行。例如，高温、干旱条件可加重根腐病的发生。

②土壤条件：包括土壤结构、土壤酸碱度和土壤微生物等。这些因素对寄主植物根系和土壤中病原物的生长发育影响较大，影响根部病害流行，但往往只影响病害在局部地区

的流行。

(4) 人为因素

草坪属于都市园林景观生态系统，人类活动强烈的干预着该生态系统，从而直接或间接地影响草坪病害的发生和流行。草坪有害生物暴发、原有优势种群的改变和次要种群数量的交替上升等现象几乎都是人为所致。具有区域特点的草坪病害流行与人类的管护措施密切相关。

各种管护措施的运用都可以改变上述各项流行因子，进而影响病害流行。主要包括品种选用和组合、建植方式、水肥管理、修剪方式、化学防治、生物防治等，影响寄主群体的抗病性、病原物在草坪的数量和草坪的小气候，从而对草坪病害的流行产生影响。

养护管理措施在不同情况下对草坪病害发生和流行有不同的作用。若频繁和多量灌溉，草层经常结露、吐水，有利于病原菌孢子的萌发、侵入和生长发育。同时，在潮湿环境下寄主植物的保护结构较不发达(如组织纤弱、气孔数目多、开放时间长等)，为病原菌的侵染提供了便利条件；若土壤中氮、磷、钾和各种微量元素的含量过高、过低或比例失调，都会降低草坪草的抗病性；草坪利用及草坪卫生也会影响病害的发生和流行，如修剪过迟可能会使病原物产生大量繁殖体而使发病更趋严重。修剪后的病残体若不及时清理则导致下一生长季病害严重发生；建植方式(如混播或单播等)对病害的发生也有很大影响，如单播草坪比混播草坪病害严重。因此，病害防治管理中应注重栽培管理因素对病害的影响。

上述几方面的相互配合是病害流行必不可少的条件。但这并不意味着在任何情况下，各方面的因素都是同等重要的。实际上，对于任何一种植物病害来说，在一定地区和时间内发展成为流行状态都有一个起决定作用的因素。因为在自然情况下，一切条件常常是在不同程度上存在着的。某个最易变化或变化最大的因素必然对病害发生较大的影响而成为流行的主导因素。因此，分析和掌握引起病害流行的主导因素，在病害预测及防治上是非常重要的。

病害的流行受病原物、寄主、环境条件和人为因素的影响，而这些因素常随时间的推移而变化，因而病害流行在一年中有季节变化，在年份之间也有所不同。

5.3.2 病害预测

预测就是根据病害的发生发展规律、草坪草生长状况与特性、气象资料等进行综合分析，向有关部门和植保人员提供疫情报告，以科学地指导病害防治，使病害防治有目的、有计划和有重点地开展。

5.3.2.1 预测的内容

病害预测的内容取决于防治工作的需要，大致可以分3个方面。

(1) 发生期预测

预测病害可能发生的时期。多根据草坪所在地小气候因子预测病害集中发生的时期，以确定防治措施实施的事宜及时机等。

(2) 流行程度预测

流行程度预测又称扩展蔓延预测，预测病害扩展蔓延。预测结果可用具体的发病数量(发病率、严重度、病情指数等)做定量的表述，也可用级别做定性的表述。级别多分为大发生、中度偏重、中度、中度偏轻和轻度发生5级,具体分级标准因病害而异。

发病率是发病植株或植物器官(叶片、根、茎、果实、种子等)占调查植株总数或器官总数的百分率,或田间发病面积占总面积的百分率,用以表示发病的普遍程度。

严重度表示植株或器官的发病面积与总面积的比率,用分级法表示,即根据一定的标准,将发病的严重程度由轻到重划分出几个级别,分别用各级的代表值或发病面积百分率表示。

病情指数是全面考虑发病率与严重度两者的综合指标。若以叶片为单位,当严重度用分级代表值表示时,病情指数计算公式为:

$$病情指数 = \frac{\sum(各级病叶数 \times 各级代表值)}{调查总叶数 \times 最高一级代表值} \times 100$$

当严重度用百分率表示时,则用以下公式计算:

$$病情指数 = 普遍率 \times 严重度$$

由于影响病害流行的因素十分复杂,当前对于病害流行程度的预测远不及发生期预测所取得的进展,这方面有大量的工作有待进一步深入。

(3)损失预测

根据当时当地草坪布局、病原物的数量、气候条件,在对病害发生程度预测的基础上,可以对因病害造成的损失做出预测或估计,为选择合理的防治措施提供参考。

5.3.2.2 预测的时限

按照预测期限长短,可将病害预测分为短期预测、中期预测和长期预测。

(1)短期预测

预测10 d以内的病害发生消长情况。准确性较高,主要用于确定防治适期。

(2)中期预测

一般预测一个月至一个季度病害发生情况。侧重于趋势预测,主要用于确定防治决策和做好防治准备。

(3)长期预测

长期预测又称趋势预测,习惯上概指一个季度以上,有的是一年或多年。由于预测时间长,准确性较差。长期预测需要多年系统资料的积累,才有获得预测值接近实际值的最大可能性。

5.3.2.3 病害预测的依据和方法

(1)预测的依据

病害流行的预测因子应根据病害的流行规律,从寄主植物、病原物和环境因子中选取。一般来说,菌量、气象条件、草坪管护条件和寄主植物生育状况等是最重要的预测依据。

①根据菌量预测:单循环病害的侵染概率较为稳定,受环境条件影响较小,可以根据越冬菌量预测发病数量。对于禾本科草坪草黑粉病等种传病害,可以检查种子表面带有的厚垣孢子数量,预测翌年该病害的发病率。

多循环病害有时也利用菌量作为预测因子。例如,农业生产中水稻白叶枯病的预测,水稻白叶枯病病原细菌大量繁殖后,其噬菌体数量激增,可以测定水田中噬菌体数量,用于代表病原细菌菌量。研究表明,稻田病害严重程度与水中噬菌体数量呈高度正相关,可以利用噬菌体数量预测白叶枯病发病程度。

②根据气象条件预测：多循环病害的流行受气象条件影响很大，而初侵染菌源不是限制因子，对当年发病的影响较小，通常根据气象条件预测。有些单循环病害的流行程度也取决于初侵染期间的气象条件，可以利用气象因子预测。英国和荷兰利用"标蒙法"预测马铃薯晚疫病侵染时期，该法指出若相对湿度连续 48 h 高于 75%，气温不低于 16℃，则 14~21 d 后田间将出现晚疫病的中心病株。葡萄霜霉病菌，以气温 11~20℃，并有 6 h 以上叶面结露时间为预测侵染的条件。苹果和梨的锈病是单循环病害，每年只有一次侵染，菌源为果园附近桧柏上的冬孢子角。在北京地区，每年 4 月下旬至 5 月中旬若出现多于 15 mm 的降雨，且其后连续 2 d 相对湿度高于 40%，则 6 月将大量发病。

③根据菌量和气象条件进行预测：综合菌量和气象因子的流行学效应，作为预测的依据，已用于许多病害。有时还把寄主植物在流行前期的发病数量作为菌量因子，用于预测后期的流行程度。我国北方冬麦区小麦条锈病的春季流行通常根据秋苗发病程度、病菌越冬率和春季降水情况预测。我国南方小麦赤霉病流行程度主要根据越冬菌量和小麦扬花灌浆期气温、雨量和雨日数预测，在某些地区菌量的作用不重要，只根据气象条件预测。

④根据菌量、气象条件、栽培条件和寄主植物生育状况预测：有些病害的预测除应考虑菌量和气象因子外，还要考虑栽培条件、寄主植物的生育期和生育状况。例如，预测稻瘟病的流行，需注意氮肥施用期、施用量及其与有利气象条件的配合情况。在短期预测中，水稻叶片肥厚披垂，叶色浓绿，预示着稻瘟病可能流行。水稻纹枯病流行程度主要取决于栽植密度、氮肥用量和气象条件，可以做出流行程度因密度和施肥量而异的预测式。油菜开花期是菌核病的易感阶段，预测菌核病流行多以花期降水量、油菜生长势、油菜始花期和菌源数量(花朵带菌率)作为预测因子。

此外，对于昆虫介体传播的病害，介体昆虫数量和带毒率等也是重要的预测依据。

(2) 预测方法

病害的预测可以利用经验预测模型或者系统模拟模型。当前广泛利用的是经验式预测，这需要搜集有关病情和流行因子的多年多点的历史资料，经过综合分析或统计运算建立经验预测模型，用于预测。

综合分析预测法是一种经验推理方法，多用于中、长期预测。预测人员调查和收集有关品种、菌量、气象和栽培管理诸方面的资料，与历史资料进行比较，经过全面权衡和综合分析后，根据主要预测因子的状态和变化趋势，估计病害发生期和流行程度。例如，北方冬麦区小麦条锈病冬前预测(长期预测)可概括为：若感病品种种植面积大，秋苗发病多，冬季气温偏高，土壤墒情好(即作物耕层土壤中含水量多寡的情况)，或虽冬季气温不高，但积雪时间长，雪层厚，而气象预报翌年 3~4 月多雨，即可能大流行或中度流行。早春预测(中期预测)的经验推理为：如果病菌越冬率高，早春菌源量大，气温回升早，春季关键时期的雨水多，将发生大流行或中度流行。如果早春菌源量中等，春季关键时期雨水多，将发生中度流行甚至大流行。如果早春菌源量很小，除非气候环境条件特别有利，一般不会造成流行。但如果外来菌源量大，也可造成后期流行。菌源量的大小可由历年病田率及平均每亩(667 m^2)传病中心和单片病叶数目比较确定。

数理统计预测法是运用统计学方法，利用多年多点历史资料建立数学模型，用于预测病害的方法。当前主要用回归分析、判别分析和其他多变量统计方法选取预测因子，建立预测式。此外，一些简易概率统计方法(如多因子综合相关法、列联表法、相关点距图法、分档统计法等)也被用于加工分析历史资料和观测数据，进行预测。在诸多统计学方法中，多元回归分析用途最广。病害的产量损失也多用回归模型预测。通常以发病数量以及品种、环境因子等为预测因子(自变量)，以损失数量为预测量(因变量)，组建一元或多元回归预测式。

系统模拟预测模型是一种机理模型。建立模拟模型的第一步是把从文献、实验室和田间收集的有关信息进行逻辑汇总，形成概念模型。概念模型通过试验加以改进，并用数学语言表达即为数学模型。再用计算机语言译为计算机程序，经过检验和有效性、灵敏度测定后即可付诸使用。

目前，有关草坪病害的预测预报国内外开展的工作都较少，多以参考农作物等病害做出初步的预测预报，因此这方面有大量的工作有待进一步开展和深入。

小结

病原物的侵染过程就是病原物从寄主植物的可侵染部位侵入后，在寄主植物体内繁殖、扩展，发生致病作用，显示病害症状的过程。整个侵染过程具有连续性，一般分为接触期、侵入期、潜育期和发病期，各个时期没有绝对的界限。

接触期是指病原物侵入寄主植物前接触寄主植物可侵染部位，或寄主的根围、叶围后，向侵入部位生长或运动，形成侵入结构的一段时间。在此期间，温度和湿度对病原物的影响最大。

侵入期是指病原物从侵入寄主到建立寄生关系的这段时间。按病原物侵入方式的不同，分为主动和被动侵入两种。病原物完成侵染所需最低接种体数量称为侵染剂量，其因病原物种类、活性以及寄主品种抗病性和侵染部位而有所不同。病原物的侵入途径分为直接穿透侵入、自然孔口侵入和伤口侵入3种。环境条件中，温度和湿度对病原物侵入的影响最大。

潜育期是指病原物从与寄主建立寄生关系到开始表现明显症状的时期。这一时期病原物在寄主体内繁殖和蔓延，与寄主植物相互作用。病原物能否与寄主建立供需营养关系最为重要，根据病原物从寄主获取营养物质的方式，可分为死体营养和活体营养两种。而与寄主建立了寄生关系的病原物能否进一步发展引起病害，又受到寄主植物抵抗力及环境因素等多种条件的影响。

发病期是指从出现症状直到寄主生长期结束，甚至植物死亡为止的一段时期。在湿度较高的条件下，菌物性病害此时往往在受害部位产生孢子等子实体。

病害循环是指病害从前一生长季节开始发病，到下一生长季节再度发病的过程。因此，病原物还要以一定的方式越冬(越夏)，度过宿主的休眠期。

研究病害循环是病害防治中的一个重要环节，因为植物病害的防治措施主要是根据病害循环的特点制定的。植物病害的侵染循环主要牵涉3个问题：①初次侵染和再次侵染；②病原物的越冬(越夏)；③病原物的传播途径。

越冬(越夏)的病原物，在新一代植物开始生长以后引起最初的侵染称为初次侵染。受到初次侵染的植物发病以后，又可以产生孢子或其他繁殖体，传播后引起再次侵染。

病原物的越冬(越夏)，实际上就是在寄主植物收获或休眠以后病原物的存活方式和存活场所。主要有：田间病株；种子、苗木和其他繁殖材料；土壤；病株残体；粪肥等。病原物的越冬(越夏)，与某一特定地区的寄主生长的季节性有关。

病原物的传播主要有风、雨水、昆虫和其他动物等自然因素和种子或种苗的调运、农事操作及农业机械等人为因素。不同病原物传播的方式和方法不同。菌物主要是以孢子随着气流和雨水传播；细菌多半是由雨水、流水和昆虫传播；病毒则主要靠生物介体传播。寄生性种子植物的种子可以由鸟类传播，也可随气流传播，少数可主动弹射传播。线虫的卵、卵囊和胞囊等一般都在土壤中或在土壤中的植物根系内、外，主要由土壤、灌溉水以及流水传播。

草坪病害流行主要由病原物、寄生植物、环境条件和人类干预4个部分的影响因素决定。这些因素相互作用，决定流行的强度和广度。其中，起主要作用的称为流行的主导因素。正确地确定病害流行的主导因素，对于流行学分析、病害预测和防治都有重要意义。

依据病害的流行规律利用经验的或系统模拟的方法估计一定时限之后的病害流行状况，称为病害的预测，由权威机构发布预测的结果称为预报。按照预测的内容和预报量的不同可分为病害发生期预测、流行程度预测和作物损失预测等。按照预测的时限可分为超长期预测、长期预测、中期预测和短期预测。预测因子由寄主、病原物和环境诸因素中选取。菌量、气象条件、栽培条件、寄主植物抗病性与生育状况等是最重要的预测依据。病害的预测可以利用经验预测模型或系统模拟模型。

草坪病害的损失预测是通过调查或试验，以病害发生程度和其他有关因子预测作物可能造成的损失。当前常用的损失模型多数是利用单株法或群体法组建的回归模型。损失试验中最关键的问题是，制造不同试验小区之间发病程度的差别，同时要有未发病的小区作为对照。

思考题

1. 解释下列名词和术语：病原物的侵染过程、接触期、侵入期、潜育期、发病期、病害循环、病原物的初次侵染和再次侵染、土壤寄居菌、土壤习居菌。
2. 病原物在接触期有哪些活动？环境条件对病原物的这些活动有何影响？
3. 病原物侵入寄主有哪些途径和方式？请描述菌物直接侵入表皮的过程。
4. 影响病原物侵入的环境因素有哪些？
5. 谈谈草坪病原细菌的主要越冬(越夏)场所(初次侵染来源)。
6. 举例比较多循环病害和单循环病害的流行学特点。
7. 以禾本科草坪草锈病为例，说明多循环病害流行的时间动态。
8. 病害预测有哪几种类型？
9. 植物病害预测的种类和依据是什么？

第 6 章
草坪病害防治原理与方法

草坪草在生长发育过程中受到各种病原物的侵染或不良环境的影响而发生病变，影响其正常生长，造成草坪景观效果的破坏、经济损失和生态功能的减弱。为确保草坪草的正常生长，必须对草坪病害进行有效地控制，从而取得最佳的经济、社会和生态效益。草坪草、病原物和环境是草坪病害发生和发展的三大基本要素。在草坪生态系统中，人是最具有能动性的因素，对草坪病害的发生和发展有着重要的影响。因此，草坪病害的管理是一个复杂的过程，其防治必须遵循"预防为主，综合防治"方针。

6.1 草坪病害综合防治概述

6.1.1 草坪病害综合防治的概念

草坪病害综合防治是以草坪草为中心，通过人为干预改变草坪草、病原物与环境之间的相互关系，充分发挥自然控制因素的作用，因地制宜，协调应用必要的措施，把病原物的数量控制在经济允许水平以下，同时不对人类健康和环境造成危害。没有任何一种防治措施是万能的，各种防治措施都各有长处，也各有局限性。因此，草坪病害综合治理要求各种措施取长补短，协调运用，尤其是自然控制因素的运用。所有人为防治措施应与自然控制因素相协调，同时必须遵循以下原则：一是促进草坪植物健壮生长，提高其对病原物的抵抗能力，即抗逆性；二是消灭病原物或减少病原物的数量，减弱其致病能力；三是创造有利于草坪植物生长发育，而不利于病原物繁殖、生存的环境条件，以达到预防和控制病害的目的，从而将草坪病害造成的不利影响减小到最低程度。

近年来，国际上在植物保护方面提出"有害生物综合治理"（integrated pest management，IPM）或"有害生物综合防治"（integrated pest control，IPC），是把有害生物防治看作是建立最优农业生态系统的一个组成部分。防治有害生物不要求着重于彻底消灭有害生物，而只要求对有害生物的数量予以控制、调节，允许一定数量的有害生物存在，但达不到造成危害的水平。"有害生物综合治理"的实质和我国 1975 年全国植保工作会议上提出的"预防为主，综合防治"的植物保护工作方针是一致的。"预防为主，综合防治"是指导我国植保工作的总方针，也是目前草坪有害生物防治的基本指导思想，草坪有害生物的防治必须遵循这一原则。在防治技术上，草坪病害不仅强调各种防治方法的配合与协调，还强调以自然控制为主；在防治效益上，不能单看防治效果，须同时注重生态平衡、经济效益和社会安全。因此，"有害生物综合治理"不仅是几项防治措施的综合运用，还要考虑经济方面的成本核算和安全方面的环境污染等问题。在防治的范围上，草坪业生产不仅要防病，也要防害虫及其他危险性动、植物，这样就把管理的目标扩大，对草坪进行全面的保护。

6.1.2 草坪病害防治的策略

病害防治策略是指人类防治病害的指导思想和基本对策。不同历史时期，由于科技发展水平及人们对自然的认识和控制能力等不同，人类对病害采取的防治策略也不同。例如，古代农业以"修德减灾"为病害的主导防治策略；近代农业以"化学防治为主，彻底消灭病原物"为主导对策；现代农业以有害生物"预防为主，综合防治"为主导策略。

草坪病害的防治策略是从草坪养护管理的全局和城市园林生态系统的总体出发，因时、因地采取合理有效地防治措施预防和控制草坪病害的发生、发展，控制病害造成的损失，同时不影响草坪功能和景观价值，并力求防治费用小，经济、社会效益大。同时，要把防治过程中可能产生的有害副作用减小到最低限度，尽可能降低防治措施对草坪周边人居环境的影响。因此，根据不同的病害，或同一病害在不同区域的流行特点及当地的环境条件，提出相应的防治对策(图6-1)。

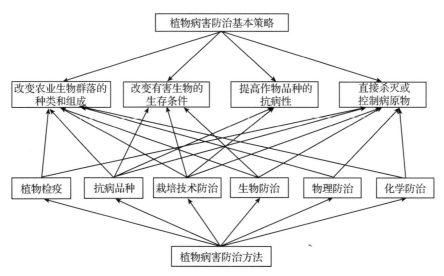

图6-1 植物病害综合防治的策略(宗兆峰，2002)

6.1.3 草坪病害的防治原理

草坪病害发生和流行是草坪草与病原物在一定环境因子作用下相互斗争导致的结果，其防治与普通植物病害防治措施类似，按照其作用原理，通常区分为回避(avoidance)、杜绝(exclusion)、铲除(eradication)、保护(protection)、抵抗(resistance)和治疗(therapy)6个方面。每种防治原理下又发展出许多防治方法和技术，分属于植物检疫、栽培技术防治、抗病性利用、生物防治、物理防治和化学防治等不同领域。从流行学角度看，各种病害防治途径和方法均通过减少初侵染源数量、降低流行速度，或同时控制两个环节来防止病害的发生与流行，尽量减少损失(表6-1)。

由于草坪病害的种类很多，发生和发展的规律不同，防治方法也因病害性质不同而异。有些病害只要用一种防治方法就可得到控制，如用无病种子或种子消毒来控制种子传播病害。但大多数病害都要有几种措施相配合，才能获得较好的效果。过分依赖单一防治措施可能无明显效果或导致灾难性的后果，如长期使用单一的内吸性杀菌剂，病原物也容

表 6-1 植物病害防治途径及其流行学效应

防治原理	防治措施	主要流行学效应
回避 (植物不与病原物接触)	①选择不接触或少接触病原体的地区、田块和时期	减少病原菌数量，降低病害流行速度
	②选用无病繁殖材料	减少初始病原菌数量
	③采用防病技术	减少病原菌数量，降低病害流行速度
杜绝 (防止病原物传入未发生地区)	①植物检疫	减少初始病原菌数量
	②实行种子健康检验证书制度	减少初始病原菌数量
	③种子的除害处理	减少初始病原菌数量
	④排除传病昆虫介体	减少病原菌数量，降低病害流行速度
铲除 (消灭已发生的病原体)	①土壤消毒	减少初始病原菌数量
	②轮作，降低土壤内病原体数量	减少初始病原菌数量
	③拔除病株，铲除转主寄主	减少病原菌数量，降低病害流行速度
	④田园卫生措施	减少病原菌数量，降低病害流行速度
	⑤繁殖材料药剂处理	减少病原菌数量，降低病害流行速度
保护 (保护植物免受病原物侵染)	①保护性药剂防治	减少病原菌数量，降低病害流行速度
	②防治传病介体	减少病原菌数量，降低病害流行速度
	③采用农业生态防治，改良环境条件	降低病害流行速度
	④利用交互保护作用和诱发抗病性	降低病害流行速度
	⑤生物防治	降低病害流行速度
抵抗 (利用植物抗病性)	①选育和利用具有小种专化抗病性的品种	减少病害初始菌量
	②选育和利用具有小种非专化抗病性的品种	降低病害流行速度
	③利用化学免疫和栽培(生理)免疫	降低病害流行速度
治疗 (治疗患病植物)	①化学治疗	降低病害流行速度
	②热力治疗	减少病害初始菌量
	③外科手术(切除罹病部分)	减少病原菌数量，降低病害流行速度

注：改编自许志刚等，2021。

易产生抗药性，进而导致防治失败。大面积使用单一抗病品种，可能因毒性小种在病菌群体中积累成为优势小种，造成品种抗病性"丧失"，病害将再次流行。

草坪病害综合治理在强调经济效益的同时，更应重视生态效益和社会效益。因此，草坪病害综合防治还应包含以下观点。

(1) 生态学观点

草坪病害综合防治是以生态学原理为依据，对病原物进行科学管理的体系，属于草坪最优化生产管理体系中的一个子系统。综合防治从草坪生态系统的整体出发，把病害生物防治作为建立最优化草坪生态系统的一个组成部分，研究其与系统内其他生态因素间的相互关系以及对病原物种群动态的综合影响。加强或创造对有害生物的不利因素，避免或减少对有害生物的有利因素，维护生态平衡，并使生态平衡向有利于人类的方向发展。

(2)经济学观点

草坪病害综合防治属于一项经济管理活动,其目的不是消灭病原物,而是将病原物的危害控制在经济允许水平之下。既强调防治成本与防治效益之间的关系,采取的综合防治措施也要从经济效益考虑加以确定。

(3)社会学观点

草坪生态系统与社会有广泛和密切的联系。系统的输入和输出对其结构和功能会产生影响效应,而诸多效应中无论是当前的或是长远的均有社会效应,环境保护的观点不仅具有生态和经济特性,还具有鲜明的社会特性。综合防治措施的制定和实施,综合防治技术管理体系的建立和完善,既受社会因素的制约同时又会对社会产生反馈效应。

"预防为主,综合防治"是草坪病害防治的基本方针。鉴于草坪草的特点和应用特征,病害的治疗在草坪病害防治中占有一定的地位,这是草坪病害防治的特点之一。但是,病害给草坪带来的损失是无法挽回的,轻则使得草坪景观下降,影响草坪使用和正常功能的发挥,重则造成大面积草坪枯死,甚至不得不重新建植。因此,草坪病害防治应强调预防为主,采取多种措施进行综合治理。草坪病害的防治方法包括栽培技术防治、选育和利用抗病品种、化学防治、生物防治、物理防治和植物检疫等。

6.2 栽培技术防治

草坪是人工建植和管理的绿地,科学的建植和管理措施对草坪病害的发生与发展起着关键作用。采用栽培技术防治(也称生态防治)草坪病害是广泛应用且行之有效的措施。科学的草坪建植和管理措施不仅能够减少病原物的侵染来源,改善环境条件使之有利于草坪草的生长,增强草坪草的抗病性,而且能创造不利于病原物生存的条件,从而达到预防病害的目的。虽然化学杀菌剂对于病害防治效果显著,但如果忽视了草坪栽培管理技术,杀菌剂防治也很难获得良好的效果。因此,采用科学合理的草坪栽培技术是草坪病害防治的关键。

6.2.1 合理建植草坪

种子直播法建坪是最常见的草坪建植方法。除此以外,还可以用直铺草皮、栽植草块、撒播匍匐茎等方式建坪。无论采用何种方式建植草坪,都要严格遵守操作规范,科学合理地完成草坪建植工作,为草坪病害防治奠定坚实的基础。

6.2.1.1 土壤消毒

土壤、田间病株、病株残体和未腐熟的有机肥,是绝大多数病原物越冬(越夏)的主要场所,也是草坪病害病原菌的主要初侵染源。因此,草坪建植前应结合坪床整备工作对土壤进行消毒处理,杀死和抑制土壤中的病原物,预防土传病原物引起的苗期病害和根部病害。

土壤消毒常用药剂是福尔马林、硫酸亚铁等。将福尔马林兑水稀释40~50倍,喷施于土面,用量为2.5~3.0 L/100 m^2;或用1%~3%硫酸亚铁溶液喷施于坪床土面,用量为2.0~3.0 L/100 m^2。药液渗入土壤后,用湿草帘或塑料薄膜覆盖,使药剂充分发挥作用。2~3 d后除去覆盖物,并翻耕土壤,促使药液挥发,再经10~14 d无气味后,即可进行播种和栽植。

6.2.1.2 药剂拌种

药剂拌种是对种子进行处理，消灭种子表面和内部的病原物，保护种子不受土壤中病原物的侵染。带药的种子播下后还可对周围的土壤进行杀菌并起到防护作用，对于种传病害尤其有效，是防治草坪草苗期病害最有效的方法之一。

拌种常用的药剂有代森锰锌、杀毒矾、多菌灵等。通常用药量为种子质量的 0.2%~0.3%，要注意拌药的均匀度，防止发生药害。操作人员也要注意采取防护措施。

通过铺植草皮、移栽、播撒匍匐茎段等方式建植草坪时，应确保繁殖材料健康无病，如必要，可以在建植前对营养繁殖材料施用保护性杀菌剂来预防病害。

6.2.1.3 加强坪床排水

在目前无法控制降水量和降水时间的情况下，草坪建植前做好坪床土壤排水工作尤其重要。如果坪床土壤黏重，土壤水分长期饱和或造成积水，会严重削弱草坪草根系功能，造成根系窒息，生长不良，抗病性下降。土壤水分还影响土壤微生物的活动。如果草坪中出现较长时间的积水，会使土壤中能耐受较低氧气浓度的病原物更加活跃，如腐霉菌、镰孢菌等，容易造成根部病害的发生和流行。因此，草坪建植时要对坪床进行精细整平，消除低洼积水区域，坪床表面要设有一定的排水坡度，使雨水能自然流出草坪区域。在雨水较多或雨量集中的地区，要设置地下排水系统，避免因坪床长期积水造成病害的流行。

6.2.1.4 采用草种混播

草坪草种或品种混播建植草坪，草坪群体的遗传背景更为复杂，各草种或品种的多种适应性和抗逆性互补互作，增加了草坪生态系统的遗传多样性，增强了草坪的总体适应性和综合抗逆性，在一定程度上可避免能毁灭大面积草坪的病害流行。因此，采用草种或品种混播建植草坪是降低草坪病害风险的有效措施。需要注意的是，采用草坪草种或品种混播建植草坪时，应在充分掌握各草种或品种的特征特性，尤其是抗病性的基础上，对草种或品种进行合理搭配。据报道，草地早熟禾的多个品种混播建坪时，草坪秆锈病的发病率等于各品种单播时的平均抗病水平，但如有易感秆锈病的品种混播其中，则会降低草坪群体的秆锈病抗病水平。

6.2.1.5 调节播种期

许多病害因温度、湿度、光照及其他环境条件的影响而有一定的发病期，并在某一时期最为严重，如夏季斑枯病、腐霉枯萎病等，主要在高温高湿的夏季发生；白粉病多在春季发生；锈病则在较为凉爽的秋季发病更为严重；春季坏死斑病、雪霉病则主要在冬末春初发病严重。在草坪建植时，如果条件许可，能够根据草坪草种的抗病性特点提早或延后播种，可以避开发病期，达到减轻危害的目的。例如，以冷季型草坪草建植草坪时，在夏末秋初播种，能有效避免夏季高温高湿条件下易发生的夏季斑枯病、腐霉枯萎病、丝核菌褐斑病等病害。

6.2.1.6 控制播种量

采用种子直播法建植草坪时，播种量要适当，不能为使草坪尽快成坪而过度加大播种量。一般来说，草坪草种子的播种量取决于种子粒径大小、种子质量、立地条件和混播组合。正常情况下，常见草坪草种单播时推荐播种量为：草地早熟禾 8~10 g/m^2，多年生黑麦草和高羊茅 25~35 g/m^2，匍匐剪股颖 4~6 g/m^2，日本结缕草 10~15 g/m^2，普通狗牙根

5~8 g/m²。如果建坪地条件较恶劣(如土壤状况较差、水分供应不充足等),可适当加大播种量。然而播种量不是越大越好,播种量越多,形成的草坪密度越大,植株生长更细弱,草坪的通风透光性能也差,草坪更容易发生病害。

6.2.2 科学管理草坪

合理建植是草坪病害防治的基础,科学管理则是草坪病害防治的关键。草坪病害可以引起局部甚至全部草坪退化,严重降低草坪质量,影响草坪功能,因此病害防治是草坪管理的核心和重点。在进行草坪管理作业时,要密切注意各项作业措施在病害发生和发展中所起的作用。

6.2.2.1 适度修剪

修剪是提高草坪观赏性能和使用功能的有效手段,也是维持草坪质量和景观必不可少的措施。草坪草是能够耐受定期修剪的草本植物,但是,修剪对草坪也是一种胁迫,修剪不当会降低草坪草抗逆性,草坪更易生病。草坪修剪要遵循"三分之一原则",即每次剪草时,剪掉的叶量不能超过植株地上枝叶生长量的1/3,避免因修剪过量使植物光合作用急剧下降,影响营养物质的合成和贮存,进而导致大量根系死亡,促使草坪严重衰退。按"三分之一原则"的要求,当草坪草高度达到额定修剪高度的1.5倍时,即应进行修剪。

修剪时间对某些草坪病害的发生有一定影响。当草坪叶片上存在菌丝体时,如夏季清晨湿度大时,感染褐斑病、腐霉枯萎病的草坪上常能看到大量的菌丝体,为避免菌丝体通过修剪而扩散,应在草坪草叶片完全干燥后再修剪。与此相反,清晨修剪匍匐剪股颖草坪则能减轻币斑病的严重程度,即使此时草坪上有币斑病的菌丝体。

剪草机刀片要保持锋利,用钝刀片修剪会撕裂草坪草叶片,切口呈锯齿状,愈合慢,而多种病原物能在叶片切口处定植,形成病根,再向叶片基部扩展。因此,不整齐的切口加大了病原物侵染草坪草的风险。剪草机刀片也能传播病原菌孢子和菌丝体,如腐霉枯萎病多呈条带状分布,与剪草机运行方向一致。因此,在发生病害的草坪上进行修剪后,要对剪草机刀片进行表面消毒处理,可以用70%乙醇擦拭,避免病原菌交叉感染,人为造成病害的传播。在发病严重的草坪上修剪后,最好对剪草机进行整体消毒处理。

草坪修剪高度要根据草坪用途、草坪草生物特性、环境条件和病害发生情况合理确定。在草坪发生严重病害后重新恢复时、夏季高温对冷季型草坪草造成严重胁迫时、荫蔽条件下生长的草坪草因光照不足植株细弱时,修剪高度均应适度提高,为草坪草恢复生长创造有利条件。修剪频率宜根据草坪草生长速度和"三分之一原则"确定,频繁修剪草坪会增加病原菌感染草坪的风险。但有些病害(如锈病、红丝病、叶斑病等),从病原菌侵染到孢子形成一般需要10~14 d,因此建议每周至少修剪一次草坪,在这些病害完成一次侵染循环前将感病的叶片剪掉并移出草坪,可防止病害的严重发生。

6.2.2.2 平衡施肥

草坪的形成和草坪草的生长需要在恰当的时节获得足够的肥料供给。为维持草坪的良好外观和坪用特性,生长季内需对草坪进行多次修剪,造成草坪养分的流失。而施肥是维持草坪养分供应必不可少的措施,也是草坪基本养护作业之一。通过合理施肥,草坪草能够获得平衡的营养,生长健壮,抗病性强,受到病虫危害后恢复快。

草坪草生长发育需要16种必需营养元素,碳、氢、氧来源于空气和水,其他13种元素由草坪草根系从土壤中吸收。其中，氮、磷、钾是草坪草生长的重要矿质养分，需求量比其他10种元素要多，特别是氮元素，可以促进草坪草快速生长并表现出健康的色泽，但氮元素在土壤中最易损失。草坪施肥时，氮的施用量最大，制定草坪施肥方案时也多以氮的用量为基础，但氮肥施用不要过量，同时要注意磷肥和钾肥的施用，保持磷肥、钾肥和氮肥的平衡。

肥料的施用量对草坪病害产生重要影响。一般来说，绿地草坪每年氮肥施用量 10~20 g/m² 即可满足草坪营养需求，磷肥和钾肥分别为氮肥的 1/4 和 1/2 左右。草坪管理人员在制定草坪施肥方案时，要充分考虑草坪草生长状况、土壤基质性质和各营养元素之间的平衡，如果营养元素失衡则会对草坪草造成胁迫，增加其感染病害的风险。如果过量施用氮肥，造成氮肥与磷肥、钾肥的失衡，会增加草坪感染褐斑病、腐霉枯萎病、雪腐病、灰叶斑病等病害的风险；相反，如果氮肥不足，则可能使草坪感染币斑病、炭疽病、锈病、夏季斑枯病、红丝病、全蚀病、叶黑粉病等病害或加重这些病害的流行。如果因缺乏磷、钾、钙、镁、锰等元素导致草坪草生长不良时，会加重某些病害的发生和流行。

肥料的施用时间也会影响某些病害的发生和流行。春季和初夏是多数叶斑病、叶枯病的病情增长期，如果草坪草叶片中可溶性氮含量增多，则发病会趋向严重。因此，在这一时间，应减少氮肥的施用，即轻施春肥。夏季高温条件下，冷季型草坪草在高温胁迫下生长势弱，尤其根系分布较浅，如果此时施用较多的氮肥，则会进一步导致根系生长不良，也会加重腐霉枯萎病、褐斑病等病害。因此，冷季型草坪夏季尽量避免施用氮肥，如草坪草表现缺肥症状，可以通过叶面施肥，为草坪草补充磷肥、钾肥和少量氮肥，即巧施夏肥。秋季随着气温下降，一些在夏季生长不良、感染病害的冷季型草坪草也开始恢复生长，此时应施用较多的肥料，尤其是氮肥，以增强草坪草恢复力和生长势，即重施秋肥。这样做有利于防治锈病、币斑病等病害。在秋末冬初，冷季型草坪草还应进行一次施肥，这对促进草坪草根系生长、培养健壮草坪、延长绿色期和促进翌年提前返青有重要作用。

在肥料种类方面，要重视缓释氮肥的施用。缓释氮肥既可为草坪草提供需要的养分，又能避免使草坪草生长过快。充分腐熟的粪肥及有机肥等能有效控制一些叶部病害，如币斑病、红丝病等。为使夏季受到高温胁迫或感染病害的草坪尽快恢复生长，秋季可以适量施用水溶性的速效氮肥，如尿素。此外，经常施用水溶性氮肥（如硫酸铵等），可以降低土壤 pH 值，使土壤呈现弱酸性，从而减轻某些根部病害（如全蚀病、春季死斑病、夏季斑枯病等）的严重程度。

6.2.2.3 合理灌溉

草坪草的正常生长离不开供应充足的水分。合理灌溉可促进草坪草生长发育良好，提高抗病能力。如果浇水过少，土壤干旱，草坪草的生长受到限制，草坪更易受到机械损伤和高温伤害，也会增加病害发生的风险；如果浇水过多，草坪草柔嫩多汁，枝叶徒长，降低抗病性。因此，合理灌溉，控制草坪冠层和土壤中的水分对草坪草的健康生长、提高抗病性具有重要作用。

从预防草坪病害、提高水分利用率的角度来说，生长季草坪灌溉的最佳时间是清晨。清晨水分蒸发损失小，而且可以通过浇水去掉或稀释夜间草坪草"吐水"在叶片上形成的小水珠。植物通过"吐水"排出夜晚根部吸收的多余水分，维持植物叶片与体内的水分平衡，但"吐水"中除了含有水，还含有维管组织运输的其他物质，如矿物质、糖、蛋白质等，这些物质是病原物的食物来源。清晨通过喷灌稀释叶片上富含营养的"吐水",加速叶片干燥,可以降低病原物侵染的风险。傍晚至夜间灌溉,水的利用效率高,但会使草坪草茎叶、枯草层和土壤整夜保持湿润状态,导致病原物生命活动旺盛,更易萌发、生长和侵染草坪草。此外,傍晚和夜间灌溉也会使草坪草形成更多的"吐水",有利于病害的发生发展。

在夏季炎热的中午,对草坪进行短时间的叶面喷水(syringing),可以改善草坪的微环境,补充草坪草体内水分的亏缺,防止萎蔫,也可以降低植物组织的温度,有利于草坪草度过高温胁迫。特别是当草坪草遭受病虫害时(如夏季斑枯病、蛴螬等的危害),均会破坏草坪草根系,降低植物吸水能力,造成地上部分萎蔫枯死。而叶面喷水有利于受损的草坪草根系吸收水分,维持草坪草的水分需求,有助于草坪草发育新根,恢复正常生长。

6.2.2.4 控制枯草层

枯草层(thatch)是由部分分解和未分解的草坪草组织积累在草坪土壤表面而形成的一层近土壤层,位于土壤和草坪绿色组织之间,主要由草坪草死去的有机残体,存活的根、茎、茎基等含木质素较多,不易分解的器官组成。

枯草层是在任何成熟的草坪中都会存在的一个有机质层,草坪草在生长过程中,枯枝落叶和死去的根、茎等组织被土壤中的微生物分解成腐殖质,成为土壤的组成成分。如果草坪管理不当,如氮肥施用过多,草坪草地上部分生长过快,或土壤水分过多形成了低氧气环境,分解有机质的好氧性微生物减少,都会导致枯草层的分解速度落后于形成速度,出现过多枯草层积累的问题。

一般来说,厚度不超过1 cm的枯草层对草坪的生长和正常功能的发挥是有利的。适度的枯草层使草坪具有良好的缓冲性能,避免和减轻运动伤害,也为草坪生态系统中的多种生物提供良好的介质和生活空间。同时,枯草层也是减少农药、肥料等流入地下水的自然过滤层。

枯草层过厚则为草坪管理带来一系列问题。草坪草根系在枯草层中的生长受到限制,且难以从土壤中吸收养分,可能引起草坪缺素症;多数草坪草的茎基分布在枯草层中,过厚的枯草层使缺少土壤缓冲的极端温度对茎基造成极大伤害;相较于土壤,枯草层更容易干旱,过厚的枯草层会使草坪更易受到干旱胁迫,致使某些病害(如夏季斑枯病、币斑病等)更为严重;枯草层还会阻滞杀菌剂或杀虫剂、肥料和水分渗入土壤,使草坪根系难以吸收足够的水分和养分,杀菌剂或杀虫剂也难以发挥药效;枯草层还是多种病原物越冬(越夏)的场所,是草坪病害发生的菌源地之一。因此,防治枯草层过厚是预防草坪病害的重要措施。

控制枯草层常采取的措施是打孔通气和梳草。在草坪草生长旺盛、操作后最有利于恢复的季节进行打孔通气,不仅能提高草坪通气透水性能,促进根系生长,还能增强土壤中好氧微生物的活动,加快枯草层分解。也可以采用疏草、垂直刈剪等措施清除过厚的枯草层。

草坪管理中注意氮肥施用要适量,不要造成草坪草过度旺盛的生长;注意监测土壤酸碱度,枯草层在酸性土壤中易积累,如果土壤呈酸性,可以施用生石灰进行改良,进而减轻枯草层积累;草坪灌溉应按需浇水,最好多量少次,避免使草坪土壤长时间保持湿润状态,甚至出现排水不良;及时修剪草坪,修剪高度要适当;合理施用农药,尤其是不要大面积施用可能对蚯蚓及其他能够分解有机物的生物产生危害的杀虫剂，以免这些生物被杀死，降低枯草层分解速度。

6.2.2.5 其他养护措施

草坪上空的空气流动和光照强度，不仅影响草坪草的生长发育和抗逆性，对草坪病害的发生发展也有不可忽视的影响。例如，在光照条件较弱、空气流通不畅的地方，往往会发生白粉病；生长在树下遮阴地的草坪，要注意修剪草坪上方树木的枝条，保证草坪有足够的光照和空气流动。

在环境或生物胁迫期间，草坪修剪高度宜适当提高，但应及时修剪，防止草坪草叶片过长而倒伏，降低草坪的通风透光能力。草坪上的落叶、杨柳絮、堆置的草屑等要及时清理，避免对草坪造成遮阴，甚至使被遮蔽的草坪出现窒息、黄化或枯死。

在高尔夫球场或运动场等对草坪质量要求高、养护精细的草坪区域，草坪管理人员在病害高发期时，常在清晨用线绳、竹竿或水管等拖过草坪表面，以清除草坪叶片上的露珠和吐水，加速叶片干燥，减轻币斑病、褐斑病和腐霉枯萎病的严重程度。

高尔夫球场果岭草坪，在高温胁迫期间也常在清晨用轻压碌对草坪进行滚压，不仅可以在适当提高修剪高度的情况下，保持草坪坪面平整均一，提高球的滚动速度，还可以减轻币斑病、炭疽病的严重程度。

草坪养护中应经常检查草坪草生长情况，发现感病植株要及时拔除、深埋或烧毁，减少初侵染源，同时对病株残体和落地的病叶、枯叶等及时清除或烧掉。

草坪中的杂草要及时处理。杂草不仅与草坪草争夺水分和养分，影响草坪通风透光，使草坪草生长不良，还是一些病菌物繁殖的场所，有些杂草还会分泌有毒有害物质，抑制草坪草生长。

一些化学诱抗剂能够诱导草坪草产生抗病性。有研究表明，水杨酸处理能诱导草地早熟禾抗褐斑病、高羊茅抗弯孢霉叶斑病；丁二醇处理可诱导匍匐剪股颖抗镰孢菌枯萎病、丝核菌褐斑病；苯并噻二唑处理可诱导匍匐剪股颖某些品种对核盘菌引起的币斑病产生抗性等。这些研究结果为草坪病害的预防提供了新思路。

6.3 选育和利用抗病品种

通过遗传改良选育抗病品种防治草坪病害，是最有效、最持久的病害防治措施。这类措施除实行起来较为简便有效外，还明显具有节约生产成本（省去农药、器械及人力费用），避免由于使用农药（特别是用药过量或不当）而造成对空气、土壤和水源等环境污染，避免农药残留对人体健康的危害等优点。选育和推广利用抗病品种不仅可以防止草坪病害的流行，对保持草坪生态平衡也有重要意义。

6.3.1 草坪草抗病性的鉴定

植物抗病性的表现是在一定的环境条件影响下寄主植物的抗病性和病原物的致病性相互角力的结果。狭义的抗病性鉴定是评价寄主品种、品系或种质对特定病害抵抗或感染的程度和能力。广义的抗病性鉴定还应包括病原物的致病性评价。草坪草抗病性鉴定（evaluation of disease resistance）是草坪抗病品种选育和利用工作中最重要、最基本的环节，贯穿于整个抗病育种过程中。准确、可靠而又简便、快捷的鉴定方式和筛选方法能加速抗病育种进程，保证抗病育种成果的质量。

草坪草抗病性鉴定的主要任务是在病害自然流行或人工接种发病的条件下，鉴别草坪草的抗病类型和评定抗病程度。这项工作主要用于植物抗病种质资源筛选、杂交育种的后代选择和草坪草品种品系的比较评定。抗病性鉴定的方法有很多，按照鉴定的场所可分为田间鉴定和室内鉴定；按照植物材料的生育阶段或状态可分为成株期鉴定、苗期鉴定和离体鉴定；按评价抗病性的指标可分为直接鉴定和间接鉴定。通常系统评价某一品种抗病性，往往会用到多种鉴定方法。

6.3.1.1 田间鉴定

田间鉴定是在田间自然条件下特设的抗病性鉴定圃（即病圃）中进行的，是最基本也是最终的鉴定品种抗病性的方式。依初侵染菌源不同，病圃有天然病圃与人工病圃两种类型。天然病圃依靠自然菌源造成病害流行，应设在各种草坪病害的频发区，进行多年、多点的联合鉴定。人工病圃需接种病原物，造成人为的病害流行，因此多设在不受或少受自然菌源干扰的地区。田间鉴定能对育种材料或品种的抗病性进行全面和严格的考验，能反映最全面、最可靠的结果。但其缺点是需要占用大量土地，鉴定周期长，常受生长季节限制。此外，采用人工接种病原物法，特别容易给草坪生产应用造成污染。

6.3.1.2 室内鉴定

室内鉴定是在温室、植物生长箱和其他人工设施内鉴定植物抗病性。通常将病原菌孢子或病毒直接接种到温室单株或多株的叶片或根上，观察其发病情况和严重程度。该方法不受生长季节和自然条件的限制，省工省时，便于鉴定草坪植物对多种病原物或多个生理小种的抗性。其缺点是难以测出在群体水平表达的抗病性，而且鉴定结果不能完全代表品种在草坪生产中的实际表现。此外，植物感病或抗病的现象是寄主植物、病原物和环境条件三者共同作用的结果，因此鉴定过程中要注意人工接种后环境条件的控制。例如，在温室条件下，条锈病菌接种在草地早熟禾叶片上后，需对植物进行保湿或加湿处理以达到条锈病菌的发病条件。

6.3.1.3 离体鉴定

离体鉴定是用植物离体器官、组织或细胞作材料，接种病原物来鉴定其抗病性。因此，一般适用于鉴定能在植物器官、组织或细胞水平表达的抗病性。许多草坪植物的离体叶片或根茎，在适合的培养条件下可维持相当长时间的生活力，并保持其原有的抗病力。因此，离体鉴定在草坪草抗病性鉴定领域应用广泛，该方法具有操作简便、鉴定结果可靠等优点。

6.3.2 草坪草抗病育种的方法和策略

在实际生产中，同一种草坪植物有多种病害，为了保持草坪质量和降低养护成本，往往需要兼抗或多抗品种。有些病原菌又有不同的小种或生物型，为了避免品种抗性的丧失，还特别需要采用具有持久抗性的品种。因此，通过抗病品种的选育和遗传改良，增强草坪草品种对多种病害的抗性，已成为草坪草抗病育种的主要目标。选育的方法一般包括引种、选择育种、杂交育种、诱变育种、倍性育种和生物技术育种等。

6.3.2.1 引种

从当前生产需要出发，把外地或国外的草坪草优良品种和品系通过适应性试验在本地或本国推广种植的工作，称为引种。与其他育种方法相比，引种所需要的时间短，投入的人力、物力少，见效快，所以由国外或国内不同地区引入抗病草种，是一项见效快而又简便易行的防病措施。当引进抗病草种时，要有明确的引种目的，明确引入品种适应性的主要限制因子，事先了解抗病品种的遗传谱系、抗病性状、生态特点和原产地生产水平等基本情况，分析引入对象的适应范围，对比主要农业气候指标，从而评价引种的可行性。另外，抗病品种引入时应特别注意加强检疫，禁止引入国内没有发生或尚未传播的、具有潜在危害性的草种或品种。

6.3.2.2 选择育种

从现有种类、品种的自然变异群体中，选出符合目标的优良变异类型，经过比较、鉴定，培育出新品种的方法，称为选择育种或系统育种。选择育种是应用最广泛的育种途径，其方法简单，见效快，新品种能很快在生产中推广，是目前抗病育种最富有成效的方法之一。遗传变异是选择育种的物质基础。在感病品种群体中，因遗传分离、异交、突变以及其他原因会出现抗病单株、单穗、单个根茎以及由芽变产生的枝蔓等。常见的草坪草选择育种方法主要包括单株-混合选择法、混合-单株选择法、母系选择法、集团选择法等，如抗叶斑病的草地早熟禾'Merion'品种就是采用单株选择法从'Ardmore'中筛选出来的。

6.3.2.3 杂交育种

基因型不同的植物个体间配子的结合产生杂种，称为杂交，它是生物遗传变异的重要来源。杂交的遗传学基础是基因重组，通过杂交途径获得新品种，称为杂交育种。杂交育种是培育草坪草抗病品种的有效方法，此法常可获得抗病程度高、兼抗多种病害的新品种。根据草坪草繁殖习性、育种程序、育成品种类别的不同，可将杂交育种分为常规杂交育种、优势杂交育种和营养系杂交育种。

常规杂交育种也称有性杂交育种，指通过人工杂交，把分散于不同亲本上的优良性状组合到杂种中，对其后代进行多代培育选择，获得基因型纯合的新品种的育种途径。迄今所选育和推广的草坪草抗病品种绝大部分是由品种间或品种内的有性杂交所育成的。

有性杂交育种的杂交方式主要有以下两种。

①两亲杂交：参加杂交的亲本仅两个，主要有单交和回交。亲本间的主要性状要互补，通常亲本之一应为综合性状好的当地适应品种；另一亲本具有高度抗病性，称为抗性亲本。双亲抗性越强，越易获得抗性强而稳定的后代。

②多亲杂交：参加杂交的亲本在3个及以上，又称复合杂交。多亲杂交的优点是将分散于多数亲本上的优良性状综合于杂种中，扩大杂交后代的遗传基础，增加变异类型，可能育成抗几种病害或多个小种的品种。例如，草地早熟禾'赤霞珠'品种是由'RSP'品种与几个抗病种质资源进行杂交产生的种内杂种，它表现出与'RSP'相似的良好的耐热性，也具有叶斑病抗性。

此外，对于异花授粉和自交不亲和的草坪草，如高羊茅、多年生黑麦草、匍匐剪股颖等，有性杂交所得到的杂种会出现多种多样的类型，所以要对其杂交后代进行选择，至少经过3~5年的筛选培育才能获得具有抗病性状的植株。

6.3.2.4 诱变育种和倍性育种

根据植物自然突变规律，人为有目的地采用物理、化学因素诱发植物体产生遗传性变异,并经人工选择、鉴定,把优良突变体(系)培育成新的品种或类型,称为诱变育种。人工诱变育种容易获得由单基因或多基因控制的抗病性品种。常用诱变因素有 γ 射线、X 射线、太空辐射、秋水仙素、甲基磺酸乙酯(EMS)等。例如,草地早熟禾种子经太空飞行后返回地面种植,其后代中出现对锈病具有抗性的矮化植株。

从体细胞染色体数来看,草坪植物与作物和其他植物不太一样,其染色体数目变异很大。例如,狗牙根染色体基数为 9($x=9$),染色体数目既有 18 条($2n=2x=18$,二倍体),又有 36 条($2n=4x=36$,四倍体)。

倍性育种是指利用草坪草染色体倍性特点,通过各种途径获得抗病表现优良的倍性群体,并通过鉴定、选择,从中筛选出表现最优良的类型,以便最终培育成优良的新品种。其中,多倍体育种在草坪草抗病育种工作中具有较大的实践意义。例如,杂交狗牙根'Tifgreen'是二倍体的非洲狗牙根和四倍体的普通狗牙根杂交后的三倍体,其抗病性明显提高。

6.3.2.5 生物技术育种

生物技术(biotechnology)是指以生命科学为基础,利用生物体系和工程原理创造新品种的综合性科学技术。生物技术育种与诱变育种的目标一样,均试图将新的或修饰的抗病性引入现存的寄主基因型内,以获得抗性品种。由于生物技术育种在创造新的基因型方面有其独特的作用,已经成为传统育种技术的重要补充和发展,主要包括以下两类技术。

(1)体细胞杂交技术

这一技术是建立在植物组织、细胞培养和原生质体培养的基础上,将不同亲本的体细胞原生质体进行融合。通过这种方法可获得常规有性杂交得不到的无性远缘杂交植株,创造新的育种材料。

(2)基因工程育种技术

这一技术主要是应用遗传转化技术将抗病相关基因导入受体草坪草中,然后通过组织培养,培养出转基因植物。尽管基因工程技术可能会使育种过程简化和精确到某种程度,但是,所培育品种抗病的持久性仍不能预测。目前,在草坪草生物技术发展中,已利用基因工程技术获得了一系列抗病材料,如转 *AGLU1* 基因的高羊茅植株抵抗叶斑病和褐斑病的能力显著增强;将水稻几丁质酶基因在多花黑麦草中过表达显著增强了其抗冠锈病的能力;匍匐剪股颖过表达抗菌肽 *penaeidin4-1* 基因的植株抗病能力显著增强。所以,草坪草基因工程的成功给草坪植物抗病育种带来了希望。

6.3.3 抗病品种的合理利用

合理利用抗病品种的主要目的是充分发挥其抗病性的遗传潜能,防止品种退化,推迟抗病性丧失现象的发生,延长抗病品种的使用年限。所以,在选用抗病草种之前,必须对当地气候、土壤条件、草坪病虫害情况进行详细的考察和研究,选择适合当地生长、抗病性较强的品种。在利用草坪抗病品种时,要合理布局抗病品种,科学增加草坪各个层次的生物多样性,在草坪病害的不同流行区采用具有不同抗病基因的品种,在同一个流行区内也要搭配使用多个抗病品种。因此,合理利用草坪草的抗病品种主要包括两个方面:抗病草种或品种的选择利用及不同草种和品种的混合种植。

6.3.3.1 抗病草种、品种的选择利用

选用抗病草种和品种是综合防治技术体系的核心和基础,是防治草坪病害最经济有效

的方法。草坪草的不同草种和品种对不同病害的抗性存在着很大的差异。因此，建植草坪要在兼顾坪用性状的前提下注意选择抗病草种和品种。例如，在美国华盛顿地区，由于草地早熟禾对夏季斑枯病严重感病，很多高尔夫球场球道草坪用多年生黑麦草、匍匐剪股颖代替之前广泛应用的草地早熟禾。

6.3.3.2 不同草种或品种的合理混配种植

选择合适的草坪草种或品种进行混播，不仅可以延长草坪的绿期，提高观赏价值，还可以增加草坪的综合抗病能力。根据草坪的使用目的、环境条件及草坪养护水平选择两种及以上的草种或同一草种的不同品种混合播种，按照优缺互补的原则，用多元混播组合代替单一草种或品种，组成适合不同立地条件和不同管理档次的混播草坪，既可以增强草坪的抗病性和适应能力，又可以通过不同生长特点的草坪草搭配而延长草坪绿期，以保证不同季节的草坪景观效果。例如，草地早熟禾、紫羊茅、多年生黑麦草种子以 8:1:1 的比例混播，形成的草坪抗病性明显提高。

6.4 化学防治

化学防治是指利用化学药剂防治草坪病害。化学防治是草坪病害防治中最常用的方法，也是综合防治的重要措施，具有防治效果好、见效快、使用简便、受季节性限制较小、适宜于大面积使用等优点，在草坪病害防治中具有不可替代的作用。

6.4.1 化学药剂防治病害的作用原理

从根本上来说，化学药剂防治病害的作用原理主要有 3 种，即化学保护、化学治疗和化学免疫。

6.4.1.1 化学保护

化学保护是指在植物未发病之前使用化学药剂杀灭病菌或防止病菌侵入，以使植物得到保护。使用化学药剂杀灭病菌的途径一般有两种，即在接种体来源施药和在可能被侵染的植物表面施药。接种体来源主要是指病菌越冬的场所或中间寄主和土壤，还包括带菌的种子和繁殖材料。对接种体来源施药的目的在于消灭或减少可侵染田间生长植物的孢子或其他繁殖体，从而防止或减轻病害的发生。但对于许多植物病害来说，化学保护的最有效途径是对可能被侵染的植物体表面施药。由于病菌的繁殖速度快，再侵染的次数多，在未发病的植物体表面施药时就要求化学药剂具有较长的残效期，以减少喷药次数。

6.4.1.2 化学治疗

化学治疗是指在植物发病或感病后，向植物体施用化学药剂，使其对植物或病菌发生作用而改变病菌的致病过程，从而达到减轻或消除病害的目的。化学治疗主要有 3 种类型。

（1）表面化学治疗

许多病菌主要是附着在植物表面，如草坪白粉病，用化学药剂（如石硫合剂）可以将表面的病菌杀死而得到治疗。

（2）内部化学治疗

化学药剂进入植物组织后，有的可直接起防病作用，如对氨基苯磺酸钠；有的需要经过转化后才起作用。转化又有两种情况：一是化学药剂与寄主植物细胞中代谢物质起反应后转化为有毒或毒性更大的物质；二是化学药剂本身分子结构改变，虽然这种改变是在植物细胞质中进行，但细胞质中的组分并没有与药剂分子反应。

(3) 外部化学治疗

有些化学药剂能渗透到植物体内，但不能被植物内吸传导，仅治疗渗透部位的病害。

6.4.1.3 化学免疫

化学免疫是指通过化学物质或广义杀菌剂的施加使植物产生抗病性。化学免疫和化学治疗的作用虽然不同，但有时也很难分清，因为许多植物在化学治疗以后，往往也会增加其免疫力。但化学免疫和化学治疗并不完全相同，化学治疗往往是单纯的药剂作用，和植物本身的免疫力关系不大；而化学免疫是植物内部的作用，药剂的作用主要是增强植物的免疫力，促进植物的新陈代谢。

6.4.2 杀菌剂的分类

杀菌剂是指对植物病原微生物(包括真菌、细菌、类菌质体、螺旋质体、病毒、立克次氏体)具有灭杀或抑制作用的药剂。附录2介绍了常见草坪病害防治药剂。

按作用原理，杀菌剂可分为以下几类。

6.4.2.1 保护性杀菌剂

这类药剂不能或极少渗入植物体内，其主要作用方式是施药后在植物表面形成一层药膜，杀死或抑制植株表面的病菌。保护性杀菌剂只在病原物侵入前施用，施用时要求喷施均匀，覆盖性好。此类杀菌剂对气流传播病菌尤为有效，常见的有波尔多液、石硫合剂、百菌清等。

6.4.2.2 治疗性杀菌剂

治疗性杀菌剂是指在病原物侵入植物或植物发病后施用，渗入植物组织内部杀死或抑制植物体内的病原物，或改变病原物的致病过程来减轻或消除病害的药剂。这类药剂一般具有很强的渗透力或内吸传导性能。常见的药剂有多菌灵、萎锈灵、硫菌灵、托布津、烯唑醇等。

6.4.2.3 免疫性杀菌剂

免疫性杀菌剂是指被引入健康植物体内诱导植物抗病性的形成从而减轻病害或对病菌的侵染具有免疫作用的药剂。因其不能直接呈现杀菌活性，而是在使用后的较长时间予以抗病，故病原物不易产生抗药性。常见的药剂有草酸、苯并噻二唑、烯丙苯噻唑、噻瘟唑等。

6.4.2.4 铲除性杀菌剂

这类药剂对病菌有直接强烈的杀伤作用，但生长期植物对这类药剂不耐受，因此只能在播种前用于土壤的处理、植物休眠期或种苗的处理。常见的有福尔马林消毒带菌种子，戊唑醇铲除条锈病和白粉病。

6.4.3 化学药剂的使用方法

为充分发挥化学药剂的药效，提高防治效果并减少对环境的不利影响，施药时需根据病菌的发生特点、植物的种类、化学药剂的性质与剂型及气象条件等因素选择合适的使用方法。常见的施药方法有喷粉法、喷雾法、撒施法、种子处理法、土壤处理法等。

6.4.3.1 喷粉法

喷粉法是利用机械所产生的风力将低浓度或用细土稀释好的化学粉剂喷洒在防治对象表面的方法。操作时要求喷洒均匀，使寄主及有害生物的体表上覆盖一层极薄的药粉，以用手指轻摸叶片能看到有药粉沾在手指上为宜。喷粉应选择晴天无风的早晨，在露水未干时进行。此法操作方便，工作效率高，不需用水，不受水源的限制，对植物一般不易产生药害，但单位用药量大，药效期短，粉尘漂移污染严重，因而其使用受到限制。

6.4.3.2 喷雾法

喷雾法是利用喷雾机械使化学药剂形成微小的雾滴后均匀喷在植物和有害生物表面的方法。根据喷雾量的大小，可分为常量喷雾（喷雾量在 750 L/hm² 以上）、低容量喷雾（喷雾量在 150 L/hm² 以下）和超低容量喷雾（喷雾量仅为 5 L/hm² 左右）。草坪病害防治中可用常量喷雾和低容量喷雾，适用剂型有乳油、乳粉、胶悬剂、可溶性粉剂、可湿性粉剂和水剂等，要求喷施均匀，覆盖完全。喷雾法药剂分布均匀，液滴干后黏着性强，不易被雨水淋失，因而药效期较长。

6.4.3.3 撒施法

撒施法是抛施或撒施颗粒状化学药剂的一种施药方式。粒剂颗粒粗大，撒施时受气流的影响较小，容易落地而且基本上不发生漂移现象，适用于土壤处理、水田施药或心叶施药，以防治根部和茎基部病害。撒施法可采用多种方式，如徒手抛撒（低毒药剂）、人力操作的撒粒器抛撒、机动撒粒机抛撒、土壤施粒机施药等。除颗粒剂外，其他化学药剂需配成毒土或毒肥，并留意混拌质量，药剂和化肥混拌不宜堆放过久。草坪上用撒施法施药后需要喷水，以使药剂渗透到土壤中发挥药效。

6.4.3.4 种子处理法

种子处理法主要用于防治种传病害，并保护种苗免受土壤中病原物的侵染。种子处理有拌种法、浸种法、浸渍法、闷种和种衣剂包衣等方法，其中以拌种法应用较多。拌种法多使用粉剂和颗粒剂处理，拌种时用定量的药剂和定量的种子同时装入拌种器内，搅动拌匀，使每粒种子都能均匀地沾上一层药粉。这种处理方法可有效防治由种子表面带菌引起的病害，且用药量少。浸种法是将种子或种苗浸在一定浓度的药液里，经过一定的时间使种子或幼苗吸收药剂，以防止被处理种子内外和种苗上带菌。浸渍法是将需要处理的种子平铺在地面，将稀释好的药剂均匀喷施在种子上，并不断翻动，使种子全部湿润，堆闷 1~2 d，待药剂被种子吸收后再进行播种。闷种是利用挥发性药剂在封闭条件下处理种子，借助药剂挥发气体杀死种子表面病菌的方法，常见的挥发性药剂如福尔马林。种衣剂包衣是指用种子专用处理剂包裹种子。种衣剂一般含杀菌剂、杀虫剂和多种微量元素，因而可一剂多用，有防病、治虫和肥效三重作用。种衣剂一般为流动胶体，可牢固地在种子表面形成一层药膜，不易脱落，因而防病效果优于粉剂拌种和药剂浸种。

6.4.3.5 土壤处理法

土壤处理法是在播种前将药剂撒在土壤表面或植物上，随后翻耕入土，或用药剂在植株根部开沟撒施或浇灌，以杀死或抑制土壤中病菌的方法。用熏蒸剂进行土壤熏蒸是一种有效的土壤处理方法，不仅能防治土壤中的病菌，还能消灭害虫和杂草等有害生物，但成本较高，操作不便，难以推广。目前，土壤处理法常用于草皮生产基地、局部根际等土壤。

6.4.4 科学、合理、安全地使用化学药剂

科学、合理、安全地使用化学药剂是草坪建植管理中的关键技术之一。通过充分发挥化学药剂的药效，经济、高效地防治有害生物，减少其负面影响，如化学残留、环境污染、抗药性、药害事故、杀伤有益生物及对人畜的毒害等，达到安全用药目的。

6.4.4.1 科学、合理用药

（1）对症下药

准确诊断草坪病害的类型，对症下药是科学用药的关键。在使用化学药剂前，应根据化学药剂的防治范围和作用机制、病害的发生类型、病菌的生物学特性以及草坪的种类和发育时期对症选用适当的药剂品种和剂型。要正确区分非生物因素引起的生理性病害和由病原微生物引起的侵染性病害，区别侵染性病害中的真菌性病害、细菌性病害、病毒性病害和线虫性病害。此外，草坪用药还要遵循低毒、低残留、无药害和无异味的原则。

（2）适时、适量用药

每种化学药剂针对的防治对象均有一定的有效用量范围，一般在病害初发期施药，选用最低有效剂量，即可达到最好防治效果，如在病菌侵入之前或在预测的病害暴发流行期之前施用保护性杀菌剂。施药过早或过迟都会影响防治效果。一般环境气温较高或植株处在幼苗期时，施药量可适当减少；环境气温较低或发病严重时，施药量应适当增加。任意加大药剂浓度和施药频率，不仅造成浪费，还会引起药害，加大对有益生物的伤害，加快病菌产生抗药性。

（3）选择合适的剂型和合理的施药方法

一种化学药剂可以加工成多种剂型，常见剂型有粉剂、颗粒剂、可湿性粉剂、可溶性粉剂、浓悬浮剂、胶体剂、乳油、种衣剂、油剂、缓释剂、烟剂等。针对草坪种类、防治对象、危害方式、发生部位和药剂特性，采用适宜的施药方法。一般来说，可湿性粉剂、乳油、水剂等以喷雾为主；颗粒剂以撒施或深层施药为主；粉剂以撒毒土为主；内吸性强的药剂，可采用喷雾、泼浇、撒毒土法等。施药方法直接关系到防治效果，只有选择正确的施药方法，才能有效发挥化学药剂的防治作用。同时，要把好施药技术关，稀释时要搅拌充分，喷洒时要均匀周到。

（4）合理复配、混合药剂，避免长期使用同一种药剂

长期使用同一种化学药剂易使病菌产生抗药性，同时易对植物造成药害。交替用药、科学混配化学药剂，对防治病害起到事半功倍的效果。混合药剂时必须注意以下几点：①两种混用的药剂不能发生化学反应。若发生化学反应有可能导致有效成分的分解失效或产生有毒物质，从而造成药害，如碱性化学药剂不能与酸性化学药剂混用。②混用的药剂物理性状应保持不变。两种化学药剂混合后产生分层、絮结时不能混用；混合后若出现乳剂破坏、悬浮率降低甚至有结晶析出时也不能混用。③不同药剂混用不应增加对人畜和有益生物的危害。④混用的药剂品种要求具有不同的作用方式和不同的防治对象。化学药剂混用的目的之一是兼顾不同的防治对象，以达到扩大防治范围的目的，因此要求混用的药剂品种具有不同的防治对象。⑤不同药剂的混用在药效上达到增加的目的，不能有拮抗作用。⑥混剂施用后，植株上的农药残留量低于单用剂型。

(5) 科学使用施药器械

按照施药目的、药剂特性、防治场所、草坪种类和生长情况，采用合理的施药方法，选择性能良好的施药器械。施药器械应选择雾化程度高的喷雾器械，定期更换磨损的喷头。老式防治器械"跑、冒、滴、漏"现象严重，耗能高、效率低、防治效果差。推广使用新型、高效手动喷雾器和机动喷雾器，如手提式水雾烟雾机、背负式弯管烟雾机、电动喷雾机、植保无人机、履带式喷药车、大型喷杆喷雾机等，可节省人力，降低化学药剂损耗，提高作业效率和防治效果。施药器械不能混用，一般情况下，杀菌剂的喷雾器在3次清洗后方可再次喷施其他杀菌剂。

6.4.4.2 安全用药

(1) 避免药害

药害是指由于使用化学药剂不当而引起的植物生长发育过程中所表现的各种病态现象。

一般植物药害按症状出现的快慢可分为以下两种：①急性药害，是指在施药后较短时间内出现的药害。其症状表现多为叶和嫩芽产生黄化、失绿、枯萎、卷叶、落叶、缩节簇生等现象，严重时可致全株死亡。②慢性药害，是指在施药后经过较长时间才表现出来的药害现象，如光合作用减弱，植株矮化，畸形等。

引起植物产生药害的主要原因：①使用不适宜的化学药剂品种。不同草坪植物对不同的药剂所表现的耐药性差异极大。②化学药剂的施用剂量或浓度过大。施用剂量或浓度过大是导致植物产生药害的主要原因，植物对化学药剂都有一个耐药量，如果超过这个限度，就会产生不同程度的药害。③使用劣质化学药剂。如乳油制剂中有沉淀或油水分层现象、可湿性粉剂结块或药剂过期变质等，都可产生药害。④不合理的复配、混合药剂。药剂混用不当，也是造成植物药害的原因之一。许多化学药剂之间不能混用，如波尔多液不能与石硫合剂混用，且单独使用时，两者不能交替使用，否则就会产生药害。⑤拌种和施药不匀。如果拌种不匀或施药不匀都会造成部分种子或植株着药量过多而造成药害。为了防止药害的产生，必须针对这些导致药害的因素，通过科学合理地施药，避免药害。

(2) 防止中毒

化学药剂对人畜一般都有毒害作用，其进入人畜体内的途径有3种，即口、皮肤和呼吸道。因此，防止中毒事故的主要措施都应针对这3种中毒途径，要尽可能防止药剂从口、鼻、皮肤进入体内。其中，应重点防止皮肤污染，因为无论在取药、配药、喷药或在田间行走时，暴露的皮肤都会接触化学药剂，且接触面积大、接触概率高，是药剂入侵中毒的主要途径。

要有效防止中毒事故的发生，应注意以下几点：①正确使用化学药剂。尽可能选择高效、低毒、低残留的化学药剂或生物药剂；使用剧毒或高毒药剂时，要严格按照《农药安全使用规定》的要求执行。②做好个人防护。在配药和施药过程中，使用必要的防护用品是防止药剂进入体内，避免中毒的必要措施。③挑选和培训施药人员。施药人员须身体健康，18~50岁为宜，并经过一定的技术培训；在遇到新的化学药剂时，需专门培训以便施药者了解新药剂的特点、毒性、施用方法和中毒急救措施等知识。④安全、合理地配药和施药。配药时要按产品标签上规定的剂量进行稀释，不能自行改变稀释倍数；不能用手或胳膊伸入药液或粉剂中搅拌；配药时应远离住宅、水源等场所；处理粉剂和可湿性粉剂时应小心倒放，以免粉尘污染。施药前应检查药械，喷雾器不应装太满，以免漏液；施药时顺风喷药，遇大风或风向不定时应停止喷药。施药人员喷药时间不宜过长，每天操作时间一般不超过6 h，且每2 h需休息一次，期间应清洗沾染药剂的部位，并呼吸新鲜空气。⑤做好施药善后工作。施药后要做好个人卫生、药械清洗、废弃包装处理和田间管理工作。个人应尽快清洗暴露部位，更换被药剂污染的衣物和手套并及时洗涤，妥善放置。施药后的器械应在不污染饮用水源的地方清洗。废弃的化学药剂包装应如数清点、集中处理。施药后的草坪应插立警示牌。

(3) 安全贮存

为避免化学药剂挥发失效和人畜中毒事故的发生，化学药剂在贮存时应注意以下几点：①尽量缩短贮存时间并减少贮存量，根据实际需求量购买，避免积压变质。②贮存在安全、合适的场所。应贮存在儿童和动物接触不到，且阴凉、干燥、通风、避光并可以上锁的地方，不能与种子一起存放。③贮存的化学药剂包装上应有完整、清晰、牢固、不易褪色的标签。④分类贮存。化学药剂按成分可分为酸性、碱性和中性三类，这三类药剂要分别存放，距离不宜太近，防止药剂变质。

6.5　生物防治

生物防治(biocontrol 或 biological control)是指在草坪养护中利用有益生物或有益生物的代谢产物来调节草坪草的微生态环境，使其利于草坪草而不利于病原物，或使其对寄主与病原物的相互作用发生有利于草坪草而不利于病原物的影响，从而达到防治草坪病害的各种措施。利用有益微生物(拮抗微生物)或其活性代谢产物研制成的多种类型的生物制品，通过调节草坪草周围的微生态环境来减少病原物接种体数量，或降低病原物毒性和抑制病害的发生。这类有益(微)生物制品被称为生物制剂。

与其他防治方法相比，生物防治具有不污染环境、持效期长等特点，能更有效地解决草坪病害暴发迅速、病害周期性、反复性发生的问题。生物防治的缺点是见效慢、效果不稳定、适用范围较狭窄。由于草坪与人居环境关系更为密切，对化学农药更为敏感，化学农药在草坪病害防治中受到了更大的限制，因此，草坪病害的生物防治日益受到广泛关注。

6.5.1　生防微生物防病机制

有益微生物对病原物的不利作用主要有抗菌作用(antibiosis)、竞争作用(competition)、重寄生作用(hyperparasitism)、溶菌作用(lysis)、诱导抗病性(induced resistance)、植物微生态调控(regulation of plant micro-ecology)等。

6.5.1.1　抗菌作用

抗菌作用是指有益生物产生某些抗菌物质或有毒代谢物，对病原菌具有直接的抑制作用而使群体生长受到抑制的现象。在草坪病害生物防治中，对抗菌作用的利用包括微生物间的拮抗作用及其代谢产物的应用和具抗菌作用的植物提取物的利用等诸多方面。

具有拮抗作用的有益微生物称为生防菌或拮抗菌，主要包括放线菌、细菌和真菌等微生物。而抗菌物质则是指生防菌在生长过程中所产生的低分子质量的次生代谢产物，在较低浓度下就能抑制病原菌生长或将其杀死的活性物质。例如，绿色木霉(*Trichoderma viride*)产生的胶霉毒素(gliotoxin)和绿菌霉素(viridin)对草坪褐斑病的病原菌立枯丝核菌、币斑病菌等多种病原菌具有拮抗作用。

植物是生物活性化合物的天然宝库，其产生的次生代谢产物超过 40 万种，与防御病原菌侵染相关的次生产物有很多，如萜烯类、生物碱、类黄酮、酚类、植保素、有机酸等具有杀菌或抑菌活性。Kwon 报道了 23 种药用植物提取物对草坪褐斑病、币斑病等病原真菌的抑制作用。2017 年，Lee 发现从赤松(*Pinus densiflora*)中提取出的赤松素(pinosylvin)也对多种草坪病原真菌具有抑制作用。

6.5.1.2　竞争作用

竞争作用是指处于同一生存环境中的两种或多种微生物群体间，由于对生活空间和生存所需的营养物质资源的同时需求而产生的争夺现象，主要包括营养竞争和空间竞争。营养竞争主要是对病原物所需要的水分、氧气和营养物质的竞争。空间竞争主要是对于侵染位点或新鲜创伤点的竞争。在防治病害过程中，两种竞争作用相辅相成、相互作用，缺一不可。如果将竞争作用作为抑制病原菌的策略，有益微生物必须在病原菌群建立之前迅速建立大量菌落，占据营养有利点和抢占尽可能多的侵染位点，阻止病原物的侵染过程，进而形成有效的生防机制。例如，荧光假单胞杆菌会大量消耗土壤中的氮素和碳素营养，可用于防治丝核菌属病原菌引起的草坪病害。

6.5.1.3　重寄生作用

重寄生作用是指一种寄生物或植物病原物被其他寄生物寄生的现象，后者称为重寄生物。重寄生物多是真菌、细菌、病毒或放线菌等，如木霉菌(*Trichoderma* spp.)、盾壳霉(*Coniothyrium minitans*)、穿刺巴氏杆菌(*Pasteuria penetrans*)。重寄生菌通过对病原菌的重寄生，从病原菌获得所需的营养物质，对病原菌生存产生不利影响，从而减轻病原菌对植物的危害，进而控制病害。由于不同重寄生菌对不同病原菌的营养体和繁殖体的寄生方式不同，因而对病原菌影响或控制作用不同。例如，木霉主要是对病菌菌丝体的寄生，导致菌丝体的畸变和溶解等；盾壳霉对菌核病菌菌核的寄生，导致菌核腐烂，从而使其不能萌发产生子囊盘和子囊孢子，通过压低初侵染量来减轻病害。

6.5.1.4　溶菌作用

溶菌作用是指病原物的细胞壁由于内在或外界因素的作用而溶解，导致病原物组织破坏或菌体细胞消解的现象。溶菌作用包括自溶和外溶两种方式。自溶是菌体自身由于竞争等各种原因导致饥饿或有害物质的积累而发生细胞内部的酶解作用所致。外溶则是指菌体在一定条件下由其他微生物的作用而发生的溶解现象。利用有益微生物对病原菌的溶解作用进行生物防治也是病原菌外溶方式之一，此作用主要与细胞壁分解酶的活动有关。例如，枯草芽孢杆菌 S9 对草坪褐斑病病原菌立枯丝核菌具有溶菌作用。

6.5.1.5　诱导抗病性

寄主植物除本身固有的抗病性以外，利用生物的、物理的或化学的因子刺激植株，可以诱导植物形态和生理上发生变化，使之对其他病原物的侵染产生抗性的现象，称为诱导抗病性，也称获得抗病性。植物抗病性的诱导因子主要有三类：

①生物因子：如真菌、细菌及弱致病菌等微生物。

②化学因子：如细胞壁多糖、糖蛋白、几丁质、酶、草酸、水杨酸、乙烯等化学物质。

③物理因子：如机械损伤、紫外线、温度等引起植物细胞损伤的因素。

生物或非生物诱导物通过机械障碍或化学拮抗直接作用于病原物，或诱导寄主植物生理发生变化而表现抗病，从而有能力抵御其原来不能抵抗的病菌。

6.5.1.6 植物微生态调控

植物微生态是植物体表和体内的正常微生物群与其宿主植物的细胞、组织、器官及其代谢产物组成的微环境，是长期进化过程中形成的能独立进行物质、能量及基因相互交流的统一生态系统。植物微生态系统中，研究较多的微生物是根际微生物、叶际微生物和内生微生物。根际微生物(rhizosphere microorganisms)包括真菌、细菌、放线菌和原生动物等，以细菌最为重要，如植物根际促生细菌(PGPR)。叶际微生物(phyllosphere microbe)是指附生或寄生于植物叶部周围的微生物，可通过拮抗、竞争、促生和诱导植物抗性等作用抑制植物病害的发生发展。内生微生物是指生活在植物体内，通常被宿主细胞膜包围或是细胞基质包围，与宿主植物互惠共生的一类微生物，主要包括真菌、细菌和放线菌等。例如，植物内生细菌中，许多具有促进植物生长和防治植物病害等作用，因此近年来成为生防研究热点。

6.5.2 生物防治因子

生物防治因子(简称生防因子)是指可用于植物病害生物防治的潜在生物资源，是植物病害生物防治的重要应用基础。其主要有：①微生物资源，如真菌、细菌和放线菌等；②病毒，如弱毒株系和噬菌体；③微生物代谢产物；④抑菌植物提取物；⑤植物微生态调控剂等。在草坪病害系统中，从草坪病害生物防治角度分析，"草坪草—生防因子—病原物"间存在相生相克的互作关系。这种关系主要有抗生、重寄生、竞争、溶菌、诱导抗病性、植物微生态调控等。而这些相互关系，正是人类在草坪病害生物防治中可以加以利用的生防机制。

6.5.2.1 生防真菌

真菌是微生物中一个庞大的类群，在自然界中分布极广。能够作为植物病害生防因子的真菌也来源广泛、种类繁多、作用机制复杂。目前，常见具有生防潜力的真菌主要包括木霉属、粘帚霉属、毛壳菌属等。

木霉(*Trichoderma*)属于无性态菌物丝孢纲丝孢目丛梗孢科。木霉是著名的生防真菌，广泛分布于土壤、腐烂的木材及植物残体等基质中，通常为土壤中微生物种群的优势组成，也是一种植物内生真菌，在海洋中也有发现。与其他生防真菌相比，木霉具有广谱性、广泛适应性、作用机制多样性(病原菌不易产生抗药性)、多功能性(杀菌、刺激植物生长等)、容易培养和加工、对环境安全等优点。木霉对植物病害的生防机制包括竞争、重寄生、抗生作用和诱导植物抗病性等，不同作用机制之间往往存在着协同作用。木霉作为防治植物病害的生防真菌，能够寄生的真菌性植物病害包括有丝核菌属、镰孢菌、核盘菌、长蠕孢菌等。Lo 等人 1996 年首次报道了商品化的哈茨木霉 1295-22 菌株可以防治立枯丝核菌引起的草坪褐斑病和核盘菌引起的币斑病。国内有报道深绿木霉菌株 T2 对平脐蠕孢引起的草坪草叶枯病和瓜果腐霉引起的禾草根腐病都具有很强的防治作用；加纳木霉(*T. ghanense*)菌株 GCPL175 对引起草坪蘑菇圈的环柄菇属菌株 1506 具有较强的抑制作用。此外，木霉对紫羊茅和草地早熟禾的营养生长有明显的促进效应。

粘帚霉(*Gliocladium*)隶属半知菌亚门丝孢纲丝孢目粘帚霉属。粘帚霉是在所有气候区域普遍存在的土壤真菌，能运用大范围的复合物作为碳源和氮源，能分泌各种酶类，降解顽固的植物多聚体变成简单的糖类以提供能量供植物生长。粘帚霉能寄生菌核和菌丝,且能分泌广谱性抗生素——胶霉毒素来杀死寄生菌,对引起草坪病害的立枯丝核菌、核盘菌和终极腐霉等多种病原菌具有很强的抑制活性。

毛壳菌(*Chaetomium*)隶属于子囊菌亚门核菌纲球壳目黑孢壳科。毛壳菌属于严格腐生型真菌,是公认的生产碳水化合物活性酶和抗生素的重要家族,它可以有效降解纤维素和有机物,并对土壤中的其他微生物产生拮抗作用。其中,球毛壳菌是毛壳菌属中研究最多的生防真菌之一,广泛分布于空气、土壤等多种自然环境中,能有效抑制镰孢菌属、丝核菌属、核盘菌属和刺盘孢属等多种常见植物病原真菌。

6.5.2.2 生防细菌

无论是在自然条件下还是在人为开发应用中,生防细菌及其代谢产物在植物病害控制方面都起到了重要作用。生防细菌主要是通过产生拮抗物质、与病原物进行营养和位点的竞争、利用代谢产物抑制病原物的生长和代谢及诱导植物抗性机制的表达等方式达到生防的效果,减轻植物病害。国际上有很多生防细菌已被开发成生防制剂,并广泛应用于生产,近几年开发与利用比较成功的生防细菌制剂主要来自芽孢杆菌、假单胞菌和放线菌,其中应用最多的是芽孢杆菌。

芽孢杆菌是一类在自然界中广泛分布的腐生细菌,具有极强的抗逆能力和显著的抗菌活性。芽孢杆菌生长代谢过程中能产生多种抑菌物质,包括低分子质量抑菌肽、抑菌蛋白和挥发性抑菌物质,这些物质在植物病害防治中起重要作用。空间位点和营养竞争是芽孢杆菌拮抗植物病原菌的重要作用机理之一,芽孢杆菌可以在土壤、植物根际、植物体表或体内快速、大量繁衍和定殖,有效地排斥、干扰和阻止病原微生物的侵染与定殖,达到抑菌和防病的目的。芽孢杆菌还能够通过诱发植物自身的抗病潜能从而增强植物的抗病性。基于这些优势,目前已经有许多国家将一些具有生防效果的优良芽孢杆菌菌剂商品化。在美国,有 MB1600、QST713、GB03 和 FZB24 四株枯草芽孢杆菌获得环保局(EPA)商品化生产应用许可,对蔬菜、小麦、棉花、豆类等植物病害均有较好的防治效果。

假单胞菌在自然界中分布很广,能有效定殖在植物根部,保护植物免受病原物的侵害。假单胞菌中最为常见的是荧光假单胞菌。荧光假单胞菌是根际细菌的优势种群,大多数菌株具有抗生或促生作用,有些菌株兼具防病和促生的双重功效。假单胞菌在植物根系的定殖量很大,产生的次生代谢物种类较多。因此,生防假单胞菌的研究越来越受到重视。假单胞菌的商品化生产和田间应用并不像芽孢杆菌那样顺利,但是其对植物病原菌的生防作用不容忽视。

放线菌(Actinomycetes)作为细菌的一个大的特殊分支,在植物病害防治上起着举足轻重的作用。放线菌产生的抗生素,已广泛应用于工业、农业和医学领域。我国研制开发的井冈霉素、农用链霉素和多抗霉素等生物农药已经广泛用于植物病害防治,并取得了较好的生态效益、经济效益和社会效益。此外,由链霉菌中灰色链霉菌(*Streptomyces avermitilis*)发酵产生的阿维菌素,杀虫、杀螨、杀线虫效果好,同时残留量低,在我国的害虫防治体系中占有较重要地位。

除芽孢杆菌、假单胞菌、放线菌外,具有生防作用的细菌还有放射形土壤杆菌、类芽孢杆菌(*Paenibacillus*)、节杆菌、不动杆菌(*Acinetobacter*)等。

生防细菌的田间应用过程比较复杂,环境因素(如温度和湿度)是导致生防细菌生防效果不稳定的重要原因之一。不管是哪一种生防细菌，将其分离出来开展拮抗性测定仅是研究的起始，最终的目的是将其应用于生产实践，以减轻病害的危害，提高农作物产量和质量。因此，将生防细菌大量生产并制成便于携带的稳定的生防制剂将是今后一段时期内的努力方向和发展趋势。

6.5.2.3 微生物代谢产物

微生物代谢产物（microbial metabolites）是指微生物在代谢过程中产生的多种代谢物质。根据代谢产物与微生物生长繁殖的关系，可以分为初级代谢产物和次级代谢产物两类。初级代谢产物是指微生物通过代谢活动产生的、自身生长和繁殖所必需的物质，如氨基酸、核苷酸、多糖、脂质、维生素等。次级代谢产物是指微生物生长到一定阶段才产生的对该微生物无明显生理功能，或并非是微生物生长和繁殖所必需的物质，如抗生素、毒素、激素、小分子物质等。用于植物病害生物防治的微生物代谢产物主要是次级代谢产物。

抗生素（antibiotic）也称抗菌素，是微生物产生的、在低浓度下对其他微生物的生长有抑制或杀灭作用的一类非酶非激素类化学物质，对病原真菌有专性拮抗作用。目前，应用于农业生物防治的抗生素有链霉素、春日霉素、灭瘟素、有效霉素、井冈霉素、多抗霉素、放线菌酮、胶霉毒素、四环素等。

抗菌蛋白类（antifungal protein）也称蛋白类抗菌物质，主要包括细胞壁降解酶类、脂肽类、多肽类物质等。几丁质酶主要作用于真菌细胞壁的降解和重组，葡聚糖酶具抗真菌作用主要是因为它能水解 β-1,3-糖苷键。几丁质酶与葡聚糖酶同时使用具有更强的抑制真菌的作用，可以完全消解病原菌细胞壁，抑制病原菌生长，达到抗菌防病的目的。

诱抗剂（elicitor）又称激发子，是指一类能诱导寄主植物产生抗病免疫反应、能够触发植物在生理和代谢等方面发生改变和使植物抗毒素积累的物质。它本身没有杀菌活性，依来源分为生物源和非生物源两类；按生物化学结构划分，激发子主要有寡糖和蛋白质两种类型。寡糖类诱抗剂能诱导植物合成植保素，主要包括几丁质、葡聚糖、脂多糖、脂肪酸等。蛋白类诱抗剂主要包括激发素、激活蛋白、过敏蛋白、鞭毛蛋白等。

6.5.2.4 抑菌植物提取物

植物是生物活性化合物的天然宝库，其产生的次生代谢产物超过40万种，有防御病原菌作用的次生产物达1万种之多。其中的大多数化学物质（如萜烯类、生物碱、类黄酮、甾体、酚类、独特的氨基酸和多糖等）具有抗菌活性。

研究表明，植物源抑菌物质可作用于具体细胞的多个结构。例如，从三叶草中分离的一种植物皂角苷能有效防治一种疫病菌（*P. cinnamomi*），其作用机理主要在于影响细胞膜的蛋白质、磷脂和甾体。欧洲防风草（*Pastinaca sativa*）和紫草（*Lithospermum erythorhizon*）叶片提取物强烈抑制禾布氏白粉菌（*B. graminis* f. sp. *tritici*）无性孢子和禾柄锈菌（*P. graminis*）夏孢子的萌发。有些植物提取物不但作用于病原真菌，还对寄主植物的防御系统起活化作用。总之，植物提取的活性物质对细菌、真菌和植物的作用方式仍需进一步研究。

6.5.2.5 植物微生态调控剂

根据植物微生态学原理，为了调节微生物平衡，利用有益微生物制成的微生物制剂，一般通称为微生态调控剂。植物微生态调控剂与以往应用的生物制剂和化学制剂在作用机理上有本质的不同。植物微生态调控剂是作用于植物体表或体内，通过调节植物体固有微生物的比例和平衡，从而达到保健、增产和改良品质等作用的活菌或其他制剂。目前，应用于植物微生态制剂的菌株主要是内生细菌,以增产菌、菌肥、菌根等形式存在,其作用机理可归纳为以下几点:①保持正常的微生态平衡。②生物拮抗作用。③促进植物体生长。④产生抗菌物质。⑤刺激机体免疫机制等。

6.5.3 生物防治的途径和措施

利用生防因子防治草坪病害的生防途径包括3个方面:一是利用生防因子直接控制病原物及其所致病害。二是利用有益微生物对草坪草的保护,诱导抗性作用及促生作用,提高植物抗病能力。三是利用生态环境的调控作用,控制病害。

利用生防因子防治植物病害的措施很多,既可以利用自然界中已有的生防因子,也可以引进外源的生防因子。主要措施:①利用生防细菌、真菌、放线菌、农用抗生素对种苗进行处理,如拌种、浸种、蘸根和包衣等。②利用生防制剂对土壤进行处理,基本方法包括拌土、穴施、浇灌和与有机改良剂混施等。③将生防菌剂、抗生素、植物源杀菌剂、化学诱抗剂直接喷雾于植物叶片、枝干等。④利用生物、化学或物理因子处理植物以诱导植物获得抗性。⑤将生物防治方法与其他防治技术(如农业防治、化学防治、物理防治等)相结合达到单一生防菌剂难以达到的效果。但是,当前生物防治尚未在草坪病害领域得到广泛应用,许多方法和措施尚需借鉴其他植物病害的生物防治。

6.6 物理防治

物理防治是指利用电、磁、声、光等物理因子,研发相应的机械设备,并将这些设备应用到植物生产中,在减少化肥和农药使用量的同时,达到增产、优质、抗病的目标。物理防治既包含简单古老的人工防除方式,也有利用环境温度、湿度等各种物理因子来防治植物病害,包括阻隔法、温度处理和原子能、超声波等的应用,如采用暴晒土壤、烧土和熏土、热水烫种等措施,达到杀灭病菌的目的。

随着近代物理学的发展,物理防治新方法新技术不断涌现,激光、红外线、高频电流、太阳能、辐射能、超声波等也大量应用于植物病害防治,如声波助长仪、土壤连作障碍电处理技术、空间电场防病促生技术等。

植物病害防治的物理途径针对性强,仅针对靶标生物,不伤及非靶标生物,防治收效迅速,且不污染环境,可直接把病害消灭在大发生之前,还可以预测病害的发生期和发生程度。

物理防治病害的主要方法有以下几种。

(1)热力治疗法

利用热力治疗感染病毒的植株和无性繁殖材料是生产无病毒种子种苗的重要途径。热力治疗法又分为热水处理法和热空气(蒸汽)处理法,后者因处理效果较好且对植株伤害较小而成为豆类、瓜类等蔬菜作物病毒病害的常规处理措施。

(2)低温处理法

低温处理法是蔬菜保鲜和种子贮藏控制病害的常用方法之一。虽然不能杀死病原物,但可有效抑制病原物的生长和侵染。

(3) 微波处理法

微波处理法主要用于植物检疫,处理旅客随身携带或少量邮寄的种子、食品等。

(4) 人工清除

人工清除是指人工去除感染病害的枝条、叶片、果实等,防止传染其他健康植株,也可用药剂喷施中心病株及其周围的植株,对病害进行封锁控制。

(5) 合理密植

合理密植有利于降低田间湿度,增强透光性,使植物生长健壮,抵抗病害。

6.7 植物检疫

植物检疫又称法规防治,是通过法律、行政和技术的手段防止危险性植物病、虫、杂草和其他有害生物的人为传播,保障农业生产安全,服务农产品贸易的一项措施,也是当今世界各国普遍实行的一项重要制度。作为一项特殊形式的植物保护措施,其涉及法律法规、国际贸易、行政管理、技术保障和信息管理等诸多方面。

6.7.1 植物检疫的重要性

在自然界中,植物病、虫、草害的分布除具有地区性特点,它们中的危险性病、虫、杂草还可以随人为调运植物和植物产品而传播蔓延,病、虫、杂草传入新的地区后能生存、繁衍和危害,甚至因适应新地区的气候条件而迅速蔓延,造成严重危害,带来巨大损失。因此,植物检疫是植物保护总体系中的一个重要组成部分,它与防治工作密切联系,相辅相成。

植物检疫的主要目的是防止危险性病、虫、杂草的人为传播,保护本国、本地区农林业生产安全,或维护本国、本地区贸易信誉,促进国际、国内贸易往来和植物种质资源交流。因此,植物检疫对促进对外贸易和保护农业生产具有重要意义。

6.7.2 植物检疫的对象

植物检疫对象是指国家农林业主管部门根据一定时期国际、国内病虫发生及危害情况和本国、本地区的实际需要,经程序制定、发布禁止传播的病、虫和有害植物。凡局部地区发生的危险性大,能随植物及其产品传播的病、虫、杂草,应确定为植物检疫对象。检疫对象名单可在农业农村部、海关总署公布的《中华人民共和国进境植物检疫性有害生物名录》《全国农业植物检疫性有害生物名单》和《应施检疫的植物及植物产品名单》中查询。

确定植物检疫对象时,有以下3个必须具备的条件。

(1) 局部地区发生

为了防止传到其他地区,必须定为检疫对象,把发生程度压到最低限度,减少向外扩散的可能。

(2) 危险性大

制定检疫对象必须从经济、社会和生态效益等方面评价病、虫、杂草的危害性,危险性大小是确定植物检疫对象的重要条件之一。危险性大包含三层含义:一是一旦发生或传入,很难根除和防治。二是对当地生产会造成重大经济损失。三是本地区有这些病、虫、杂草的适生条件。

(3) 能随种子苗木人为传播

有害生物能通过人为活动从一个地区传播到另一个地区。例如，许多植物有害生物(病菌、虫卵、杂草种子等)可以潜伏在植物种子和苗木的内部，黏附于种子、苗木和植物产品的外表，或混杂在种子及植物产品之中，随着调运、邮寄或携带而远距离传播。特别是近年农业生产的迅速发展，以及现代化交通工具的发达，国内外各种贸易活动、植物资源交流的日益频繁，有害生物人为传播几乎不受自然地理屏障的限制，所以能随植物及其产品人为传播是确定植物检疫对象的重要条件。

这3个条件缺一不可。也就是说，确定植物检疫对象必须满足在国内系新传入或新发现、发生分布范围广、对农林业生产安全构成严重危害或潜在威胁，而且其传播蔓延是由人为因素造成等条件。

6.7.3 植物检疫程序

植物检疫程序是指实施植物检疫措施的方法，包括对限定的有害生物实施的检验、检测、监督或处理。具体包括以下几项。

(1) 检疫审批

凡输入、携带、邮寄动物、动物产品、植物种子、种苗及其他繁殖材料、特定的植物产品，货主、物主或代理人必须事先申请办理检疫审批手续。

(2) 报检

输入、输出应检物，货主或代理人应按要求填写报检单，向口岸出入境检验检疫机构报检。

(3) 检疫

检疫包括现场检疫、实验室检疫、隔离检疫。现场检疫是指输入、输出应检物抵达口岸时，检疫人员到货物停放场所实施检疫；实验室检疫是指检疫人员按有关规定或要求对输入、输出的检疫物做动物疫病、植物病虫害的实验室检测；隔离检疫是指动物在入境后或出境前，必须在出入境检验检疫机关指定的隔离场作隔离检疫，入境植物种子、种苗及其他繁殖材料需做隔离检疫的，应在指定的隔离圃隔离种植，经过至少一个生长周期的隔离检疫。

(4) 检疫结果的判定和出证

依据国家标准或我国与有关国家或地区签订的双边检疫议定书或协议中的规定，参考有关国际标准出证。

(5) 检疫处理

对经检疫不合格的检疫物，由口岸出入境检验检疫机构签发《检疫处理通知单》，通知货主或其代理分别作退回、销毁、除害或隔离检疫处理。

(6) 签证放行

经检疫合格或经除害处理合格的出入境检疫物，由口岸出入境检验检疫机构签发《检疫放行通知单》、检疫证书或在报关单上加盖印章，准予入境或出境。

小结

"预防为主,综合防治"是草坪病害防治必须遵循的方针,也是草坪病害防治的基本指导思想。草坪病害综合防治要遵循3个原则,即提高草坪草抗逆性、减弱病原物致病力、创造有利于草坪草生长发育而不利于病原物的繁殖与生存的环境条件。只有这样才能达到预防和控制草坪病害的目的。防治草坪病害的途径很多,按照作用原理,通常分为回避、杜绝、铲除、保护、抵抗和治疗,每种防治原理下又发展出许多防治技术和方法,分属于植物检疫、栽培技术防治、抗病性利用、生物防治、物理防治和化学防治等不同领域。

栽培技术防治是草坪病害预防的重要途径,其目的是在全面分析草坪草、病原物和环境因子三者相互关系的基础上,通过草坪合理建植、科学管理的各项措施,减少病原物数量,提高草坪草抗病性,创造有利于草坪草生长发育而不利于病害发生的环境条件。草坪合理建植措施包括土壤消毒、药剂拌种、加强坪床排水、采用草种混播、调节播种期、播种量等;草坪科学管理措施包括适度修剪、平衡施肥、合理灌溉、控制枯草层及其他养护措施。

选育和利用抗病品种是草坪病害最有效、最持久的防治途径。要有效利用草坪草抗病性防治草坪病害,必须结合抗病性鉴定、抗病育种和抗病品种的合理利用三方面工作。

化学防治是草坪病害防治中最常用的方法,其作用原理主要是化学保护、化学治疗和化学免疫。杀菌剂按作用原理可分为保护性、治疗性、免疫性和铲除性杀菌剂。杀菌剂常见的施药方法有喷粉法、喷雾法、撒施法、种子处理法、土壤处理法等。杀菌剂施用必须以科学、合理、安全为根本,防止引起植物药害、发生人畜中毒、杀伤有益微生物、导致病原物产生抗药性、造成环境污染等不良后果。

生物防治是利用生物或生物的代谢产物来控制草坪病害的方法,在草坪病害防治中具有很大的应用潜力,其作用机制主要是抗生作用、竞争作用、重寄生作用、溶菌作用、诱导抗病性和植物微生态调控6个方面。主要的生物防治因子包括生防真菌、生防细菌、微生物代谢产物、抑菌植物提取物、植物微生态调控剂。

物理防治主要利用热力、低温、微波、激光等手段抑制、钝化或杀死病原物来控制病害。草坪中运用合理密植、人工清除感病植株等手段也属于物理防治。

植物检疫的主要目的是利用立法和行政措施防止检疫性有害生物的人为传播,是由政府授权的检疫机构依法强制执行的官方行为。检疫对象需具备3个条件,即局部地区发生、危险性大和能随种子苗木人为传播。植物检疫程序包括检疫审批、报检、检疫、检疫结果的判定和出证、检疫处理、签证放行。

防治草坪病害应从草坪生态系统的总体出发,针对多种病害,协调使用多种必要措施,实行综合防治,以获得最佳的经济、生态和社会效益。

思考题

1. 栽培技术防治是草坪病害预防的重要方面,谈一谈如何利用草坪建植和管理措施来预防草坪病害?
2. 试以草坪褐斑病或腐霉枯萎病为例,制定草坪病害的综合防治方案。
3. 与化学防治相比,生物防治具有哪些优势?生防微生物对病原物的作用机制有哪些?
4. 调查当地主要草坪病害化学防治现状,提出改进化学防治的建议。
5. 简述植物检疫的意义和检疫程序。

下 篇

第 7 章
常见草坪草茎叶病害

草坪草在生长发育过程中茎叶部遭受病原物侵害时，其正常的生理生化过程发生改变，新陈代谢紊乱，在细胞、组织和结构上发生一系列病变，同时内部结构和外部形态上表现异常，最后在茎叶部出现典型症状，如白粉、黑粉、锈状物、红丝等，即草坪草感染了白粉病、黑粉病、锈病和红丝病等病害。草坪草多为单一密植植物，为增强草坪的美观性和使用效果，需要高频率修剪。当环境适宜时，草坪草叶片因修剪所产生的伤口极易感染茎叶病害，因此该类病害有发生普遍、传播速度快等特点，对草坪植物的正常生长和发育均造成严重影响。当病害发生严重时，除了单株植物会表现出病状外，草坪上常出现不同形状和颜色的斑块状症状(如币斑病、红丝病等)，极大影响了其观赏和使用价值。

7.1 白粉病

白粉病(powdery mildew)因植物发病部位覆盖白色粉状霉层而得名，是禾本科草坪草上广泛发生的世界性病害。在中国、美国、南美、西亚、北非、欧洲等冷凉潮湿地区发生较为严重。

7.1.1 症状

主要危害叶片和叶鞘，发病严重时也可侵染穗部。病斑初期呈 1~2 mm 的褪绿斑点，随后逐渐扩展至近圆形、椭圆形或不规则形，有时相互融合，白色、灰白色或灰褐色。病斑表面覆盖有白色粉状物，即病原菌的分生孢子。后期出现黄色、橙色或褐色小颗粒，即病原菌的闭囊壳，颜色随成熟度逐渐由浅转为深色。随着病情发展，病叶逐渐变黄、枯死，严重时导致草坪早衰，外观呈灰白色。

7.1.2 病原菌

引致草坪禾草白粉病的病原为禾布氏白粉菌(*Blumeria graminis*)，属子囊菌门(Ascomycota)白粉菌科(Erysiphaceae)布氏白粉菌属(*Blumeria*)，为典型的活体专性寄生真菌，根据寄主植物的特异性划分为不同专化型。

禾布氏白粉菌菌丝体叶两面生，有时也分布于穗部，形成灰白色或浅褐色不规则形病斑；刚毛镰刀形，暗色；分生孢子梗有球形基部；分生孢子串生，卵柱形至长卵形，淡灰黄色或无色，$(20.3 \sim 33.8)\mu m \times (10.0 \sim 15.2)\mu m$；闭囊壳聚生或散生，暗褐色，扁球形，常埋生在菌丝层内，163~219 μm；附属丝发育不全，18~52 根，短而不分枝，或少叉状分枝 1 次，长 6.0~23.8 μm，宽 5.0~9.6 μm，壁薄，平滑，0~1 个隔膜，褐色或淡褐色；子囊 12~20 个、卵形、椭圆形或矩圆形，少数不规则形，有柄，少近无柄，(75.0~

96.3)μm ×(26.3~40.0)μm；子囊孢子 8 个，卵形，(18.8~23.8)μm ×(11.3~13.8)μm。

7.1.3 寄主范围

该种为单种属，即仅侵染禾本科一科。除危害常见的草坪植物早熟禾、黑麦草外，寄主还包括小麦、大麦和小黑麦等 12 属的禾本科植物。

7.1.4 发生规律

白粉菌的有性态子囊孢子和无性态分生孢子均能侵染寄主叶片引起病害。单倍体的分生孢子通过气流和雨水传播，着落在叶片表面，萌发形成附着胞穿透植物表皮细胞壁，在寄主细胞间隙蔓延伸展吸收养分，并能在表皮细胞内形成吸器，后期在叶片表面产生新的分生孢子，反复侵染寄主植物。夏末干燥天气触发菌丝交配融合，进行有性生殖，形成闭囊壳，内部产生子囊及子囊孢子。闭囊壳可抵御干旱、高温和严寒，是病原越冬(越夏)的主要结构。另外，部分植株残体上的分生孢子也可完成越冬。

白粉菌孢子萌发的最适温度和湿度分别为 22~25℃ 和 85%~95%，春季极端干旱、夏季高温强光以及土壤或冠层湿度>95%或<53%均不利于菌丝生长和孢子萌发。因此，草坪白粉病一般在春季或夏末秋初开始发生，随着菌源积累，发病程度持续增加。如果温度适宜(10~25℃)，也可在冬季持续侵染暖季型草坪草。

7.1.5 防治

7.1.5.1 抗病品种

发病严重地区应优先选择'America'、'Bensun-34'、'Bristol'、'Dormie'、'Eclipse'、'Glade'、'Mystic'、'Nugget'、'Sydsport'品种的草地早熟禾，以及'Houudog'品种细叶羊茅(*Festuca filiformis*)和'Rebel'品种高羊茅等抗白粉病的草坪草。

7.1.5.2 栽培管理措施

及时修剪发病区域的草坪能清除染病器官上形成的孢子，但需要将病株深埋或焚烧。土壤过量施氮或氮亏缺均能加重白粉病的发生，在草坪建植和养护过程中应合理增施氮肥，一般保持土壤速效氮含量在 100~120 mg/kg 为宜。在抑制白粉菌孢子萌发的同时适度增加喷灌频次，通过沉降作用稀释孢子数量，有助于降低白粉病的发生程度。另外，硅肥叶面喷施或灌根能显著提高植株抗病能力，施用量约为有效硅含量 80 g/hm^2。

7.1.5.3 化学防治

常见用于白粉病防治的有三唑酮、戊唑醇、粉唑醇、腈菌唑等三唑类化学杀菌剂，一般在发病初期(发病率<5%)进行叶面喷施，具有预防和治疗的作用。喷施浓度为 20% 三唑酮乳油 1 000~3 000 倍液、25%粉唑醇悬浮剂 2.0~2.7 mL/hm^2、43%戊唑醇悬浮剂 3 000~5 000 倍液、40%腈菌唑悬浮剂 3 000 倍液，间隔 2 周补施 1 次，最多不超过 3 次，傍晚、无风天气喷施效果最好。为防止病原菌产生耐药性，应间隔 2~3 年轮换使用不同类型或作用机理的杀菌剂，尤其是新型高效、低毒杀菌剂，如 41.7%氟吡菌酰胺悬浮剂 6 000 倍液、50%肟菌酯水分散粒剂 3 000 倍液、30%吡唑醚菌酯悬浮剂 5 000~6 000 倍液；复配杀菌剂，如 42.4%氟唑菌酰胺+吡唑醚菌酯悬浮剂 5 000~6 000 倍液、42.4%吡唑萘菌胺+苯醚甲环唑悬浮剂 2 500~5 000 倍液等，可全面抑制孢子萌发、菌丝生长和孢子形成，

防治效果更为持久。

7.2 锈病

锈病(rust)因其发病部位形成铁锈状孢子堆而得名,为草坪禾草上最常见的病害之一。侵染草坪植物的锈菌主要为一些低温型的种,因此在温带地区发生最为普遍,危害也更为严重。在亚热带地区,秋季、冬季也有锈病出现,但发生面积一般较小,危害不大。

7.2.1 症状

主要侵染叶片、叶鞘和茎秆。发病初期病斑小,呈黄色褪绿斑点,随后在叶片上出现黄色、橘黄色或黄褐色的粉末状夏孢子堆,发病后期或生长季末,在叶片上产生深褐色或暗黑色的冬孢子堆。发病较轻时形成枯斑,发病严重时整个叶片可被孢子堆覆盖,导致植株枯黄,最终造成草坪大面积早衰(图 7-1)。

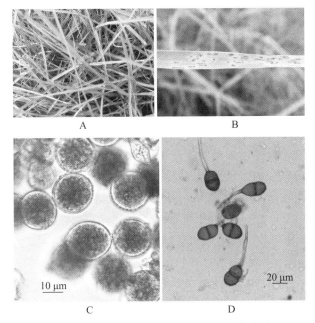

图 7-1 锈病的田间症状及病原菌形态(章武/摄)
A. 结缕草锈病 B. 狗牙根锈菌 C. 结缕草柄锈菌夏孢子 D. 结缕草锈菌冬孢子

7.2.2 病原菌

锈菌是典型的活体寄生真菌。引致禾草坪草锈病的病原种类较多,主要有担子菌门柄锈菌科柄锈菌属(*Puccinia*)的隐匿柄锈菌(*P. recondita*)、条形柄锈菌(*P. striiformis*)、禾柄锈菌(*P. graminis*)、剪股颖生柄锈菌(*P. agrostidicola*)、结缕草柄锈菌(*P. zoysiae*)、冠柄锈菌(*P. coronata*)和鹿角柄锈菌(*P. rangiferina*),同种锈菌在不同寄主植物上可能存在变种、生理小种或专化型。

隐匿柄锈菌夏孢子堆散生,有时沿叶脉平行排列,小,椭圆形至长条形,多数被表皮覆盖呈肉桂色；夏孢子球形或宽椭圆形，(19~30)μm×(15~28)μm，橘黄色；冬孢子堆散生，椭圆形至长条形，长期被表皮覆盖，黑褐色，侧丝无色或浅褐色，孢子堆常分为多个小室；冬孢子多为圆柱形或矩圆棒形，(30~45)μm×(10~15)μm，双胞少数3胞，顶端圆或平截，少数略尖，厚2~4μm，栗褐色，光滑；基部狭窄，柄浅黄色至褐色，短，不脱落，少数较长，5~15μm。

条形柄锈菌夏孢子堆裸露，呈点线形排列，互相连接成长条形，粉状，橘黄色；侧丝头状或柱状，宽20~25μm，无色；夏孢子球形至宽椭圆形，(20~30)μm×(15~25)μm，壁近无色，芽孔不明显；冬孢子堆线条形，毡状，黄色至黑褐色，有褐色侧丝；冬孢子棒形或矩圆棒形，(30~45)μm×(12~25)μm，顶部宽，尖顶、圆顶或平顶，隔膜处缢缩，顶壁3~7μm，无色至栗褐色；柄极短，少数脱落，淡褐色。

禾柄锈菌夏孢子堆裸露，肉桂褐色；夏孢子长卵形或椭圆形，(21~40)μm×(13~23)μm，顶部略有增厚，壁无色，芽孔明显；冬孢子堆裸露，垫状，条形；冬孢子矩圆形至棍棒形，(38~60)μm×(18~25)μm，顶端圆或锥形，基部较窄，隔膜处稍缢缩，顶部5~13μm厚，栗褐色；柄黄褐色，略与孢子等长。

剪股颖生柄锈菌夏孢子堆椭圆形或长矩圆形，散生，黄褐色；夏孢子球形或卵形，(24~33)μm×(23~30)μm，壁黄色，芽孔明显；冬孢子堆裸露，垫状、黑色；冬孢子椭圆形或椭圆矩圆形，(36~60)μm×(17~27)μm，顶端锥形或稀圆滑，基部渐狭或圆，顶壁8.5~11μm厚，栗褐色；柄褐色，长达46μm。

结缕草柄锈菌夏孢子堆裸露，长椭圆形，常相互汇合，淡黄色；夏孢子倒卵形或球形，(18~22)μm×(15~18)μm，壁无色，芽孔不清楚；冬孢子堆裸露，垫状，椭圆形，散生或聚生，黑色；冬孢子椭圆形或椭圆棍棒形，(28~38)μm×(17~20)μm，两端圆或基部稍窄，隔膜处不缢缩或稍缢缩，顶部增厚达8μm，栗褐色；柄近无色，长达100μm。

冠柄锈菌夏孢子堆散生，椭圆形，橘黄色，有时有侧丝；夏孢子球形或宽椭圆形，(20~30)μm×(16~24)μm；冬孢子堆裸露，偶有少数褐色侧丝；冬孢子棒形，顶部有不分枝的指状突起，(30~67)μm×(12~23)μm，栗褐色，下部渐窄，色较淡；柄淡黄色，很短。

鹿角柄锈菌夏孢子堆散生，椭圆形至长椭圆形，黄色至黄褐色；夏孢子近球形、倒卵形或宽椭圆形，成熟时柄脱落，(20~33)μm×(15~27)μm。冬孢子堆裸露，散生或相互连合，椭圆形至线形，垫状，黑褐色至黑色；冬孢子棒状至长棍棒状，少数圆筒形，(35~121)μm×(8~19)μm，顶端长而有时分枝的角状突起，突角12~35μm，隔膜处不缢缩或稍缢缩，黄褐色至栗褐色；柄无色至浅黄色，短，5~10μm。鹿角柄锈菌因其形态特征与禾冠柄锈菌非常相似，区别仅在于前者冠状突起较长且有分枝，以及部分冬孢子较为细长，在草坪锈病鉴定中要加以区别。

7.2.3 寄主范围

隐匿柄锈菌的寄主多达37属植物，各专化型的形态变异较大。已报道寄主有早熟禾属、剪股颖属、多年生黑麦草和高羊茅。

条形柄锈菌已报道寄主有草地早熟禾、杂交狗牙根(*Cynodon dactylon* ×*Cynodon transvalensis*)、多年生黑麦草和高羊茅。

禾柄锈菌和冠柄锈菌已报道寄主为剪股颖属及草地早熟禾、多年生黑麦草和高羊茅。

剪股颖生柄锈菌和结缕草柄锈菌为单主寄生，分别仅侵染剪股颖属植物和结缕草属植物。

鹿角柄锈菌已报道寄主为早熟禾属和剪股颖属植物。

7.2.4　发生规律

绝大部分侵染草坪植物的锈菌已发现转主寄主，因此对于大多数建植草坪的地区，冬孢子萌发产生的担孢子侵染转主寄主并依次形成性孢子和锈孢子，然后侵染草坪植物产生夏孢子，通过风和雨水传播着落在叶片表面反复侵染寄主。夏孢子侵染过程为萌发产生芽管并延伸直至与气孔接触，随后产生附着胞和侵染钉从气孔进入叶片细胞间隙，形成气孔下囊泡及向叶肉细胞生长的侵染菌丝，并在叶肉细胞表面形成内陷于寄主细胞壁和细胞膜之间的吸器，通过吸器外膜吸收营养。在多年生冷季型草坪上，秋末冬初产生的夏孢子也可在病株残体上完成越冬，成为翌年发病的初侵染源。亚热带地区的暖季型草坪，锈菌以夏孢子世代不断侵染的方式在寄主上存活。

锈病发生的最适宜温度为 15~25℃，空气湿度需要>95%，尤其是叶面存在自由水时有助于孢子萌发。因此，春秋季是锈病流行的主要季节，降水量多的年份或灌溉频繁地区极易暴发锈病。

7.2.5　防治

7.2.5.1　抗病品种

在发生秆锈病的地区，应优先选择 'Midnight'、'Baronie'、'Alpine'、'Newport' 等草地早熟禾品种，或早熟禾杂交品种（*Poa arachnifera*×*P. pratensis*），多年生黑麦草应优先选择 'Birdie Ⅱ' 等品种。此外，'Wabash' 和 'America' 等草地早熟禾品种对多种锈菌均具有较好的抗性。由于锈菌毒力变异频繁，上述品种的抗性并不稳定，需要适时更换新的抗病品种或将不同品种进行混播。

7.2.5.2　化学防治

三唑酮、戊唑醇、丙环唑、苯醚甲环唑等三唑类化学杀菌剂对锈病具有良好的预防和治疗作用。在发病初期（发病率<5%），对局部发现锈病的草坪叶面喷施20%三唑酮乳油1 000~3 000倍液或43%戊唑醇悬浮剂3 000~5 000倍液，能有效抑制病害。例如，大面积、持续发生锈病，可间隔2周补施1次，最多不超过3次，能有效控制病情。一般在傍晚、无风天气喷施效果最好，如有降水需进行补施。为避免药害，杀菌剂需严格按照说明书建议浓度配制，且避免在高温天气进行喷施。

7.2.5.3　栽培管理措施

灌溉充分的前提下尽可能减少灌溉次数，雨后及时排水是减轻锈病发生的有效措施。利用草皮建植的草坪，应严禁带病移栽。

7.3　黑粉病

黑粉病（smuts）是由许多种黑粉菌引起的禾草草坪常见病害之一，是由担子菌门黑粉菌纲黑粉菌目真菌寄生而引起的病害，因在感病植株上常出现大量黑色粉末状的孢子而得名。该病发生普遍，国内外均有分布，我国以北方地区受害最重。主要危害3年或3年生以上草坪，不仅引起草坪早衰，利用年限缩短，景观破坏，而且可引起人畜疾病，如黑粉孢子吸入呼吸道后可引起动物哮喘、呼吸道发炎，食入一定量后能使人畜呕吐或发生神经系统症状。据报道，寄生于禾本科植物的黑粉菌有14属600多种。在草坪中，以条形黑粉菌(*Ustilago salweyi*)引起的条形黑粉病、冰草条黑粉菌(*Urocystis agropyri*)引起的秆黑粉病和鸭茅叶黑粉菌(*Jamesdicksonia dactylidis*)引起的疱黑粉病等危害大，分布广。

7.3.1 症状

7.3.1.1 条形黑粉病和秆黑粉病

条形黑粉病和秆黑粉病为系统侵染性病害，症状基本相同。主要危害叶片和叶鞘，也危害穗轴和颖片。病株生长缓慢，矮小，叶片和叶鞘上产生长短不一的黄绿色条斑，随后变为暗灰色或银灰色，表皮破裂后释放出黑褐色粉末状冬孢子，而后病叶撕裂，呈褐色，卷曲并死亡，严重时甚至整个植株死亡。由于被侵染植株分蘖少且病株死亡，草坪常变稀，形成秃斑，引起杂草入侵。条形黑粉病症状在春末和秋季冷湿天气阶段较易出现，而秆黑粉病普遍见于初春。夏季干热条件下病株多半枯死而不易看到典型症状。草坪受到极度干旱胁迫时，条形黑粉病危害加重。

7.3.1.2 疱黑粉病(叶黑粉病)

疱黑粉病为局部性病害，病叶背面产生黑色或铅黑色椭圆形疱斑(病原菌冬孢子堆)，其长度不超过2 mm，周围常褪绿，出现黄色晕圈，严重时整个叶片褪绿，近白色。冬孢子堆始终埋生于寄主叶表皮下。感病严重的草坪远看呈黄色。

7.3.1.3 黑穗病

除上述条形黑粉病、秆黑粉病和叶黑粉病外，草坪草种子田中还可能存在黑穗病，根据黑穗病的症状，可以分为丝黑穗病、散黑穗病和坚黑穗病等。丝黑穗病在抽穗后症状明显，病株一般较矮，抽穗前病穗的下部膨大苞叶紧实，内有白色棒状物，抽穗后散出大量黑粉。散黑穗病一般为全穗受害，但穗形正常，籽粒却变成长圆形小灰包，成熟后破裂，散出里面的黑色粉末。坚黑穗病通常全穗籽粒都变成卵形的灰包，外膜坚硬，不破裂或仅从顶端稍裂开，内部充满黑粉。

7.3.2 病原菌

黑粉病病原菌为担子菌门黑粉菌纲黑粉菌目中多个属种的真菌。

7.3.2.1 条形黑粉菌

条形黑粉菌(*Ustilago salweyi* = *U. striiformis*)属于黑粉菌属，引起条形黑粉病。冬孢子堆叶片两面生，条纹状，初期由表皮覆盖，成熟后表皮破裂，释放出黑褐色粉末状冬孢子。冬孢子单胞，球形、椭球形，黄褐色至榄褐色，直径$9\sim17~\mu m$，孢壁厚$0.5~\mu m$，表面生细刺，刺长$0.5~\mu m$，间距$0.5\sim1.0~\mu m$(图7-2)。该菌有明显的寄生专化性，目前已发现6种专化型。

7.3.2.2 冰草条黑粉菌

冰草条黑粉菌属于条黑粉菌属，引起秆黑粉病。冬孢子堆生于叶片，初期为寄主表皮覆盖,成熟后表皮破裂,释放出粉状冬孢子团。冬孢子团球形、椭球形,直径18~38 μm,中心1~5个(通常1~3个)冬孢子,周围围绕多个不孕细胞。冬孢子近球形,直径11~20 μm,孢壁厚1.5~2.0 μm,暗褐色,表面光滑,不孕细胞无色至黄色,近球形,壁薄,直径3~12 μm(图7-2)。该菌有明显的寄生专化性。

7.3.2.3 鸭茅叶黑粉菌

鸭茅叶黑粉菌属于叶黑粉菌属,引起疱黑粉病。冬孢子近球形、多角形、不规则形,黄褐色至暗褐色,(7~11) μm×(8~17) μm,孢壁光滑。冬孢子成熟后仍埋生于寄主表皮下,常相互胶结成团。

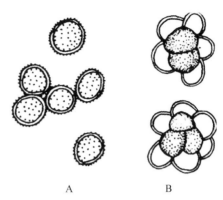

图7-2 2种黑粉菌的冬孢子(商鸿生,1996)
A. 条形黑粉菌冬孢子　B. 冰草条黑粉菌冬孢子团

7.3.3 寄主范围

黑粉菌可侵染冰草属、剪股颖属、羊茅属、大麦属、䅟草属、猫尾草属、早熟禾属和碱茅属等。有文献报道,此菌有生理专化性。例如,侵染草地早熟禾的病菌不能侵染匍匐剪股颖。

7.3.4 发生规律

病原菌冬季以休眠菌丝体在多年生寄主的分生组织内越冬,或以冬孢子在种子间、残体上和土壤中越冬。冬孢子随种子、风雨、修剪、践踏、疏草等过程而传播。灌水也可以传播孢子及病残组织。冬孢子可长期休眠(265 d)仍有生活力。

春季或秋季,条件适宜时冬孢子萌发产生担子,担子可以产生担孢子。担孢子萌发出单核菌丝,遇性别相反的芽管可发生融合,产生有侵染力的双核菌丝。有时担子也可直接萌发成芽管,与性别相反的芽管融合产生侵染菌丝。侵染菌丝侵入幼苗的胚芽鞘,或侵入成株的侧芽或腋芽部的分生组织。一旦侵入植株后,菌丝体就系统地生长到所有分蘖、根茎、新叶中去,并随器官和组织生长而蔓延。发育到一定阶段后,菌丝体产生大量冬孢子,并随寄主组织碎裂而散出黑粉状冬孢子。

新建草地的发病率较低,随草地年限增加而逐年加重。3年以上草地发病率多数较高。降水或灌溉频繁的草地或地势低洼时,黑粉病发生较重。

7.3.5 防治

7.3.5.1 选育和使用抗病草种和品种

草地早熟禾品种'Able 1'、'Adelphi'、'America'、'ApquilaBensun-34'、'Banff'、'Bristol'和'Challenger'等对一种或多种黑粉病具有一定的抗性。

7.3.5.2 使用无病播种材料

选用无病草种或草皮、茎段等。种子播种前可用福美双或克菌丹等杀菌剂处理。

7.3.5.3 种子处理

(1)温水浸种

种子浸于53~54℃温水中5 min,水量为种子质量的20倍,浸种后,摊开晾干。

(2)药物拌种

种子播种前可选用萎锈灵(3 g/kg 种子)或福美双(12 g/kg 种子)、25%羟锈宁(三唑醇)拌种剂、50%甲基托布津或多菌灵可湿性粉剂、40%拌种双可湿性粉剂等拌种,拌种药量可按种子质量的0.1%~0.2%,可有效防治此病。此外,克菌丹、氧化萎锈灵也有良好防治效果。

7.3.5.4 减少传染源

加强草坪卫生:铲除草坪田间、地边野生寄主(如毛雀麦),可以减少田间发病。

7.3.5.5 加强建植管理

做好整地工作,适期播种,避免深播,以利迅速出苗,减少病原菌侵染。

7.3.5.6 生物防治

选育对病原菌有拮抗作用的微生物,将其制成制剂对黑粉病也有一定的防治效果。

7.3.5.7 化学防治

发病初期可喷施25%粉锈宁可湿性粉剂或25%多菌灵、甲基托布津、乙基托布津等杀菌剂。

7.4 炭疽病

草坪炭疽病(anthracnose)在世界各地都有发生。该病遍布美国、加拿大和欧洲等地,我国也有分布。病原菌种类复杂,可侵染几乎所有的草坪草。以一年生早熟禾和匍匐剪股颖受害最重。除了危害禾本科草坪植物外,还可以侵染许多百合科地被式草坪植物。

7.4.1 症状

不同环境会使炭疽病表现不同的症状。冷凉潮湿时,病原菌主要引起根、茎基部腐烂,以茎基部症状最明显。病斑初期水渍状,颜色变深,并逐渐发展成圆形褐色大斑;后期病斑长有黑色小点(分生孢子盘)。天气温暖潮湿时,病原菌很快侵染老叶,明显加速叶和分蘖的衰老死亡。叶片上形成长形、红褐色的病斑,而后叶片变黄、变褐,最终枯死。当冠部组织也受侵染严重发病时,草株生长瘦弱,变黄枯死,草坪上会出现直径从几厘米至几米的、不规则状的枯草斑,斑块从红褐色到黄色,继而黄褐色,再到褐色。病株下部叶鞘组织和茎上经常可看到灰黑色的菌丝体的侵染垫,在枯死茎、叶上也可看到小黑点。而与长蠕孢菌并发的病叶、茎秆、叶鞘上会有环形、细长的紫色斑点(图7-3)。

7.4.2 病原菌

炭疽病病原菌为无性态真菌腔孢纲(Coelomycetes)黑盘孢目(Melanconiales)炭疽菌属(*Colletotrichum*)真菌(见图2-62)。

危害禾本科草坪草的为禾生炭疽菌复合种(*Colletotrichum graminicola* complex),包含地毯草炭疽菌(*C. axonopodis*)、尾孢炭疽菌(*C. caudatum*)、燕麦炭疽菌(*C. cereale*)、禾生炭疽菌(*C. graminicola*)、海南炭疽菌(*C. hainanense*,图7-4)、雀稗炭疽菌(*C. paspali*)、结缕草炭疽菌(*C. zoysiae*)等十余种。其中,冷季型草坪草病原菌多为燕麦炭疽菌(*C. cereale*),而暖季型草坪草炭疽病病原菌的寄主表现出一定的专化性。禾生炭疽菌复合种典型

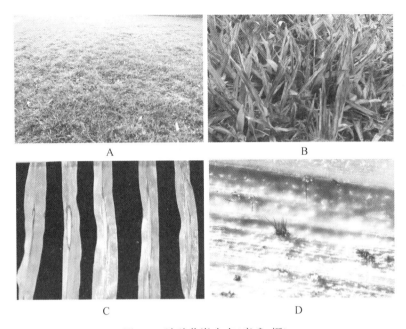

图 7-3 地毯草炭疽病(章武/摄)

A、B. 地毯草炭疽病田间症状　C. 被感染叶片上的病斑　D. 病叶组织上的海南炭疽菌的分生孢子盘

特征是分生孢子盘黑褐色，呈盘形或垫状，盘上密生棍棒状单细胞的分生孢子梗，无色至淡褐色，平滑，疏松排列成栅栏状；盘中生刚毛，刚毛黑色，长约 100 μm，有隔膜。梗顶生分生孢子，分生孢子有镰刀形或卵圆形。镰刀形孢子有时略直，单胞，无色，大小(12~16) μm ×(2.5~5.5) μm；卵圆形孢子单胞，无色，大小(9.8~41.5) μm×(2.3~7.7) μm。

百合炭疽菌(*C. liliacearum*)常侵染百合科地被式草坪植物。百合炭疽菌菌落背面呈黑色放射条纹状，刚毛丰富且直，顶端尖削。分生孢子盘圆形或扁圆形；分生孢子梗基部浅褐色，向上渐淡，筒状，不分枝；产孢细胞无色至淡褐色，瓶梗形，顶端圆；分生孢子镰刀形，较小弯曲，顶端尖削，基部钝，中央有 1 个油球，可形成白色的分生孢子团，但量少，无菌核。

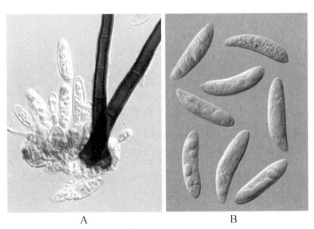

图 7-4 海南炭疽菌形态特征(章武/摄)

A. 带刚毛分生孢子盘　B. 分生孢子

7.4.3 寄主范围

炭疽病是几乎所有的草坪草上都发生的一类叶部病害，主要寄主包括：剪股颖属、野牛草属(*Buchloe*)、狗牙根属(*Cynodon*)、羊茅属、黑麦草属、雀稗属、早熟禾属、结缕草属、百合属(*Lilium*)等属植物。匍匐剪股颖、草地早熟禾、细叶羊茅和假俭草(*Eremochloa ophiuroides*)都是易感染炭疽病的草坪草种。

7.4.4 发生规律

病原菌以菌丝体和分生孢子随寄主植物和病残体越冬（越夏）。分生孢子盘在坏死组织中形成，条件适宜时，释放分生孢子。分生孢子随风、雨水飞溅传播到健康禾草上，萌发穿透叶、茎或根部组织造成侵染，一个生长季节可以有多次再侵染。温暖高湿，土壤贫瘠紧实且呈碱性，过低修剪，氮肥过剩和水分供应不足等均有利于病害发生。

7.4.5 防治

7.4.5.1 加强草坪养护管理

及时清除病残体，减少越冬菌源；发病严重时可适当增加修剪次数，同时注意提高留茬高度；平衡施用氮、磷、钾肥，适宜发病季节适量增加磷、钾肥；应深浇水，尽量减少浇水次数，避免病菌随水传播；保持土壤疏松，减少紧实程度。

7.4.5.2 选用抗病草种和品种

在冷季型草坪中，匍匐剪股颖对炭疽病表现出一定的抗性。草地早熟禾、黑麦草和细叶结缕草虽对炭疽病感病，但它们中也有一些品种表现出一定的抗病性，可以选择种植。在暖季型草坪草中炭疽病病原菌表现了一定的寄主专化性，选择适宜的抗病品种对抵御炭疽病菌侵染具有较大作用。

7.4.5.3 化学防治

发病初期可用50%混杀硫悬浮剂或36%甲基硫菌灵悬浮剂400~600倍液喷雾；也可用65%代森锌可湿性粉剂400倍液或80%炭疽福美600~800倍液喷雾。使用适当的杀菌剂混合交替使用，以减少炭疽病对杀菌剂的抗性。

7.5 币斑病

币斑病(dollar spot)又称圆斑病或钱斑病，是一种常见的草坪茎叶部病害，对几乎所有冷季型和暖季型草坪均可造成危害。该病害在北美、欧洲、亚洲和澳大利亚等世界范围内发生，常在高尔夫球场的球道、果岭等低修剪草坪上暴发。近年来，中国有20余省份均出现了不同程度的币斑病发生和流行，币斑病已成为一种综合养护花费最多的草坪病害。

7.5.1 症状

币斑病的典型症状是在草坪上形成圆形、凹陷、稻草色斑块，约钱币大小，因而得名币斑病。不同修剪程度下，币斑病症状有所不同。在高尔夫球场果岭等低修剪(0.3~0.7 cm)草坪上，呈现出凹陷、漂白色或稻草色的圆形病斑，直径一般不超过6 cm。发病严重时,病斑可连片形成更大的不规则枯草区。在公园、庭院草坪等其他留茬较高(>1.5 cm)的草坪上,可形成直径6~12 cm的不规则枯草斑,病斑连片后可覆盖大片草坪。单株植株染病时,由叶尖开始向下枯萎,叶片首先出现水浸状褪绿斑,随后叶片变褐枯黄,从叶尖开始由上而下卷曲,病斑边缘通常会环绕一圈红褐色条带,接着整个叶片迅速枯萎死亡。红棕色症状通常不会出现在一年生早熟禾上。单片叶上可密布许多小病斑,或是只呈现一个大病斑,通常情况下整叶枯萎。当叶片上有露水或长时间处于高湿度时,可以观察到该病菌的白色、絮状或蛛网状的气生菌丝生长在草坪表面,叶片干燥后菌丝消失(图7-5A)。

7.5.2 病原菌

币斑病的病原真菌为 *Clarireedia* spp.(曾为 *Sclerotinia homoeocarpa*),目前报道的可引起草坪币斑病的物种有6种,它们分别为 *C. homoecoarpa*、*C. bennettii*、*C. jacksonii*、*C. monteithiana*、*C. paspali* 和 *C. hainanense*,其中 *C. homoeocarpa* 和 *C. bennettii* 仅在欧美局部地区有所分布。*C. jacksonii* 和 *C. monteithiana* 分别主要侵染 C3 和 C4 禾草,并在世界范围内广泛分布,而 *C. paspali* 和 *C. hainanense* 仅在我国华东及南方地区分布。

币斑病菌在马铃薯葡萄糖琼脂(PDA)培养基上首先形成大量向上簇生的、白色絮状气生菌丝,成熟后菌丝集结,菌落逐渐变得致密,部分气生菌丝开始塌陷。菌落表面逐渐由白色变为淡褐色、淡黄色。后期菌落呈现紧实的垫状或片状,菌丝下层产生片状或垫状的黑色子座组织(图7-5B)。

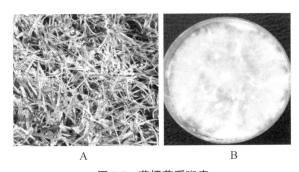

图 7-5 草坪草币斑病
A. 海滨雀稗币斑病(章武/摄) B. 病原菌棉絮状菌落(胡健/摄)

7.5.3 寄主范围

币斑病菌寄主范围极广,除主要危害匍匐剪股颖、海滨雀稗和狗牙根外,还能侵染结缕草(*Zoysia japonica*)、野牛草、草地早熟禾、多年生黑麦草等40多种冷季型、暖季型禾本科草坪草,以及石竹科(Caryophyllaceae)、旋花科(Convolvulaceae)、莎草科(Cyperaceae)和豆科(Leguminosae)在内的500余种植物。

7.5.4 发生规律

当草坪冠层温度在15~28℃,且长期处于高湿状态时,适于币斑病发生。此外,温暖潮湿的天气、重露凉爽夜温、干旱瘠薄的土壤等因素,均可加重币斑病的流行。币斑病菌属于兼性腐生菌，通常以菌丝体和子座在病株或土壤中度过不良环境。当环境条件适宜时，从病组织或子座上产生的菌丝可侵染相邻叶片。病原菌主要通过水、剪草工具、人的活动、潮湿的空气等方式传播蔓延。在高尔夫球场内，主要通过剪草机和其他维护设备将菌丝和受侵染的组织传播到健康植株上。发病时如果浇水过多或遭遇大雨，会加快病原菌的传播速度，尤其是低洼处发病较严重。自然条件下，很少发现该病原菌以有性生殖的方式传播。

7.5.5 防治

7.5.5.1 栽培管理措施

合理的水肥供应，可利用短时喷水、人工浇水或喷施表面活性剂等方法防止叶表面水珠的积累，减轻币斑病的发生。适度的氮肥水平能有效降低币斑病的发生。例如，土壤氮肥量保持在 20~25 g/m^2 能够有效降低币斑病的发生概率。硝酸铵、有机改良剂等相对于活性污泥、堆肥等能更加显著地提高草坪质量，并减轻币斑病发生。草坪染病后每 2 周施氮肥 2.44 g/m^2 左右，可减轻病害严重程度，促进草坪恢复。

7.5.5.2 化学防治

内吸性杀菌剂比保护性杀菌剂的效果好。可用于该病的保护性杀菌剂有取代苯基类（如百菌清）和二硝基苯胺类（如氟啶胺），内吸性杀菌剂有苯并咪唑类（如甲基硫菌灵）、二甲酰亚胺类（如异菌脲、乙烯菌核利）、甾醇脱甲基化抑制剂类（DMIs，如丙环唑、苯醚甲环唑、戊唑醇等）和琥珀酸脱氢酶抑制剂类（SDHIs，如噻呋酰胺、氟唑菌酰胺等）等。杀菌剂不仅可以用于治疗病害，也可用于预防币斑病发生，持效期一般为 14~21 d。

7.5.5.3 生物防治

币斑病的生物防治主要包括 3 种途径：施用有机改良剂（绿肥、堆肥等）、利用弱毒菌株和利用有益微生物。目前，对币斑病具有防治作用的生物农药在美国国家环境保护局登记有两种，即 *Pseudomonas aureofaciens* TX-1 菌株（商品名 Tx-1）和 *Trichoderma harzianum* T-22 菌株（商品名 BioTrek 22G）。

7.5.5.4 抗性品种培育

在国外，已有多个币斑病抗性品种的报道，包括匍匐剪股颖中的'L-93'和草地早熟禾中的'Awesome'、'Blue Velvet'、'Courtyard'、'Ginney'、'Perfection'。我国主要的草坪草，如匍匐剪股颖、草地早熟禾、高羊茅、狗牙根、海滨雀稗等大都易受币斑病侵染，尚无抗币斑病品种成功选育的报道。虽然几乎所有草坪草种都易感币斑病，但某些草种感染和恢复的能力有所不同。

7.6 红丝病

草坪草红丝病（red thread）俗称红线病，是由梭形红丝菌 [*Laetisaria fuciformis* (McAlp.) Burds] 真菌引起的多种草坪禾草的重要叶部病害。红丝病的典型症状是染病叶片上可见红丝状菌丝束或棉絮状节孢子团，形似红丝，因而得名红丝病。草坪草红丝病主要发生于欧洲、美洲和澳大利亚等地的潮湿冷温带地区，近年来，有研究表明红丝病也可危害我国热带地区多种暖季型草坪草。

7.6.1 症状

当病原菌侵染叶片时，叶和叶鞘上出现水浸状病斑，使叶片迅速枯干卷曲，多由叶尖向下发展，病草为稻草色至浅黄褐色。天气潮湿时，病株叶片和叶鞘上有粉红色、红色或橘色丝状菌丝束(可在叶尖的末端向外伸长约 10 mm)。清晨有露水或雨天时，菌丝束呈胶质肉状；干燥后，菌丝束变细呈线状。天气干燥时，胶状菌丝束呈鲜红色的分枝索状，常由叶尖和叶鞘上突出，有时呈分枝的鹿角状，干后变坚硬，其功能如同菌核，容易脱落在草丛之中，这有利于该病害的传播。菌丝体可覆盖全叶和叶鞘，并可使叶及叶鞘互相黏结在一起，也可集结形成棉絮状的节孢子团。红丝病在一年的不同时间，不同地点均可发生，症状多变，特别是当不产生红丝和红色棉絮状物时，诊断难度较大。

当环境适宜时，草坪染病后，叶片迅速死亡，形成环形或不规则形状，直径 5~60 cm 红褐色的病草斑块，枯死叶片散乱分布于健草之间，使草地呈现衰败景象。病情严重时，病斑可连片形成更大的不规则枯草区。如果无红丝状菌丝束或棉絮状节孢子团形成，红丝病易与币斑病和粉斑病相混淆(图 7-6)。

图 7-6　红丝病症状(章武/摄)

A. 红丝病危害海滨雀稗的典型症状　B. 海滨雀稗叶片顶端的节孢子团　C. 细叶结缕草叶片上长出的红丝状菌核

7.6.2 病原菌

病原菌为担子菌梭形红丝菌(*L. fuciformis*)，该菌膜质的子实层贴于叶片表面，厚约 0.1 mm，新鲜时呈粉红色，干后在叶片上几乎呈透明状。染病叶片边缘可形成(2~10) mm× 0.5 mm 的棒状菌丝束，新鲜时为粉红色，干燥后成鹿角状凝胶物，易碎。显微镜下，菌丝淡粉色，直径 3~10 μm，无锁状联合，菌丝隔膜厚度为 0.4~2.3 μm，菌丝多核有时可多达 11 个。担子形态一致，起源于原担子，大小(30~56) μm×(6.0~8.5) μm，顶端着生 4 个小梗，小柄长约 6 μm。幼担子不规则或椭圆形，大小(12.5~20.0) μm×(5.5~9.0) μm。担孢子椭圆形或圆柱形，透明，薄壁，光滑，顶端呈尖形，大小(9~12) μm×(5.0~6.5) μm。节孢子透明，薄壁，椭圆形至圆柱形或不规则形，大小(10~90) μm×(5~17) μm，最多可由 32 个细胞构成(图 7-7、见图 2-48)。

7.6.3 寄主范围

剪股颖属、羊茅属、黑麦草属、早熟禾属、狗牙根属、结缕草属和其他多种草坪禾草。

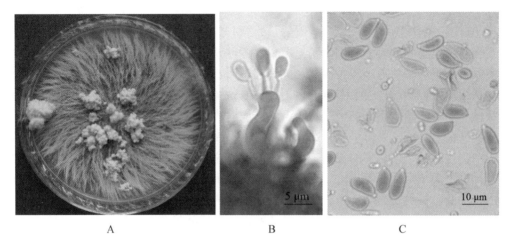

图 7-7　红丝病病原菌梭形红丝菌(章武/摄)
A. 梭形红丝菌在 PDA 培养基上的培养性状　B. 担子　C. 担孢子

7.6.4　发生规律

红丝病病原菌可通过菌丝形成的菌丝束状的"红丝"和节孢子团快速传播。"红丝"由大量平行菌丝集结而成，它们的功能和菌核相似。菌丝束最高存活温度为32℃，最低温度为-20℃，在干燥的条件下可存活达两年。菌丝束在25℃的环境下可以存活18个月，并且能够忍受长时间的低温。节孢子团和菌丝束干燥时可随流水、人畜和工具等载体进行短距离的传播，节孢子和病株残片还可随气流远距离的传播。担孢子在病害循环中的作用尚不明确。

长时间空气湿度较高有利于病原菌的生长和侵染寄主。病原菌在0~30℃均可生长，最适生长温度为15~25℃。在适宜温度下，浓雾、细雨有利于病害的发生。由于低温寡照、干旱、营养缺乏等原因导致的寄主生长缓慢极易导致红丝病的流行。当钾肥、磷肥和钙肥，尤其是氮肥缺乏时病害发生严重。红丝病可在全年危害，主要在春秋季发生较为严重。

7.6.5　防治

7.6.5.1　选用抗病品种和草种

不同草坪草种和品种对红丝病的抗性各不相同。多年生黑麦草常见具有较强抗性的品种有：'Affinity'、'Assure'、'Dandy'、'Legacy'、'Manhattan Ⅱ'、'Prelude Ⅱ'、'Prism'、'Seville'和'SR-4200'；紫羊茅常见的抗性较好的品种有：'Discovery'、'SR3100'、'Warwick'、'Nordic'、'Spartan'、'Reliant'、'SR 3000'和'Ecostar'。草地早熟禾'Mosa'、'BAR-VB8811'和'Barinet'品种有较强的抗性。紫羊茅在接种内生真菌 *Epichloë festucae* 后可显著提高对红丝病的抗病能力。

7.6.5.2　栽培管理措施

（1）合理施肥

合理施用肥料是防治红丝病的关键。红丝病发病前增施氮肥对红丝病抑制作用效果最为显著。

(2) 湿度控制

合理灌溉有利于病害的防治。应采用少灌深灌，且清晨浇灌比傍晚浇灌能更好地预防红丝病。可以通过修剪和拉绳索等去露方法减少病害发生。此外，在大面积草坪的管理养护当中，还可利用喷施表面活性剂(湿展剂)和喷洒熟石灰等方法来防止水珠在叶表面积累，减轻病害的发生。

(3) 修剪及枯草层的清理

通过打孔、铺沙和梳草等方式及时清理过厚的枯草层，移去草坪周围的落叶植物，改善空气对流状况，可减轻红丝病的发生。锋利刀片修剪可减小伤口而减轻病情。及时清除修剪草屑可减少带病叶片和菌核，防止病原菌再次在草坪中传播，从而可减轻病情。

7.6.5.3 化学防治

麦锈宁、敌菌灵、三唑酮、烯唑醇等药剂对红丝病防治效果较好。

7.7 梨孢灰斑病

禾草梨孢灰斑病(gray leaf spot)是由梨孢属(*Pyricularia*)真菌引起的常见草坪草病害，危害多种禾本科植物，主要侵染叶和茎，也可侵染穗和叶鞘。发病非常广泛，在我国贵州、海南、上海、北京、四川、河南、福建、浙江、江苏等地均有发生，严重时可导致高尔夫球场90%以上的草坪草死亡。

7.7.1 症状

初期呈水浸状的微伤或细小的褐色斑点，温暖潮湿时，侵染处会变成坏死斑点；随着斑点扩大，病斑呈灰色、棕色或红褐色的长圆形、长条形、纺锤形或不规则形。病斑中部一般为灰褐色至灰白色，边缘呈褐色至紫褐色，有黄色晕圈。高湿条件下，病斑上可出现霉层。严重发病时大量叶片枯死，整片草坪呈焦枯状；在地势低洼或排水不畅处，草坪呈现出淡色的斑块状，接着会产生区域性不规则形的大块草皮下沉(图7-8)。

7.7.2 病原菌

病原菌主要为灰梨孢(*Pyricularia grisea*)。近年来，根据多项分类技术发现稻梨孢(*P. oryzae*)也是侵染草坪草的真菌病原之一；病原菌有生理专化现象(见图2-61)。

灰梨孢：分生孢子梗单生或丛生，多不分枝，顶部屈膝状弯曲，淡褐色，有隔膜，$(55\sim200)\mu m \times (3.5\sim5.5)\mu m$；产孢细胞多芽生，圆柱状，合壁芽生产孢，合轴式延伸；分生孢子单生，倒梨形，无色至灰绿色，2个隔膜，$(17.0\sim31.5)\mu m \times (6.0\sim10.5)\mu m$。

稻梨孢：分生孢子梗单生或丛生，顶部屈膝状，淡棕色；分生孢子倒梨形，1~2个(绝大多数2个)隔膜，$(22\sim31)\mu m \times (7.4\sim11.2)\mu m$。

7.7.3 寄主范围

灰梨孢可侵染剪股颖、狗牙根、假俭草、高羊茅、多年生黑麦草、多花黑麦草(*L. multiflorum*)、草地早熟禾、钝叶草(*Stenotaphrum secundatum*)、日本结缕草及一些杂草。

图 7-8　禾草灰斑病
A. 草坪田间症状(张家齐, 2017)　B. 多花黑麦草症状　C. 马唐症状　D. 狗尾草症状(B~D. 薛龙海/摄)

稻梨孢主要侵染多花黑麦草和钝叶草。

7.7.4　发生规律

病原菌以休眠菌丝体或分生孢子在病株残体或种子上越冬(越夏)。当温湿度适宜时产生大量分生孢子,随风、水、机械、种子携带、动物和人为活动等传播;当空气中水分饱和及叶面湿润时,孢子在寄主叶面萌发,形成新的侵染。高温高湿有利该病的发生、发展,发病适温和菌丝体的适宜发育温度分别为25~30℃和8~37℃。通常在新建植的草坪上发病比成熟草坪上严重,尤其是氮肥施用较多的地区。

7.7.5　防治

7.7.5.1　选用抗病草种或品种

不同草坪草种和品种对灰斑病的抗性各不相同,在草坪建植时,需选用抗病草种和品种。

7.7.5.2　加强栽培管理

避免干旱和偏施氮肥,防止土壤紧实,减少枯草层或病残体,精心养护。

7.7.5.3　化学防治

发病初期,可选用代森锌;病害发生后,可用稻瘟灵、多菌灵、甲基硫菌灵、丙环唑等进行防治。

7.8 内脐蠕孢叶枯病及根茎腐病

内脐蠕孢叶枯病及根茎腐病(drechslera disease)是由核腔菌属(*Pyrenophora*)真菌引起的一类草坪禾草上普遍发生的重要病害,属世界性草坪病害。在我国贵州、北京、陕西、甘肃、上海、河北、河南、山东、浙江、吉林、新疆、云南、重庆、江苏、辽宁、湖南、宁夏、广东、四川等省(自治区、直辖市)的草坪上均有发生。主要引起叶斑和叶枯,也危害芽、苗、根、根状茎和茎基等部位,产生种腐、芽腐、苗枯、根腐和茎基腐等复杂症状。主要侵染早熟禾、黑麦草和羊茅等草坪草。根据不同的病症,又称叶斑病、叶枯病、网斑病、大斑病、赤斑病、根腐病和茎基腐病等。在适宜条件下,该病发展迅速,造成草坪早衰、秃斑,出现枯草斑和枯草区,严重危害草坪景观。

7.8.1 症状

病斑主要分布在中、下部叶片,新叶很少发现。初期病斑呈椭圆形或卵形(水渍状)小斑点,并以此为中心逐渐向纵横方向扩展,形成典型的棕色至棕褐色,或红褐色至紫黑色斑点;常伴有黄色晕圈。病斑进一步增大成为长椭圆形、长梭形、网斑形或不规则形;中心多枯死,褐色、黄褐色至枯黄色或枯白色,边缘暗褐色;相互愈合后形成较大的坏死斑。潮湿条件下病斑上产生灰黑色霉状物。老叶症状比嫩叶突出。后期病斑扩散至茎秆,病叶从尖部向下枯萎;严重时,整个叶片或分蘖大量死亡,使草坪稀疏。

病原菌侵染根、根茎和茎基部后,病部呈褐色至黑褐色,根系稀少,较短,导致叶片褪绿、萎蔫,病株褐变死亡,与镰孢菌(*Fusarium*)引起的症状相似;草坪出现衰弱、稀疏,形成不规则形状的草地斑,斑内禾草矮小,下部叶片退绿变黄或枯白死亡;在适宜发病条件下,根部腐烂,地上部分很快随之枯死(图7-9)。

图7-9 禾草内脐蠕孢叶枯病(薛龙海/摄)
A. 多花黑麦草 B. 狗尾草

7.8.2 病原菌

核腔菌属(*Pyrenophora*,见图2-41)是内脐蠕孢属(*Drechslera*)的有性态。病原菌主要为网斑核腔菌(*P. dictyoides*)、早熟禾核腔菌(*P. poae*)、黑麦草核腔菌(*P. lolii*)和圆柱核腔菌(*P. teres*)。*P. erythrospila* 和 *P. catenaria* 可引起剪股颖赤斑病。

网斑核腔菌：异名为 *Drechslera andersenii*。分生孢子梗多单生，少数集生，直立或弯曲，具分隔，多膝关节状，天蓝色至暗棕色或灰黑色，长可达 430 μm。分生孢子麦秆色或淡褐色至棕褐色，直立或稍微弯曲，圆柱状至棒状，0~14 个隔膜，多数为 5~9 个，脐点凹陷于基细胞内，孢子大小 (43.8~278.0) μm×(8.2~18.6) μm。

早熟禾核腔菌：分生孢子梗单生或集生，直或弯，屈膝状，褐色，有分隔，长可达 250 μm，宽 8~12 μm，有时基部膨大；分生孢子单生，圆筒状或棍棒状，正直，成熟后黄褐色，1~12 个隔膜，多数 5~8 个，(21~160) μm×(14~32) μm。

黑麦草核腔菌：异名为干枯内脐蠕孢(*D. siccans*)。分生孢子梗单生或数根束生，直立，有时上部屈膝状，褐色，基部膨大，长可达 400 μm。分生孢子圆筒状，往两端略尖削，浅黄色至褐色，1~11 个隔膜，多数 4~6 个，(30~170) μm×(14~22) μm。

圆柱核腔菌：异名为禾核腔菌(*P. graminea*)、*D. tuberosa* 和 *D. japonica*。分生孢子梗多散生，直或弯，不分枝，褐色，上部屈膝状弯曲；分生孢子单生，顶侧生，直或弯，棍棒状或圆柱状，淡褐色至褐色，5~8 个隔膜，(60~120) μm×(18~21) μm。

7.8.3 寄主范围

网斑核腔菌可侵染：羊茅、多年生黑麦草和多花黑麦草。

早熟禾核腔菌可侵染：剪股颖、狗牙根、高羊茅、细叶羊茅、多年生黑麦草、草地早熟禾和结缕草。

黑麦草核腔菌可侵染：狗牙根、高羊茅、多年生黑麦草、草地早熟禾和日本结缕草。

圆柱核腔菌可侵染：匍匐剪股颖、狗牙根、高羊茅、多年生黑麦草、草地早熟禾、沟叶结缕草(*Z. matrella*)和日本结缕草。

7.8.4 发生规律

内脐蠕孢叶枯病主要初侵染菌源来自种子和土壤，病原菌以菌丝体潜伏在种皮内或以分生孢子附着在种子表面。禾草种子播种后，在整个萌发、出苗过程中，胚芽鞘、胚根鞘和种子根等部位都可受到来自种子或土壤的病原菌侵染，造成烂芽、烂根、苗腐等复杂症状。适宜条件下，病原菌产生大量分生孢子经风、雨水、灌溉水、机械或人和动物的活动等传播到健康的叶或叶鞘上，导致内脐蠕孢叶枯病流行。

在已经建植的草坪的地上部分，病原菌以菌丝体或分生孢子在病叶组织或残体上越冬(越夏)，成为翌年初侵染源。通常暖春季节在适宜的温湿度条件下发生新的侵染，形成少量新病斑；4 月下旬至 6 月或 9 月下旬至 11 月底一般为发病高峰期。地下部分主要通过菌丝生长和病健根的接触进行病害的传播。

影响内脐蠕孢病害流行的因素很多，其中最重要的是温湿度条件。病原菌分生孢子在 3~27℃均可萌发，适温 15~18℃，20℃上下最适于侵染发病。多雨天气，未修剪且密度大的地段，常出现急性发病中心，叶片成团枯死腐烂。多年生草场、种植过密、积累枯病残叶及氮肥施用过多的地块都有助于病原菌量积累和加重病害流行。常与锈病混合发病。草种和病害不同，对环境条件的要求也略不相同，剪股颖赤斑病和狗牙根环斑病则主要发生在温度较高的季节,天气冷凉时发病迟缓。根和茎基部病害多在天气较热时发生,在长时间干旱后经受大雨或大水漫灌,可以使根病严重发生,造成腐烂。

7.8.5 防治

7.8.5.1 加强种子检疫

精选抗病品种或耐病的无病种子,提倡不同草种或品种混合种植。

7.8.5.2 加强草坪的养护管理

①及时修剪,保持草坪植株适宜高度,防止由于植株生长过高、过密而导致病害的发生。②及时清除病残体和修剪的残叶,经常清理枯草层。③叶面定期喷施1%~3%磷酸二氢钾溶液,提高植株的抗病性。④加强水分管理,浇水应在早晨进行,特别是不能在傍晚灌水。避免频繁浅灌,要灌深、灌透,减少灌水次数,但要避免草坪积水。⑤适时播种,适度覆土,加强苗期管理以减少幼芽和幼苗发病。⑥合理使用氮肥,特别避免在早春和仲夏过量施用,适当增施磷、钾肥。

7.8.5.3 化学防治

播种时用种子质量0.2%~0.3%的15%~25%三唑酮或50%福美双可湿性粉剂拌种;早春、初秋的多雨季节,叶面喷洒三唑酮、代森锰锌、甲基托布津或百菌清可以预防病害的发生;草坪发病初期喷施25%敌力脱乳油、25%三唑酮可湿性粉剂、70%代森锰锌可湿性粉剂、50%福美双可湿性粉剂、12.5%戊唑醇可湿性粉剂等药剂,能较好地控制病情发展;病害盛行期采用20%粉锈宁1 000倍液加高脂膜200倍组成复配剂喷雾,或用50%多菌灵或甲基托布津800倍液与高脂膜复配施用;如无高脂膜,上述药剂可单用,但喷药次数相应增加。每隔7~10 d防治1次,每次发病高峰期防治2~3次,可收到明显的效果。喷药量和喷药次数,可根据草种、草高、植株密度以及发病情况确定,同时参照农药说明。

7.9 弯孢霉叶枯病

弯孢霉叶枯病(curvularia leaf blight)又称凋萎病,是草坪上普遍发生的病害,几乎在我国各省份均有分布,主要危害早熟禾、剪股颖、羊茅、狗牙根、结缕草和黑麦草等属草坪草。植株中、下部叶片发病较多。弯孢霉主要侵染叶片、叶鞘和茎部,发病严重时可侵染茎基部及根系,导致植株枯死,出现椭圆形至不规则形的枯草斑。

7.9.1 症状

发病草坪衰弱、稀疏、出现不规则的枯草斑或枯草条纹,发病严重时,整个叶片变黄皱缩,斑块聚集变大。枯草斑内的草矮小,呈灰黄色或灰白色;叶片或叶鞘有梭形至不规则形病斑,病叶呈黄色、灰色或褐色,叶鞘和茎基部变为深褐色,腐烂。潮湿环境中,病部有黑色霉状物(分生孢子梗和分生孢子),有时出现灰白色气生菌丝。在匍匐剪股颖上,叶片从黄色变到棕褐色最后凋落;在细叶羊茅和紫羊茅上有时能观察到中心棕褐色或灰色、边缘红色到棕色的叶斑,但在匍匐剪股颖上却观察不到。同种弯孢菌侵染不同寄主所致症状不同:新月弯孢(*C. lunata*)侵染寄主后,黑麦草上呈中央白色枯死,边缘黑色或灰褐色;海滨雀稗上呈棕色,边缘红褐色;皇竹草上最初呈深红色小斑,随后病变至中心呈浅灰色，边缘深棕色，周围有黄色晕圈；钝叶草上病斑中央呈黄褐色或灰白色，且产生一些黑色小粒点；稗草和狗尾草上呈梭形或不规则形，灰白色，边缘深褐色；马唐上为梭形，中间浅褐色，边缘深褐色；虎尾草上呈圆形病斑，黑色。间型弯孢（*C. intermedia*）侵染后，多花黑麦草上病斑呈浅灰色，而柔枝莠竹上呈黄色至黄棕色坏死斑点。不同种的弯孢菌所致症状也不同：如新月弯孢侵染草地早熟禾上病斑中部灰白色，周边褐色，外缘有明显黄色晕圈，数个病斑汇合造成叶片枯死；不等弯孢（*C. inaequalis*）所致的病株茎基部叶片变褐、腐烂，病叶上生褐色病斑，中部青灰色，有黄色晕。三叶草弯孢在三叶草上形成的典型病斑多由叶片顶部或侧缘向内发展呈楔形，边缘有鲜黄色带。近缘弯孢（*C. affinis*）侵染后，草坪叶片斑点为灰棕色，边缘为黑色；*C. malina* 可导致草坪上出现黑色区域，长 2~15 cm，常出现在高尔夫球场的果岭和球道草坪上（图 7-10）。

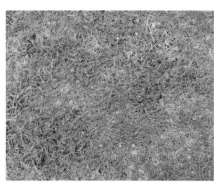

图 7-10 杂交狗牙根弯孢霉叶枯病症状（章武/摄）

7.9.2 病原菌

引起该病的病原菌为无性态真菌弯孢属（*Curvularia*）真菌。其主要特点是分生孢子梗和分生孢子均为褐色。分生孢子梗单枝或分枝，直或弯曲，上部屈膝状，有隔，长可达 900 μm，分生孢子顶侧生，椭圆形、梭形、舟形或梨形，常向一侧弯曲，12~50 μm 长，3~4 个隔膜，中间细胞膨大颜色深，两端细胞稍浅（见图 2-59）。分生孢子的形状、大小、分隔数、最宽细胞位置、脐部是否突出等特征都是区分种的重要依据。病菌的不同株系毒力差异明显。根据分生孢子的形态，草坪草上的弯孢霉主要划分为 3 种类型：①3 个隔膜，从基部开始的第三个细胞增大；②3 个隔膜，中间两个细胞增大；③4 个隔膜，中间细胞增大。主要种类有：新月弯孢、车轴草弯孢（*C. trifolii*）、疣弯孢（*C. verruciformis*）和 *C. gladioli* 为第一种类型；间型弯孢和棒弯孢（*C. clavata*）为第二种类型；膝曲弯孢（*C. geniculata*）、不等弯孢和近缘弯孢（*C. affinis*）为第三种类型等。主要分生孢子特征如下：

新月弯孢：3 个隔膜，两端细胞不对称，(17.1~37.5) μm×(6.2~19.0) μm。

车轴草弯孢：3 个分隔，脐点突出，(21.9~32.7) μm×(9.5~16.0) μm。

疣弯孢：3 个隔膜，孢身有疣，(17~36) μm×(11~15) μm。

C. gladioli：3 个隔膜，(23.5~32.0) μm×(11.5~16.0) μm。

间型弯孢：3 个隔膜，纺锤形，(27.3~40.9) μm×(13~18) μm。

棒弯孢：3 个隔膜，棍棒状，脐不明显，(12~24) μm×(5.0~14.5) μm。

膝曲弯孢：3~4 隔膜，(12.8~45.0) μm×(7~15) μm。

不等弯孢：4个隔膜，两端细胞多数对称，(25~48)μm×(8~13)μm。
近缘弯孢：4个隔膜，脐几乎不隆起，(17.0~30.6)μm×(10.9~13.6)μm。
多特异弯孢(*C. spicifera*)：异名为 *Bipolaris spicifera* 和 *B. tetramera*；3~4个隔膜，圆柱形，两端钝圆且色淡，(22.4~37.0)μm×(8.2~17.0)μm。

7.9.3 寄主范围

弯孢属真菌能够侵染所有的常见草坪禾草和多种禾本科杂草。具体如下：
棒弯孢可侵染：狗牙根、假俭草、一年生早熟禾、中华结缕草(*Zoysia sinica*)。
膝曲弯孢可侵染：狗牙根、多年生黑麦草、雀稗、一年生早熟禾、草地早熟禾。
不等弯孢可侵染：匍匐剪股颖、狗牙根、杂交狗牙根、多年生黑麦草、高羊茅、细叶羊茅、加拿大早熟禾(*Poa compressa*)、草地早熟禾、细叶结缕草、日本结缕草。
间型弯孢可侵染：隐子草属(*Cleistogenes* sp.)、多花黑麦草、雀稗、草地早熟禾。
新月弯孢可侵染：匍匐剪股颖、地毯草(*Axonopus compressus*)、狗牙根、杂交狗牙根、高羊茅、细叶羊茅、紫羊茅、多年生黑麦草、海滨雀稗、一年生早熟禾、加拿大早熟禾、草地早熟禾、钝叶草、日本结缕草、中华结缕草。
车轴草弯孢可侵染：车轴草属(*Trifolium*)。
多特异弯孢可侵染：高羊茅、紫羊茅、多年生黑麦草、草地早熟禾。
疣弯孢可侵染：狗牙根、杂交狗牙根。
C. gladioli 可侵染：唐菖蒲。

7.9.4 发生规律

弯孢霉主要以菌丝体和分生孢子在病残体上越冬，翌年春季随气温升高而大量产孢，借气流和雨水传播，并进行再侵染，夏秋季节持续发生。高温逆境时寄主植物易受病菌侵染，病害主要发生在30℃左右的高温和高湿条件下，比平脐蠕孢所致病害的最适温度略高。一般而言，弯孢霉对寄主植物的毒性较核腔菌小。病菌还能在土壤表面腐生。种子普遍带菌。管理不善，修剪不及时，生长势衰弱的草坪易被侵染，高温、高湿与过量施用氮肥有利于病害流行。

7.9.5 防治

参照内脐蠕孢叶枯病及根茎腐病的防治方法。

7.10 平脐蠕孢叶枯病

平脐蠕孢叶枯病(bipolaris leaf blight)是草坪常见病害，发生较普遍，在我国各地均有分布。平脐蠕孢属的多个种均可侵染禾草，主要危害叶片和叶鞘，以植株中、下部发病较多；也可危害匍匐茎和根茎部，引起茎腐、茎基腐和根腐。发病严重时，多数植株枯萎死亡、草坪稀疏、早衰，形成枯草斑或枯草区。

7.10.1 症状

草坪禾草被侵染后，通常症状与弯孢霉叶枯病的症状相似。病斑形成初期，在叶片上出现小的褐色或暗紫色至黑色的椭圆形、梭形或不规则形斑点。随着斑点扩大，其中心常变为浅棕褐色至黑褐色，外缘通常有黄色晕圈。潮湿条件下表面生黑色霉状物。当温度超过30℃时，明显的斑点常消失，整个叶片变干并呈稻草色。根茎部染病后，根系褐色至黑褐色，稀少，较短。在凉爽天气时病害一般局限于叶片。在高温、高湿天气时发病较为严重，引起根腐和茎基腐，可致全株死亡；感病草坪出现衰弱、稀疏，形成不规则形状的草地斑；斑内禾草矮小，下部叶片褪绿变黄或枯白死亡。由于寄主的不同，平脐蠕孢叶枯病的症状也有所不同。平脐蠕孢侵染后，高羊茅叶片上早期呈现不规则的橘红色病斑；狗尾草上通常呈长梭形病斑，中间灰白色、边缘深褐色；牛筋草上病斑呈深褐色长条形病斑；狗牙根、结缕草等的匍匐茎上产生椭圆形的病斑，病斑中央灰白色(图7-11)。

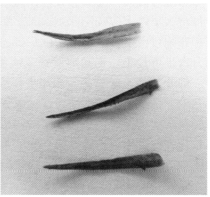

图7-11 杂交狗牙根平脐蠕孢叶枯病(章武/摄)

7.10.2 病原菌

病原菌主要为禾草平脐蠕孢(*Bipolaris sorokiniana*)：分生孢子梗单生，少数集生，圆筒状或屈膝状，有隔膜，橄榄褐色至褐色，长可达264 μm；分生孢子直或弯曲，纺锤形或长椭圆形，棕褐色至黑色，2~12个隔膜，(29~120)μm × (14~28)μm(见图2-60)。

另外，至少有10种平脐蠕孢属菌物可引起草坪平脐蠕孢叶枯病，其他常见禾草平脐蠕孢属病原菌物及主要形态学特征见表7-1所列。

表7-1 其他常见禾草平脐蠕孢属病原菌及主要形态学特征

病原菌	分生孢子主要特征		
	形状	隔膜/个	大小/μm
B. bicolor	圆筒状	3~14	(20~135)×(11.5~20.0)
狗牙根平脐蠕孢(*B. cynodontis*)	纺锤形	3~8	(13.7~15.8)×(43.5~66.1)
B. gigantea	圆筒状	3~6	(200~390)×(15~30)
B. heveae	拟纺锤形	4~9	(42.5~90.0)×(11.0~17.5)
玉蜀黍平脐蠕孢(*B. maydis*)	拟纺锤形	7~11	(71.5~102.0)×(15.0~17.5)
佩立金平脐蠕孢(*B. peregianensis*)	纺锤形	6~10	(51.3~86.7)×(12.1~18.5)
狗尾草平脐蠕孢(*B. setariae*)	拟纺锤形	5~10	(48.9~97.8)×(12.2~14.7)

7.10.3 寄主范围

禾草平脐蠕孢：匍匐剪股颖、狗牙根、高羊茅、紫羊茅、多年生黑麦草、草地早熟禾、日本结缕草、中华结缕草。

B. bicolor：高羊茅、多年生黑麦草、草地早熟禾。

狗牙根平脐蠕孢：狗牙根、高羊茅、紫羊茅、多年生黑麦草、草地早熟禾、结缕草。

B. gigantea（异名为 *Drechslera gigantea*）：剪股颖、狗牙根、高羊茅、多年生黑麦草、草地早熟禾。

B. heveae：结缕草。

玉蜀黍平脐蠕孢：狗牙根。

佩立金平脐蠕孢：狗牙根、杂交狗牙根。

狗尾草平脐蠕孢：早熟禾。

7.10.4 发生规律

平脐蠕孢叶枯病菌是以菌丝及分生孢子在病种子、土壤和病残体上越冬，成为翌年春季的侵染源。初侵染源主要来自带菌种子和土壤中病残体，引起幼苗地下部分和茎叶发病。已建成的草坪，病原菌以持续侵染的方式多年流行。茎叶发病主要是由气流和雨水传播的分生孢子再侵染引起的；一般在春秋雨露多而气温适宜时，造成叶斑和叶枯；夏季高温高湿时期，造成根和茎基部腐烂。禾草平脐蠕孢多在夏季湿热条件下侵染冷季型草坪草，当气温升至20℃左右时，只发生叶斑，随着温度的升高，叶斑越加变得明显。当气温升至29℃以上且高湿时，表现严重叶枯并出现茎腐、茎基腐和根腐，造成病害流行。其他平脐蠕孢菌引起的茎叶发病，适温一般都在15~18℃，超过27℃病害受到抑制，因而在春季和秋季发病较重。狗牙根、结缕草、雀稗等暖季型草坪禾草茎叶部病害多在冷凉多湿的春秋季流行，根部和茎基部则以较干旱高温的夏季发病较重。

草坪肥水管理不良、高湿郁闭、病残体和杂草多等都有利于发病。播种建植草坪时，种子带菌率高、播期选择不当，气温低，萌发和出苗缓慢或者因覆土过厚而出苗期延迟及播种密度过大等因素都可能导致烂种、烂芽和苗枯等症状。此外，在冬季和早春禾草根部遭受冻害及地下害虫咬食造成的伤口较多等情况下根病也会严重发生。

7.10.5 防治

参照内脐蠕孢叶枯病及根茎腐病的防治方法。

7.11 黑孢霉枯萎病

黑孢霉枯萎病（nigrospora wilt）主要危害早熟禾、雀稗、结缕草、狗牙根、黑麦草等多种禾草，使草地稀疏和发生叶斑。国内分布于北京、广东、广西、重庆、陕西、海南、辽宁等地。常发生在黑麦草、羊茅和早熟禾上。

7.11.1 症状

病叶由尖端开始枯死，可达叶鞘，叶片和叶鞘上出现椭圆形、梭形或不规则形病斑，有时出现淡黄褐色水渍状病斑，边缘褐色至红褐色，中央呈青灰色至灰白色，周围有浅黄色光晕，有时病斑中间穿孔；温暖潮湿的天气，发病部位产生大量蓬松的白色菌丝体；也可侵染根或匍匐茎，造成根腐或茎基腐病。严重发病时，大面积草坪均匀枯萎，出现枯草圈或不规则的枯草斑块（图7-12）。

图7-12　黑孢霉枯萎病
A. 草坪病症（李广硕，2019）　B. 黑籽雀稗（刘晓妹等，2014）　C. 象草（Han et al，2019）

7.11.2　病原菌

病原菌主要为球黑孢（*Nigrospora sphaerica*）。近年来，稻黑孢（*N. oryzae*）和木樨黑孢（*N. osmanthi*）分别在象草和钝叶草上报道过（见图2-58）。

球黑孢：分生孢子梗分化不明显，屈膝状，有隔膜，无色至暗褐色，宽4～9 μm；产孢细胞安培瓶状或近球形，无色，直径8～11 μm；分生孢子顶生，单生，球形或近球形，亮黑色，单胞，直径13～25 μm。

木樨黑孢：分生孢子单生，球形或近球形，亮黑色，直径14.3～18.6 μm。

7.11.3　寄主范围

球黑孢：剪股颖、狗牙根、杂交狗牙根、高羊茅、紫羊茅、多年生黑麦草、草地早熟禾、钝叶草和日本结缕草。

木樨黑孢：钝叶草。

7.11.4　发生规律

病原菌以分生孢子和菌丝体在病残体上越冬（越夏）。在温暖潮湿的条件下孢子萌发，通过风雨或农具传播；病斑在高湿时产生大量的气生菌丝，通过搭接也可以进行新的侵染。温暖高湿的天气也有利于发病，夜间浓雾、降水可造成病害严重发生。此病多发生于干热的夏季；另外，土壤干燥、贫瘠也有利于发病。

7.11.5　防治

7.11.5.1　优化田间管理

夏季干热时，每3～4 d灌溉1次草地，湿土层深需达5.0～7.5 cm；科学均衡施肥，可增加禾草抗病力。

7.11.5.2 化学防治

可用70%甲基托布津500倍液和50%多菌灵300倍液等进行防治。

7.12 壳针孢叶斑病

壳针孢叶斑病(septoria leaf spot)是由壳针孢属(*Septoria*)多种菌物引起,分布较广,可危害多种禾草,但危害不严重。

7.12.1 症状

发病初期,叶尖可见斑点状、条状或网状的小型病斑,病斑初期灰色、灰绿色和褐色,而后褪色呈现黄褐色,接着病斑逐渐扩大或汇合形成更大病斑,最终叶片从叶尖枯萎,整个草坪呈焦枯的稻黄色(图7-13)。有时,病斑上可见黄褐色至黑色的小粒点,即病原菌的分生孢子器。

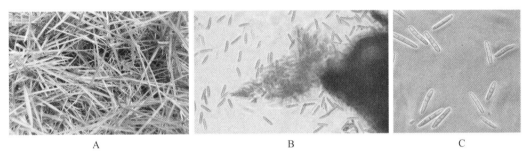

图7-13 结缕草壳针孢叶斑病(章武/摄)
A. 田间症状 B. 壳针孢分生孢子器和分生孢子 C. 分生孢子

7.12.2 病原菌

病原菌为无性态真菌腔孢纲球壳孢目壳针孢属(*Septoria* spp.)真菌,危害草坪草的病原有:粗柄壳针孢(*S. macropda*)、黑麦草壳针孢(*S. loligena*)、*S. tenella*、*S. calamagrostidis*、狗牙根壳针孢(*S. cynodontis*)、鹅观草壳针孢(*S. agropyrina*)等。病原菌在草坪草叶片上产生的分生孢子呈金黄色、浅棕色至黑褐色,球形,直径大都为40~200 μm。分生孢子无色,丝状、针状或棍棒状,直或弯曲。0~5个隔膜,大小(5~85)μm×(1~9)μm(图7-13、见图2-66)。

7.12.3 寄主范围

早熟禾属、黑麦草属、羊茅属、剪股颖属、冰草属、狗牙根属和结缕草属等多种禾草。

7.12.4 发生规律

病原菌以分生孢子器和菌丝体在病残体中越冬(越夏)。在春季和秋季,凉爽潮湿的时期,分生孢子从分生孢子器释放,并通过农机、人畜和雨水传播至叶片。当温度低于10℃时,分生孢子可在叶片上长期休眠,当温度高于16℃,孢子萌发并开始侵染叶片。凉爽潮湿的气候有利于病害的快速发生。修剪后的草坪易被病原菌侵染。

7.12.5 防治

合理施肥和管理能有效减轻病害的发生，修剪时保持叶面处于干燥，且刀片锋利减少伤口的产生。保持土壤氮肥和正确使用植物生长调节剂可降低病原侵染的风险。适时采用化学防治。

7.13 粉斑病

粉斑病(pink patch)是由担子菌门伏革菌科(Corticiaceae)粉斑伏革菌(*Limonomyces roseipellis*)导致的草坪草叶部病害，其在英国、荷兰、意大利和中国曾有报道，但其很可能在全世界范围都有分布(图7-14)。

图 7-14　杂交狗牙根粉斑病(章武/摄)

7.13.1 症状

粉斑病症状与红丝病十分相似，草坪染病后多形成直径5~10 cm粉红色至淡黄褐色的圆形或不规则枯草斑。然而，粉斑病的传播速度和危害程度均小于红丝病。病原菌侵染草坪后不会显著地降低草坪草的生长速度，并且被病原菌侵染的叶片也并不出现明显的褪绿。

粉斑病病原菌侵染草坪草叶片时，粉红色菌丝束覆盖于叶片之上。病原菌菌丝体首先开始缠绕于叶片边缘，而后逐渐覆盖整个叶片。病原菌菌丝通过表皮气孔或者伤口直接侵入叶片。病原菌侵入叶片后，首先开始产生病斑，病斑逐渐扩大形成水浸状叶斑，然后由叶片尖端向下枯萎死亡。当叶片干枯时，发病叶片与枯死叶片缠绕在一起，叶片逐渐褪绿至稻草色和漂白色。粉斑病与红丝病的区别在于：粉斑病不产生红丝状菌核或者粉红棉絮状的节孢子团(图7-15)。

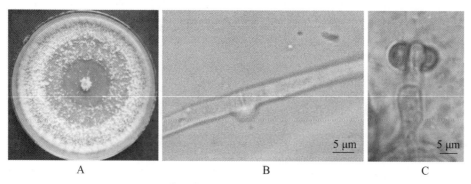

图 7-15　粉斑伏革菌培养性状及形态学特征(章武/摄)

A. 粉斑伏革菌在PDA培养基上的培养性状　B. 带有锁状联合的菌丝　C. 担子和担孢子

7.13.2 病原菌

病原菌为粉斑伏革菌(*L. roseipellis*),该菌膜质的子实层紧贴于叶片之上,厚约 200 μm,新鲜时呈舒展、倒置的粉红色或橘红色蜡质状,干后呈奶油色粉霜状。有单系菌丝,菌丝直径 2.3~6.1 μm,菌丝隔膜处有索状联合,菌丝双核。担子由幼担子发育而来,大小(27~70)μm×(6.5~8.5) μm,顶端着生 4 个小梗,大小(4.5~9.0) μm×(2.5~3.5) μm。幼担子不规则或椭圆形,大小(11~28)μm×(4.5~13.0) μm。担孢子椭圆形或圆柱形,透明,薄壁,光滑,顶端呈尖形,大小(9~14)μm×(4.5~6.5) μm(图 7-15、见图 2-49)。

7.13.3 寄主范围

粉斑病病原菌可侵染剪股颖属、狗牙根属、羊茅属、黑麦草属和早熟禾属等草坪草。

7.13.4 发生规律

粉斑病除不产生节孢子团和红丝状菌丝束外,其流行和病害发生规律与红丝病相似。正因如此,红丝病得以远距离传播,而粉斑病传播距离较短。粉斑病通常可在红丝病危害的草坪上同时发生,甚至两种病原菌可以在同一植株上出现。当土壤氮肥缺乏时,粉斑病危害更为严重。粉斑伏革菌在 4~32℃均能生长,但最适生长温度为 20~28℃。在自然条件下,粉斑病通常在春秋季的冷湿条件下危害最为严重,但只要在足够潮湿的情况下,可在任何时候发生。粉斑病的传播速度较慢,因此,大多危害修剪较少或生长速度较慢的草坪。病原菌可在病株上以菌丝的形式存活很长时间。

7.13.5 防治

参照红丝病的防治方法。

7.14 小光壳叶枯病

小光壳属(*Leptosphaerulina*)真菌是草地早熟禾、多年生黑麦草和剪股颖属植物等冷季型草坪草上常见的腐生型致病菌,可引致叶斑或叶枯类病害(*Leptoshaerulina* leaf blight),在中国、美国及波兰等北欧国家的湿润地区发生较为普遍,南非等国家也有报道。

7.14.1 症状

叶片顶部开始发病,随后蔓延至叶鞘。发病部位初期为水渍状褪绿,后期呈枯黄色、红棕色至棕褐色病斑,表面可见黑棕色的小点,即假囊壳,发病严重时导致地上植株枯死。草坪外观常形成小的枯萎斑,类似割草机或者霜冻引起的损伤。

7.14.2 病原菌

小光壳属病菌为具有深色假囊壳的丝状子囊菌,子囊果黑棕色,椭球性或扁球形,顶部突起;子囊双层壁,短棒状至囊状,簇生;每个子囊有 8 个子囊孢子,透明至棕褐色,长圆形、圆柱形或椭球形,1~7个横隔膜,0~5个纵隔膜,通常第二个细胞最大(见图2-40)。

该属的模式种为南方小光囊壳(*Leptosphaerulina australis*),假囊壳聚生,埋生或稍有瘤状突出,浅棕色,150 μm;子囊短棍棒状或囊状,2~3列簇生,(75~80)μm×(28~50)μm;子囊孢子8个,初期透明,后期变为棕褐色,长圆形,有5个横隔膜,中间部位有2个纵隔膜,(30~32)μm×11 μm。小光壳属侵染草坪草的其他几个种有:*L. crassiasce*、*L. trifolii*、*L. argentinensis*、*L. americana*、*L. sidalceae*,各个种的子囊孢子形态特征见表7-2所列。小光壳属真菌的无性态较为少见,仅 *L. chartarum* 等少数种上发现无性态为皮司霉(*Pithomyces*)真菌。

表7-2 草坪草常见小光壳属病菌的子囊孢子形态特征

种名	横隔膜/个	形状	种名	横隔膜/个	形状
L. crassiasce	3~4	椭圆形至长圆形	*L. americana*	6	椭圆形
L. trifolii	3~4	椭圆形	*L. sidalceae*	7	椭圆形
L. argentinensis	5	椭圆形			

7.14.3 寄主范围

南方小光壳可侵染早熟禾属、黑麦草属、羊茅属、车轴草属等草坪植物。

7.14.4 发病规律

小光壳属病菌的孢子萌发和菌丝生长需要较高的湿度,适宜温度为20~25℃,大于30℃的高温对病原有显著的抑制作用,因此病害一般在春末开始发病,可持续至秋末。该病菌具有很强的腐生性,干旱导致的植株衰老及虫害、修剪造成的损伤均能加重病害的发生。

7.14.5 防治

严格进行种子检验检疫,严禁使用带病草皮进行移栽。科学、有效进行草坪养护,及时灌溉、施肥和修剪草坪,避免干旱、缺素等引起草地早衰,增强植物的抗逆性。在发病区域,使用广谱内吸性杀菌剂,如50%多菌灵可湿性粉剂800~1 000倍液喷雾,可有效控制病害。对具有潜在发病风险的区域,可使用保护性杀菌剂,如75%百菌清可湿性粉剂500~800倍液喷雾,能有效预防病害发生。

7.15 黑痣病

黑痣病(tar spot)又称黑斑病,病株叶片表面形成一层凸起的像黑痣一样的子座,因此被命名为黑痣病,属真菌病害,广泛分布于各地。可寄生在多数禾本科草坪草种上,一般危害不严重。

7.15.1 症状

在叶片感染初期,健康叶片的正面或反面会出现浅黄色或浅褐色的、规则或不规则的病斑，病菌在叶片上不断地生长，子座散生、聚生于病斑之上，叶片的正面和背面可见小圆形、卵形或长形黑斑，其外有黄色晕圈，或是穿透叶肉在两面聚生。叶片衰老时，黑斑周围仍保持绿色，黑斑稍隆起，有光泽，为病原菌的假子座，病斑周围组织往往仍会保持绿色，严重时，黑斑会逐渐扩大连接成片，最后覆满整个叶片，影响植株的光合作用，或造成寄主提前落叶(图7-16)。

 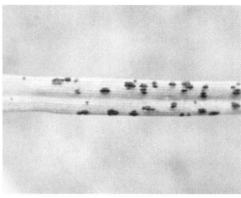

图7-16　海滨雀稗黑痣病(章武/摄)

7.15.2　病原菌

约20种黑痣菌可导致草坪草发生黑痣病，较常见的是禾黑痣菌(*Phyllachora graminis*)，具有活体营养特性，不能在培养基上生长，属子囊菌门。发病部位的假子座群生或散生于叶的表皮下，单个假子座为圆盾形，呈黑色漆亮、瓶状，直径120~190 μm；子囊壳为球形或者扁球形，大小(362~442)μm×(180~201)μm，瓶颈长148~216 μm，在子囊壳的底部和侧壁上着生着子囊与侧丝；子囊为单层壁，无色，呈圆柱形、囊状、棍棒形，大小(79~105)μm×(6.6~10.0)μm，内有8个子囊孢子；子囊孢子无色或淡黄色，斜单列或是近双列，偶见三列，单胞、有时有内含物大小(9~14)μm×(4.5~7.0)μm，子囊间侧丝，比子囊略长(图7-17)。

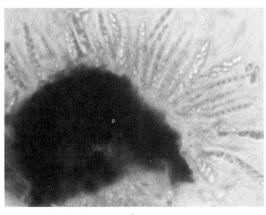 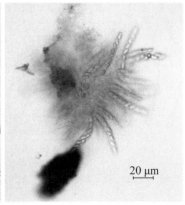

A　　　　　　　　　　　　B

图7-17　禾黑痣菌(章武/摄)

A. 子囊和子囊孢子　B. 子囊孢子

7.15.3 寄主范围

雀稗属、冰草属、剪股颖属、羊茅属的若干种有发生此病的记载。

7.15.4 发生规律

黑痣病全年都能发生,温度较低、湿度较高的气候条件适宜黑痣病分生孢子的萌发与传播,病情呈现暴发式发生;温度升高、日照变强、湿度降低,不利于黑痣病分生孢子的存活,黑痣病发生率逐渐降低至稳定;病原菌以假子座中的子囊壳越冬,春季形成子囊孢子释放,侵染新生叶片。

7.15.5 防治

科学施肥、合理灌溉,有利于预防黑痣病。在黑痣病的发病初期和发病期可使用氯苯嗪、放线酮、克菌丹、百菌清、甲基托布津加代森锰锌混剂、甲基托布津福美双混剂、三唑酮等杀菌剂进行化学防治。

7.16 褐条斑病

褐条斑病(brown stripe)可以发生在几乎所有的草坪草上,广泛分布于世界各地。在我国,北京、广东、吉林、陕西、贵州、江苏、甘肃、深圳等地均有报道。常见于高尔夫球场果岭上。对黑麦草属危害较大。

7.16.1 症状

主要危害叶片、叶鞘。斑点出现于叶的正背两面,初发病斑细小,褐色或巧克力色,中间灰白色。随着病斑不断增大,沿着叶脉和叶鞘上下伸长形成长条斑,条斑上有成排的小黑粒点。病害严重时,叶片、叶鞘逐渐皱缩枯死(图7-18)。

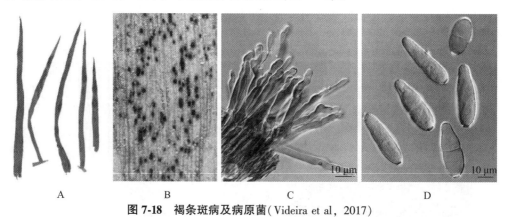

图 7-18 褐条斑病及病原菌(Videira et al, 2017)

A、B. 看麦娘(*Alopecurus aequalis* var. *amurensis*)上的褐条斑病症状　C. 分生孢子梗　D. 分生孢子

7.16.2 病原菌

病原菌为禾生钉孢[*Graminopassalora graminis*(Fuckel)U. Braun, C. Nakash., Videira &

Crous]，异名为禾钉孢[*Passalora graminis*(Fckl.)Hohn.]、禾单隔孢(*Scolecotrichum graminis* Fukel.)和 *Cercosporidium graminis*(Fuckel)Deighton。分生孢子梗浅褐色至褐色，成束呈褐色至暗褐色，长 20~105 μm，0~4 个隔膜，从子座上长出；分生孢子单生，椭圆形至卵圆形，或倒卵形、短棒状，0~3 个隔膜（多为 1 个），基部具有明显的脐，棕色至暗褐色，大小(15~60)μm ×(5~14)μm（图 7-18）。

7.16.3 寄主范围

几乎可侵染所有草坪草，常见的有狗牙根、高羊茅、多年生黑麦草、草地早熟禾、结缕草等。

7.16.4 发生规律

病原菌以子座在病残体上越冬。翌年春降水和升温后，由破裂的表皮中伸出分生孢子梗并产生分生孢子；分生孢子借风雨和种子等途径传播。凉爽潮湿的气候有利于病害发生。草坪的生长季均有发生。此病在单一种植多年的黑麦草草坪上多见，尤其是在秋季多雨地带的黑麦草上。

7.16.5 防治

以预防为主，可采取药剂拌种。病害一旦发生，则可喷施 25% 多菌灵 800 倍液或 50% 代森锰锌 800 倍液，每周 2~3 次。

7.17 壳二孢叶枯病

壳二孢叶枯病(ascochyta leaf blight)是草地早熟禾、高羊茅、紫羊茅和多年生黑麦草上较为常见的叶部病害，在北美和欧洲发生最为普遍，近年来，中国、日本等国家也有报道。

7.17.1 病害症状

发病初期，叶片顶端开始出现圆形至椭圆形病斑，周围深棕色，中间白色，一般分散且很少融合。病斑逐渐发展导致上部叶片呈白色枯萎症状，病健交接处呈窄而轻微挤压状，有时色较深。发病严重时整个叶片呈白色枯萎状，与干旱或高温胁迫造成的症状相似。发病后期，病斑表面可见黄色至棕褐色小黑点，即分生孢子器。草坪外观会突然呈现面积较大的不规则形枯萎斑块，但短期内可返青至正常状态。

7.17.2 病原菌

病原菌为无性态真菌腔孢纲球壳孢目(Sphaeropsidales)壳二孢属(*Ascochyta*)真菌，典型特征为分生孢子器黄色至深褐色，球形或壶瓶状；分生孢子无色或黄褐色，纺锤形，有 1~3 个横隔膜（见图 2-63）。侵染禾本科草坪草的常见种为禾生壳二孢(*A. graminicola*)，根据寄主植物的不同，分为多个变种或变型。分生孢子器埋生，有孔口，球形或近球形，(75~145)μm×(60~105)μm；分生孢子圆柱形或椭圆形，两端较尖，无色，有 1 个横隔膜，(10.0~13.5)μm×(3~4)μm。在北美禾本科草坪草上报道的种还有 *A. phleina*，分生孢子器球形，顶端有孔口，167 μm×135 μm；分生孢子近圆柱形，14.0 μm×3.2 μm，有1个横隔膜，少有2个隔膜。

7.17.3 寄主范围

禾生壳二孢的寄主主要有草地早熟禾、高羊茅、紫羊茅和多年生黑麦草。

7.17.4 发生规律

禾生壳二孢分生孢子在病株残体上的分生孢子器中完成越冬（越夏）。在春季潮湿环境下，大量分生孢子像挤牙膏似的从分生孢子器中溢出，随风、雨或灌溉水进行传播。孢子萌发和生长的最适宜温度为25~27℃，主要通过伤口侵染。病害在草坪植物的整个生长季均有发生，冷凉和干热天气交替下病害发生较为普遍，一般老叶较幼叶更易染病。

7.17.5 防治

主要采用草坪管理措施。例如，及时清理草坪杂草以增强通风，合理灌溉避免积水，降低叶片湿润程度和时间，抑制分生孢子萌发。一般在天气干燥时进行草坪修剪，同时保证剪草机的刀片锋利，避免对叶片造成过多机械伤口，草坪修剪的高度一般维持在50~70 mm为宜。合理施肥，尤其是春季要避免过量施氮，减少新叶形成，降低修剪草坪的频率。严禁使用带病草皮进行移栽，修剪后的病株要带离草坪，并深埋或焚烧。

7.18 细菌性病害

7.18.1 禾草细菌性枯萎病

禾草细菌性枯萎病又称黑腐病，此病在国外是一种分布很广的病害。在我国还未见报道。

7.18.1.1 症状

病株叶片迅速枯萎，可在48 h内干枯，初为蓝绿色，皱缩，卷曲；后呈红褐色。在草地上形成不规则的死草区。病株的根很快死亡分解。

7.18.1.2 病原菌

由黑腐黄单胞杆菌的禾本科变种（*Xanthomonas campestrtispu* var. *poaceae* Fgli & Schmidt）引致。

7.18.1.3 寄主范围

可危害多年生及一年生禾本科植物，包括黑麦草属、早熟禾属、剪股颖属、高羊茅及其他羊茅属植物等。

7.18.1.4 发生规律

病原细菌在病草和残体中越冬。借剪草机具、人的活动和畜蹄、带病草皮等传播。通过修剪伤口或其他原因所致的伤口侵入。在病株体内主要存在于叶、根、茎、根茎等器官的维管束组织内，使寄主水分吸收和运转受阻产生枯萎症状，甚至导致死亡。

7.18.1.5 防治

(1) 使用抗病品种

如'潘克拉斯'('Penncross')、'潘尼格'('Penneagle')品种的匍匐剪股颖较抗此病。

(2) 药剂防治

25%叶枯灵可湿性粉剂 250~400 倍液或 25%噻枯唑可湿性粉剂 100~150 mL 兑水 40~50 L。以上药物可以喷雾或浇灌(每 11 L/100 m² 药液)。

7.18.2 禾草细菌性条斑病

此病是禾本科作物和禾草的常见细菌病害,在小麦和大麦上称为黑颖病,损失较大。目前,草坪上尚无严重危害的报道。

7.18.2.1 症状

植物返青后,叶片和叶鞘上出现黄褐色至深褐色条斑,水渍状,沿叶脉纵向扩展,有时为形状不规则的条斑,有时表面有菌脓或菌膜。由叶尖开始枯萎,病叶常不能正常展开,使茎秆呈扭曲状,有时不能抽穗。

7.18.2.2 病原菌

由黄单胞杆菌属(*Xanthomonas*)小麦黑颖细菌[*Xanthomonas translucens*(Jones)Dowson]引起。此菌为短杆状,有极生鞭毛 1 根,可游动,两端圆形,(0.5~0.8)μm×(1.0~2.5)μm,革兰阴性。在琼脂培养基上产生蜡黄色,菌落有光泽。此菌有多个生理专化型。

7.18.2.3 寄主范围

小麦、燕麦、冰草、无芒雀麦(*Bromus inermis*)等。

7.18.2.4 发生规律

病害通过种子远距离传播。在小麦种子上可存活 3 年。种子发芽后,入侵导管,最终到达穗部、叶片、叶鞘等器官,并产生病斑。在田间借助风、雨、昆虫、机具等传播。高温、高湿有利于此病发生流行。

7.18.2.5 防治

选用无病种子,采用杀细菌剂(如甲醛等)处理种子。药剂防治参照禾草细菌性枯萎病。

7.18.3 三叶草细菌性叶斑病

三叶草细菌性叶斑病广泛分布于欧洲及北美等国。我国目前尚未见报道。

7.18.3.1 症状

叶片、叶柄、茎和花梗均可受害,但主要引起叶部病斑。受害叶片背面出现小而半透明的斑点,小斑点逐渐扩展成棕褐色不规则形角斑,边缘水渍状或呈黄色晕圈。后期受侵害部分变黑坏死并可脱落而使病叶呈碎裂状。潮湿条件下病斑上出现乳白色菌脓,干后成为乳黄色有光泽的薄膜。叶柄上的病斑呈暗黑色。

7.18.3.2 病原菌

病原菌为假单胞杆菌丁香致病型(*Pseudomonas syringae* pv. *syringea* Van Hall),(0.4~1.0)μm×(1.2~3.0)μm,有 1~4 根极生鞭毛;不形成荚膜和芽孢;革兰阴性,好气,不抗酸。在琼脂培养基上菌落灰白色,有光泽,圆形,全缘,扁平或隆起;在马铃薯琼脂培养基上菌落黏稠，灰色，扁平。不分解明胶；微还原硝酸盐，可使牛乳凝固；石蕊变蓝，不产生硫化氢，产生氨；在葡萄糖、蔗糖、甘露醇、半乳糖、果糖中产酸；不使甘油、麦芽糖和乳糖产酸。肉汤中生长适温为26℃，在琼脂培养基上为18~20℃，最高生长温度为35℃，致死温度为48~51℃。

7.18.3.3 寄主范围

寄主范围较广，可侵染多种车轴草属植物，包括红三叶、白三叶、杂三叶(*Trifolium hybridum*)和绛三叶(*T. incarnatum*)等多种豆科植物及其他多科植物。

7.18.3.4 发生规律

病原细菌在病株残体和根上越冬，由气孔或伤口侵入。整个生长季节均可发病。凉爽而潮湿多雨的天气有利于此病发生。

7.18.3.5 防治

①早春清除田间病株。
②药剂防治参照禾草细菌性枯萎病。

7.19 病毒病

目前已知至少有24种病毒侵染草坪草，对草坪造成较大危害。我国对农作物和牧草病毒病害的研究与防治工作已经取得了显著的成绩，但在草坪草病毒方面的研究很少。

7.19.1 黑麦草花叶病毒

黑麦草花叶病毒(ryegrass mosaic virus，RgMV)被认为是感染温带牧草的最严重和最广泛的病毒。在美国、英国、加拿大、澳大利亚、新西兰、意大利、芬兰等许多国家，RgMV都被认为是感染禾本科最主要的汁液传播病毒，在我国尚未有RgMV所引起的植物病害的报道。

7.19.1.1 症状

RgMV能够引起黑麦草叶片褪绿，出现带有坏死斑点的花叶症状，大幅度的降低多年生黑麦草的产量和使用年限，同时也会影响草的品质，尤其是在施用氮肥之后。在鸭茅属植物中，RgMV感染时表现出浅绿色到黄色的马赛克症状，对作物产量造成严重损害，导致植物干物质产量大幅下降。RgMV还能显著的降低植物的分蘖数和株高，病害严重时会导致植物死亡。但事实上，RgMV对寄主植物侵染导致寄主植物发病时，其病害发病的症状并不具有明显的特征，因为许多症状是非特异性的，如受到侵染的黑麦草的叶片上会出现褪绿的条纹和斑点，而黑麦草锈病发生初期类似。因此，传统的以通过发病植物的明显症状来识别植物RgMV病害的方法是不可靠的。

7.19.1.2 病原

RgMV属黑麦草病毒属(*Rymovirus*)，是一种在宿主细胞质中进行复制增殖的丝状单链RNA病毒，其核酸序列中含有能够编码多蛋白的基因片段。该病毒的病毒粒体由一条正义RNA单链和蛋白外壳所组成，其蛋白外壳由衣壳蛋白形成的蛋白亚基组成，衣壳蛋白分子质量为29.2 ku。从形态上看该病毒粒体为弯曲的线状病毒，无包膜，空间构型为螺旋对称结构，螺距约3.4 nm，长690~720 nm，直径1~15 nm。在许多国家，RgMV是黑麦草上常见的病原物之一。

7.19.1.3 寄主范围

RgMV 自然寄主仅限于禾本科植物，感染多种常见的牧草，包括燕麦、水稻、多花黑麦草、多年生黑麦草、鸭茅、高羊茅和草地早熟禾等，黑麦草更易受感染。

7.19.1.4 发生规律

RgMV 最重要的传播方式是寄生在叶片的近轴表面的花叶螨并随风传播，当受感染植物的汁液通过牲畜踩踏或割草机械与健康植物接触时，病毒也可能会传播。但媒介传播被认为是主要的传播途径。无病毒的花叶螨以受 RgMV 感染的叶片为食，在 2 h 内获得病毒，并随着进食时间的增加，感染的比例增加，且处于各个生长阶段的螨均可传染 RgMV，承载病毒的花叶螨在离开受感染的寄主后 24 h 内失去传染性。RgMV 会在寄主体内不断复制增殖，导致病害越来越重，且 RgMV 能持续传播，最终导致草地出现大范围的感染。受感染的草地干物质产量通常会大幅降低，损失可高达 30%。受 RgMV 感染的草地产量损失程度取决于草地植物的易感性、病毒毒株的致病性和植物自身的营养状况，主要原因是冠层内叶片的净光合作用速率降低，导致冠层光合作用减少（最大减少约 50%）和相关的暗呼吸增加（最大增加约 50%）。RgMV 感染的次要影响是减少分蘖（最大减少约 30%），这导致冠层结构发生变化，特别是叶面积指数降低。Holmes 还证明受 RgMV 感染的黑麦草的有机质、碳水化合物含量和消化率均降低。

7.19.1.5 防治

①培育和利用抗性品种是控制黑麦草花叶病的最为有效的方法。
②一些试验证明，适量的氮肥使用量可有效控制该病害。

7.19.2 鸭茅斑驳病毒

鸭茅斑驳病毒（cocksfoot mottle virus，CfMV）的首次报道是在英国，随后在法国、德国、挪威、丹麦、波兰等诸多欧洲国家陆续有该病毒发现的相关报道，此外亚洲地区的日本和北美地区的加拿大和美国及大洋洲的新西兰等国家都相继出现有 CfMV 的报道。

7.19.2.1 症状

自然状态下遭受 CfMV 侵染的鸭茅草所表现的症状在春季和初夏表现最为明显，幼叶出现黄色条斑或斑纹，随叶片老化常变白或坏死。叶子过早死亡，严重受影响的草丛被压扁，新生的斑驳分蘖直立在一大片带黄色条纹的、即将垂死的叶子中。受感染的植物有时会开花，但它们很少能结出有活力的种子。在温室中，CfMV 感染的鸭茅植株在两周内表现出类似的叶片症状。受感染的植物发育不良，形成的分蘖很少，叶片出现斑驳，不开花，秋季感染 CfMV 导致开花分蘖数量和翌年产生的种子质量和大小显著减少。CfMV 在小麦发叶初期对其进行侵染，10~14 d 后幼叶出现斑驳，生长迟缓，越来越多的叶片逐渐出现斑驳发黄，直至全株变黄，4~6 周内死亡。燕麦草与鸭茅草和小麦相比，其发病症状要轻许多，受侵染的叶片出现斑驳，随后斑驳扩大并出现坏死现象，沿叶鞘出现坏死条纹。受侵染的大麦草表现出轻微的全株症状，小范围的坏死病变，有时沿经脉蔓延，并伴有轻微的斑点。

7.19.2.2 病原

CfMV 属南方菜豆花叶病毒属（*Sobemovirus*），其基因组为一条长约 4 kb 的正义单链

RNA，包裹在直径约为 30 nm 的球形粒体中，基因组 RNA 的 5′末端有一个基因组结合的病毒蛋白(virus protein genome-linked，VPg)，而 3′末端缺少一个多聚腺苷酸(Poly A)尾。受该病毒侵染的植物汁液具有传染性，汁液的传染性在 65℃下 10 min 内丧失，在 20℃下保存，其传染性可保持 2 周，在-15℃下保存，其病毒传染性可维持数月。

7.19.2.3 寄主范围

CfMV 的宿主范围相对较窄。在自然状态下，CfMV 主要感染并引起鸭茅草(*Dactylis glomerata*)产生病变导致鸭茅草的产量损失，但它也在小麦中被发现，并且可以人工传播到其他谷物。

7.19.2.4 发生规律

CfMV 很容易通过受感染植物的汁液或一些媒介昆虫介体以非持久性方式进行病害的传播，也可以通过牧草收割机等的收割工具以及放牧的动物进行病毒病害的传播。随着植物生长，牧草的病毒发病率增加，通常第一年受到侵染，在翌年秋季，发病率会达到最高值，随后受侵染的牧草出现死亡现象，发病率下降。

7.19.2.5 防治

①培育和利用抗性品种是防治 CfMV 病害的最为有效的方法。
②控制媒介昆虫：媒介昆虫是植物病毒病流行扩散的重要途径，培育健康种苗的同时应结合媒介昆虫的防治可起到事半功倍的效果。
③植物检疫：通过植物病毒的普查对感染病毒的植株进行隔离来控制病毒的扩散。
④一些试验证明，适量的氮肥使用量可有效控制 CfMV 病害。

7.20 菟丝子

菟丝子(cuscuta)可在草坪草茎叶部营全寄生生活，也是传播某些植物病害的媒介或中间寄主，除本身有害外，还能传播类菌原体和病毒等。菟丝子通常对由豆科植物建植的草坪危害比较严重。许多国家都把菟丝子列为检疫对象，菟丝子属植物为我国检疫性有害生物，禁止或限制其种子输入。

7.20.1 症状

草坪草受害后表现为黄化和生长不良。中国菟丝子以其茎蔓缠绕在草坪草植株的茎、叶上，吸器与草坪草的维管束系统相连通，不仅吸收植物的养分和水分，还能造成输导组织的机械性障碍，导致其矮小、生长衰弱、叶片黄化，严重时萎蔫死亡。

7.20.2 病原

菟丝子属一年生草本植物，缠绕寄生。根缺乏，叶片退化为鳞片状，茎纤细、黄色或橘黄色旋卷状丝状体，以吸盘附在寄主上。夏秋开花，花小，白色，常簇生于茎侧。苞片和小苞片小，鳞片状。花萼杯状，5 裂。花冠壶状或钟状，顶端 5 裂，裂片向外反曲，宿存，雄蕊 5 枚，与花冠裂片互生。蒴果扁球形。种子细小，淡褐色或棕褐色。胚乳肉质，种胚弯曲成线状。

菟丝子属分为细茎亚属(*Grammica*)、单柱亚属(*Monogyna*)和菟丝子亚属(*Cuscuta*)。

细茎亚属的茎纤细，线形，常寄生在草本植物上；花柱2枚，花常簇生成小伞形或小团伞花序；种子小，长0.8~1.5 mm，表面粗糙，柱状花序；包括中国菟丝子、南方菟丝子、田野菟丝子和五角菟丝子(*C. pentagona*)等。

我国危害草坪草的主要是中国菟丝子，茎黄色，直径在1 mm以下，无叶，花小，聚生成一无柄的小花束；花冠钟形，短5裂；萼片有脊，脊纵行，萼片呈棱角；蒴果内有种子2~4粒；主要危害豆科草坪草。

7.20.3 寄主范围

主要为豆科草坪草，如白三叶、小冠花(*Coronilla varia*)、百脉根(*Lotus corniculatus*)和天蓝苜蓿(*Medicago lupulina*)等。

7.20.4 发生规律

菟丝子以种子繁殖为主。种子成熟后落入土壤、草坪草种子或动物粪便中，成为翌年的主要侵染源。寄主植物播种后，受到寄主分泌物的刺激，菟丝子种子开始发芽，长出旋卷的幼茎。幼茎在遇寄主后就缠绕其上，并在与寄主接触的部位形成吸盘侵入寄主。侵入寄主后，部分组织分化为导管和筛管，并分别与寄主的导管和筛管相连，从寄主的维管束内吸取水分和养分。一旦建立寄生关系后，吸盘以下的茎逐渐萎缩，并与土壤分离，而其上部的茎则不断缠绕寄主，向四周蔓延危害。如遇不到寄主，其茎就倒在地面休眠，干枯后即死亡。种子萌发的最适土壤温度为25℃左右，最适土壤相对含水量为80%以上。覆土深度以1 cm为宜，3 cm以上则很少出芽。

7.20.5 防治

7.20.5.1 加强种子检验检疫

防止随草坪草种子调运传入种植区。

7.20.5.2 栽培管理

包括精选种子；深耕灭除，播种前结合整地进行深耕，把菟丝子种子深埋到10 cm以下，抑制其萌发；人工拔除或降低草坪草修剪高度，通过多次修剪清除。

7.20.5.3 药剂防治

可以用二硝基邻甲苯酚和二硝基酚防治，效果良好。另外，也可以用拉索、杀草通、地乐胺等除草剂防治。

7.20.5.4 生物防治

使用'鲁保1号'菌剂喷施，可以得到良好防治。

小结

茎叶病害在草坪植物上发生最为普遍，危害也最为严重。由于禾本科草坪植物特殊的生物学特性，即茎部通常被叶鞘包裹，大多数观察到的茎部病害事实上属于叶部病害，仅一些根茎腐病和由细菌引起的维管束病害，如茎疫病、凋萎病等危害茎部，在病害识别时需仔细区分。茎叶病害给草坪植物生长造成不利影响，发病严重时降低草坪活力和寿命，甚至大面积死亡。本章根据该类病害病原的类型和对草坪危害的综合表现，按照白粉病、锈病、黑粉病、炭疽病等顺序分别对其症状、病原、发生规律和防治方法进行叙述。

引起草坪植物茎叶病害的病原类型非常丰富，包括真菌、细菌、病毒和寄生性种子植物。锈病、黑粉病、红丝病、白粉病和黑痣病的病原为活体寄生型，主要依靠其病株残体上的有性孢子越冬，在寄主植物或转主寄主上完成侵染循环。锈菌和白粉菌在植物生长季内，还能产生大量无性分生孢子，反复侵染寄主造成病害大面积暴发流行，对此类病害要引起高度重视。其余由真菌引起的茎叶病害的病原为兼性寄生型或营腐生型，通过附着在病株残体和土壤表面的无性态分生孢子进行越冬和侵染循环，并形成大量坏死斑点甚至叶枯，严重影响其观赏性，需及时采取措施进行防治。

病原真菌的孢子主要通过风雨进行传播，其萌发需要适宜的温度和湿度条件，锈菌还需要自由水环境，在草坪日常养护时，要注重科学灌溉，及时修剪草坪，有助于控制病害。细菌和病毒主要依靠病原个体，借助水流或昆虫介体进行传播，且需要较高的温度条件，病害发生的条件较为苛刻，故发生范围和危害较真菌病害要轻。鉴于草坪自身特性，在缺乏抗病品种的情况下，应优先选择低毒、高效的杀菌剂，及时、科学、有效地对各类病害进行防治。

思考题

1. 简述白粉病的症状及防治方法。
2. 结合锈菌侵染所需的环境条件，阐述如何利用草坪日常养护措施防控锈病？
3. 试述黑粉病的病原种类和寄主范围。
4. 简述小光壳叶枯病病原的分类学地位及侵染循环过程。
5. 币斑病病原物有哪几种及其区别？
6. 试述红丝病危害症状及其发生区域，与粉斑病有何区别？
7. 内脐蠕孢叶枯病、弯孢霉叶枯病和平脐蠕孢叶枯病在症状上有何区别？
8. 试述梨孢灰斑病的危害及防治方法。
9. 试述草坪上条褐斑病的病原、分布及发生规律。
10. 简述禾生壳二孢侵染草坪草的途径以及与发病部位之间的关系。
11. 草坪草细菌性病害有哪些？如何防治？
12. 被菟丝子危害的白三叶是否会枯死？为什么？

第 7 章　彩图

第 8 章
常见草坪草根部和茎基部病害

草坪草根部和茎基部病害是一类发生普遍且危害严重的重要草坪草病害。草坪在建植初期和建植后均易受根部和茎基部病危害，如全蚀病、褐斑病、腐霉枯萎病、镰孢菌枯萎病、线虫病等土传病害易逐年积累和传播。病原菌侵染植物后，大多草坪草在单株植物上表现为坏死、腐烂、萎蔫等症状外，其典型症状是在草坪上形成块状或片状枯草斑（如全蚀病、褐斑病等）。如防治不及时，根部和茎基部病害病情逐年发展，使草坪衰败，最终导致草坪早衰，甚至大片草坪被破坏殆尽，造成生态和经济损失。

8.1 全蚀病

全蚀病（take-all patch）是由病原真菌禾顶囊壳（*Gaeumannomyces graminis*）侵染引起的根部病害，严重危害各种禾草，以剪股颖属受害最重，易引起草坪衰退。病害名称是描述其危害程度的习语。

8.1.1 症状

病株的根、根状茎、匍匐茎和茎基皮层腐烂，变黑色。病根表面可见黑色匍匐菌丝束。在茎基部叶鞘内侧与茎表面，形成一层黑色垫状物，由菌丝体构成，称为菌丝层，秋季还产生子囊壳。在干旱条件下仅根系变黑腐烂，茎基部不形成菌丝层，也不产生子囊壳。病株地上部分生长衰弱，矮小，分蘖明显减少，叶片变黄，渐至枯死。

草坪发病后，先出现圆形小枯草斑，黄色至褐色，冬季变灰色。扩展和相互汇合后，成为形状不规则的草坪斑，直径可达 1 m 以上。在混播草坪上，枯草斑中感病草种病株枯死，中部残留较抗病草种，呈蛙眼状（图 8-1）。

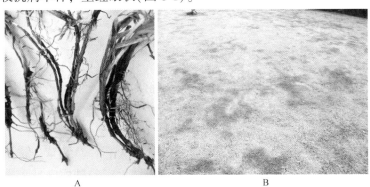

图 8-1　草坪草全蚀病症状（商鸿生/摄）

A. 狗牙根　B. 剪股颖

8.1.2 病原菌

病原菌为禾顶囊壳(*Gaeumannomyces graminis*),属于子囊菌门核菌纲球壳目间座壳科顶囊壳属。子囊壳单生,壳体梨形,黑色,外被茸状菌丝,大小(180~400)μm×(160~220)μm,颈筒形,有缘丝。子囊单层膜,棍棒状,有柄,大小(90~113)μm×(8~12)μm,内含8个子囊孢子。子囊孢子线形,稍弯曲,无色,大小(90~100)μm×(3~5)μm,4~7个隔膜。该菌匍匐菌丝褐色,有隔膜,粗壮,宽2~4μm,多3~4根聚生成束。附着枝生于匍匐菌丝上。简单型附着枝圆筒状,不分裂或分裂很浅,浅褐色,端生或间生;裂瓣状附着枝有深裂,花瓣状,深褐色,生于侧生菌丝顶端。附着枝端部产生薄壁侵染菌丝。

已知禾顶囊壳有燕麦变种(*G. graminis* var. *avenae*)、禾谷变种(*G. graminis* var. *graminis*)、小麦变种(*G. graminis* var. *tritici*)和玉米变种(*G. graminis* var. *maydis*)。变种间附着枝类型与子囊孢子大小不同。各个变种都能侵染禾本科作物和禾草,但主要寄主不同。寄生禾草的主要为禾顶囊壳燕麦变种草。

8.1.3 寄主范围

全蚀病在世界各地各种草坪上均有发生,以剪股颖受害最为严重,也常侵染羊茅属和早熟禾属草坪草。

8.1.4 发生规律

全蚀病菌以菌丝体在病草的根、根状茎、匍匐茎等部位越季,也可以随病株残体在枯草层和土壤中越季,在禾草整个生育期都可侵染。其侵染菌丝主要从主根、次生根、根状茎、茎基等部位侵入,也可由胚芽鞘和茎基部叶鞘侵入。菌丝沿根和根状茎扩展,接触健株根系,实现植株间传播。病原菌也可随黏附于土壤或病残体的农机具,以及带病无性繁殖材料传播扩散。秋季病株上产生子囊壳和子囊孢子,但子囊孢子的侵染作用尚待证实。

有机质含量低,保水保肥能力差的砂质坪床草坪病重。缺氮的草坪,施用适量铵态氮后病情降低。严重缺磷、缺钾,或氮磷钾比例失调将加重发病,施用过量石灰显著加重发病,酸性土壤则发病较轻。冬季温暖,春季多雨病重;冬季寒冷,春季干旱病轻。土壤中拮抗微生物增多,可抑制全蚀病菌,甚至使全蚀病自然消退。

8.1.5 防治

全蚀病难以防治,目前还缺乏特效防治方法。无病地区应严防传入,已发病地区需做好草坪养护,创造不利于病原菌而有利于拮抗微生物的环境条件,减少发病。

草坪初次发现全蚀病后,要清除病株和周围土壤,病穴施用杀菌剂灭菌。严重发病草坪应改种非禾本科的地被植物。要控制氮肥用量,增施磷肥、钾肥和有机肥。合理灌溉,降低土壤湿度,防止草坪积水。砂性瘠薄土壤需增加水肥,使草坪草生长健壮。调节根际土壤pH值为5.5~6.0,发病草坪不可施用石灰。土壤紧实的草坪应打孔透气。发病草坪要适当灌水施肥,促进病株恢复。在发病初期可用甲基硫菌灵、三唑酮等杀菌剂药液喷布茎基部,也可施用荧光假单胞杆菌生防制剂。

8.2 褐斑病

褐枯病(brown patch，又称立枯丝核菌褐斑病)是所有草坪病害中分布最广、危害最重的病害之一。该病广泛分布于我国及世界各地。据报道，北京地区的冷季型草坪草病害中，其发生率历年都在80%以上。该病发生严重时可在短时间内毁灭大片草坪，极大地破坏草坪景观，降低其使用价值，缩短利用年限。

8.2.1 症状

主要危害叶片、叶鞘和茎秆，引起苗枯、叶腐、根腐和茎基腐。危害严重时，根部和茎基部也可变褐腐烂。通常叶片及叶鞘上出现梭形、长条形或不规则形病斑，长1~4 cm，初期呈水渍状，后期病斑中心枯白，边缘红褐色。严重时，病原菌可侵入茎秆。病斑绕茎秆一周，造成茎秆及茎基部变褐腐烂，病株枯死。在潮湿条件下，叶片和叶鞘病部生稀疏的褐色菌丝；干燥时，病部产生易脱落的黑褐色菌核。

大面积受害时，草坪上出现大小不等的不规则圆形枯草圈，条件适宜时，病情发展迅速，枯草圈直径可从几厘米扩展到几米。由于枯草圈中心的病株较边缘病株恢复快，导致草坪呈现出环状或蛙眼状，即中央绿色，边缘枯黄色的环带。在清晨有露水或高湿时，枯草圈外缘有由萎蔫的新病株组成的暗绿色至黑褐色的浸润圈，即烟环。当叶片干枯时烟环消失。在修剪较高的多年生黑麦草、草地早熟禾、高羊茅草坪上，常没有烟环形成。另外，若病株数量大，在病害出现前12~24 h草坪会散发出一股霉味。草坪草感染该病死亡后，会被藻类代替，使地面变成很难恢复的蓝色硬皮。

对于冷季型草坪草，该病主要发生于高温、高湿的夏季，而对于暖季型草坪草则通常发生在草坪草开始复苏生长的春天或开始休眠的秋天。枯草圈直径可达几米，一般没有烟环，但枯草斑边缘有叶片褪绿的新病株。病株叶片上几乎没有侵染点。侵染只发生在匍匐茎或叶鞘上，造成茎部腐烂而不是叶枯(图8-2)。

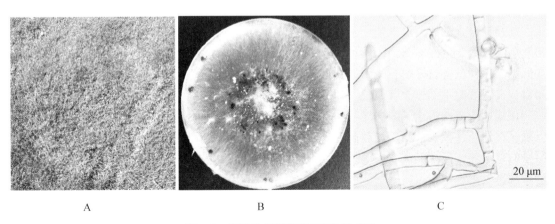

图 8-2 细叶结缕草褐斑病(章武/摄)
A. 危害症状　B. 立枯丝核菌培养性状　C. 立枯丝核菌菌丝

8.2.2 病原菌

病原菌主要为立枯丝核菌(*Rhizoctonia solani*)，属于无性态类无孢目丝核菌属真菌。

菌丝体粗大，初为无色，后呈淡黄褐色至褐色，直径 4~15 μm，分枝呈直角或近直角，分枝处缢缩，离分枝不远处有隔膜，不产生分生孢子。菌核深褐色，直径 1~10 mm，形状不规则，表面粗糙，内外颜色一致，表层细胞小，但与内部细胞无明显不同，菌核以菌丝与基质相连。在 PDA 培养基上形成白色至浅褐色的平铺菌落，生长迅速，3 d 可长满整个培养皿。菌丝绒毛状，放射状分布，较稀疏(图 8-3、见图 2-51)。

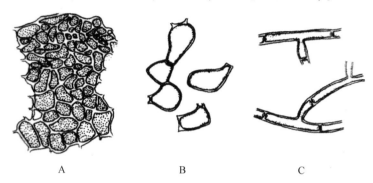

图 8-3 立枯丝核菌形态特征
A. 菌核切面(魏景超, 1979) B. 菌核细胞 C. 菌丝(B、C. 商鸿生, 1996)

此外，禾谷丝核菌、玉蜀黍丝核菌和水稻丝核菌也可引起此病。

8.2.3 寄主范围

主要草坪寄主有剪股颖属、黑麦草属、早熟禾属、羊茅属、狗牙根属、结缕草属、野牛草属、画眉草属(*Eragrostis*)、洽草属、雀稗属等属的若干种植物。

8.2.4 发生规律

病原菌以菌核或菌丝体在土壤或病残体上度过不良环境，也可以在枯草层上腐生存活。菌核有较强的耐高低温能力，萌发的温度为 8~40℃，最适温度 28℃。但最适的侵染和发病温度为 21~32℃。当土壤温度上升到 20℃时，菌核开始大量萌发，菌丝开始生长。在低温、草坪长势良好时，只引起局部侵染，不会严重损害草坪植株。但当白天气温升至 30℃，夜间气温不低于 20℃时，该病严重发生。

该病的病原菌为土壤习居菌，主要靠土壤传播。菌丝体可以从伤口和气孔侵入，也可以直接穿透叶片侵入。当气温较高时，首先侵染根，然后侵染匍匐茎，最后是叶片。枯草层厚的老草坪，菌源量大，发病重。低洼潮湿，排水不良，田间郁闭，小气候湿度高，有利于病害发生和流行。

此外，该病是一种流行性很强的病害，早期只要有几片叶片或几株草受害，若不及时防治，一旦条件适合，病害就会很快扩展蔓延，造成大片草坪草受害死亡，形成秃斑。因此，应对该病进行预测预报，及时做出预防方案。

8.2.5 防治

8.2.5.1 选育和利用耐病草种和品种

目前，没有能抵抗此病的草种和品种，但草种、品种间存在明显的抗病差异性。例如，抗病性顺序从大到小：粗茎早熟禾(*Poa trivialis*)＞紫羊茅＞一年生早熟禾＞草地早熟禾＞高羊茅＞多年生黑麦草＞加拿大早熟禾＞小糠草(*Poa nemoralis*)＞匍匐剪股颖和细弱剪股颖(*Agrostis tenuis*)；草地早熟禾品种间抗性也有差异：'Opal'＞'Conni'＞'Fortuna'＞'Haga'＞'Panduro'＞'Bartitia'＞'J61kb275'＞'Broadway'＞'J61kb274'＞'Compact'＞'Barcelona'＞'J61kb273'＞'Mardona'＞'America'＞'Baron'＞'Pepaya'＞'Baruzo'＞'Wembley'等；细叶羊茅品种：'Ensylve'、'Flyer'、'Shadow'、'Adventure'和'Olympic'较抗病。

8.2.5.2 选用多草种或多品种建植混播草坪

不同品种草坪草混播，可以减少单一品种在褐斑病大发生时引起毁灭性病害的可能。草地早熟禾、紫羊茅、多年生黑麦草以8∶1∶1混播，形成的草坪抗病性明显提高。

8.2.5.3 加强草坪的科学养护管理

①合理施肥：在高温高湿天气来临之前或期间要减少施肥，最好不施或少施氮肥，可适量增施磷、钾肥，有利控制病情。

②科学灌水：避免串灌和漫灌，特别强调避免傍晚灌水。在草坪出现枯斑时，应在早晨尽早除掉吐水(或露水)，以利于减轻病情。

③改善草坪通风透光条件：降低田间湿度，过密草坪要适当打孔、疏草，以保持通风透光。

④及时修剪：草高超过10 cm就应该修剪，夏季剪草不要过低，一般5~6 cm为宜。

⑤清除枯草层和病株残体，减少菌源量。

8.2.5.4 生物防治

哈茨木霉、绿色木霉、康宁木霉、木素木霉、具钩木霉、长柄木霉、多孢木霉、绿粘帚霉、粉红粘帚霉、孢粘帚霉等真菌对立枯丝核菌都有很好的拮抗作用。此外，一些细菌(如芽孢杆菌、肠杆菌、假单胞菌、链霉菌、短杆菌等)对立枯丝核菌也有很好的拮抗作用。

8.2.5.5 药剂防治

①新建草坪提倡种子包衣或药剂拌种：可选用甲基立枯灵、灭霉灵、粉锈宁等药剂拌种或用种子包衣剂。拌种时按种子质量的0.2%~0.4%，即每100 kg种子用药200~400 g，或选用甲基立枯灵、敌克松等进行土壤处理。

②成坪草坪控制初期病情是药剂防治的关键：在症状明显显现前防治才能有效控制病害。目前，防治褐斑病效果较好的药剂有3%井冈霉素水剂、粉锈宁、代森锰锌、敌菌灵、放线菌酮、福美双、甲基托布津等。一般采用喷雾法，将可湿性粉剂或乳剂按药剂说明上的使用浓度，兑一定量水后，均匀喷洒在植株表面。严重发病地块或发病中心，也可用灌根或泼浇法控制发病中心。喷施次数依病害发生情况而定。一般7~10 d喷药1次，在病害多发季节，5~7 d喷药1次。

另外，据报道，代森锰锌和甲基托布津混用，在发病前期效果较好，后期效果较差。多抗霉素和百菌清交替使用，在发病后期表现出较好的防治效果。

8.3 腐霉枯萎病

草坪草腐霉枯萎病(pythium wilt)是一种发病迅速、破坏力极强的病害。它既能在冷湿生境中侵染危害，也能在天气炎热时猖獗流行，尤其当夏季高温高湿时，能在一夜之间毁坏大面积草坪。从草坪草中分离出的多种腐霉菌能在较大的温、湿度范围和不同的土壤条件下旺盛生长、繁殖。腐霉大部分种有广泛的寄主范围。草坪草的不同组织器官都易受腐霉属侵染，其病状包括种腐、猝倒、苗枯、根冠腐、根功能异常和高温高湿腐霉叶枯。

8.3.1 症状

斑枯病、油斑病、绵枯病和枯萎病都是腐霉枯萎病的别称。这些别称反映了不同腐霉菌侵染草坪草病症是不同的。斑枯病环斑直径 2~5 cm(有时长达 15 cm)，修剪较低时，斑块最初很小，后以惊人的速度扩大；修剪较高的草坪上斑块更大，形状不规则。油斑病的病状多在清晨发生，叶片呈水渍状、暗黑色，触摸时有油腻感。当湿度很大时，特别是晚上菌丝体爬满叶片，浸染的草叶从浅黄褐色到褐色、枯萎、干枯后呈团状。这个阶段称为绵枯。气生菌丝体的大量产生是绵枯的主要特征，也是导致幼苗枯萎或猝倒症状的主要攻击形式。

根冠腐主要在养护水平较高的高尔夫球场果岭和庭院绿地上发生。病状发展缓慢，茎叶纤弱。在早春和晚秋病斑最初很小，直径至 4~7 cm 时，病斑迅速扩散。越冬后，感病植株生长势明显弱于健康植株，对肥料的利用率也不高。随着温度的升高，大面积的草坪萎蔫、变褐色甚至死亡。至仲夏，温暖潮湿，黄色、褐色或红铜色的草坪斑块与币斑病的病状相似。

雪枯在日本和北美洲都曾发现。该病在肥力高、排水不良和大雪覆盖下的潮湿土壤上容易发生。病状为不规则黄褐色或橙色枯草斑，腐烂的叶片充满致病的卵孢子，叶尖很快腐烂死亡。

8.3.2 病原菌

病原菌为腐霉属(*Pythium*)中的多个种。腐霉菌丝透明，直径 5~7μm(或 10 μm)，无隔(老化的培养物或孢子分化时除外)。属间种的区分通过比较有性生殖结构和无性繁殖结构的不同形态特征来实现(见图 2-30)。可根据卵孢子的直径、壁厚、满器或不满器、雄器附着物数量、藏卵器表层平滑或具刺作为分类依据。除此之外，生长温度也是分类依据。

Monteith(1933)最早观察了由瓜果腐霉(*P. aphanidermatum*)引起的美国中西部和东部地区果岭匍匐剪股颖腐霉枯萎病，在高温高湿条件下发病极为严重。后又陆续报道了引起该病的病原物包括腐霉属的 6 个种。其中，瓜果腐霉和终极腐霉(*P. ultimum*)是主要致病菌，禾生腐霉(*P. graminicola*)，群结腐霉(*P. myriotylum*)和囊珠腐霉(*P. torulosum*)有辅助作用。任何时候只要两个或两个以上的种同时致病，就会导致草坪草死亡。

腐霉菌可引起根冠腐和根功能异常。草坪根冠腐的调查是从 20 世纪 40 年代开始的，从 1940—1950 年，就有大量有关腐霉根腐病的报道。20 世纪 50~70 年代，有关该病的报道相对较少。1985 年该病害流行，在日本、澳大利亚、芬兰和美国至少有 10 个种被认为是草坪根腐的病原。Abad 等报道从带有腐霉根冠腐的草坪草上分离出的 33 个腐霉种中有 29 个对匍匐剪股颖幼苗具有致病力，其中多雄腐霉、芒孢腐霉、瓜果腐霉、禾生腐霉、群结腐霉、缓生腐霉(*P. vanterpoolii*)和螺环腐霉(*P. volutum*)都有很强的侵染性，而多雄腐霉是匍匐剪股颖根冠腐烂病的最严重的病原物。禾生腐霉、囊珠腐霉和终极腐霉对匍匐剪股颖和多年生黑麦草具有很强的致病性。

8.3.3 寄主范围

腐霉菌的寄主范围非常广泛。所有的冷季型草坪草和暖季型草坪草狗牙根均容易被腐霉侵染，其中以冷季型草坪草上危害更为严重。

8.3.4 发生规律

空气、土壤的温度、相对含水量对腐霉枯萎病发生、发展和严重度有很大的影响。虽然导致叶枯的一些腐霉菌(如囊珠腐霉)能够在 13~18℃ 的冷凉、湿润的天气发病，但大多数腐霉菌喜好在高温高湿时侵染草坪草。瓜果腐霉、禾生腐霉、终极腐霉等腐霉菌在 30~35℃ 时致病力最强。在自然条件下，孢子囊有小裂片的腐霉菌(包括禾生腐霉、瓜果腐霉等)，其菌丝、游动孢子和孢子囊的寿命短。在侵染或腐生阶段所形成的繁殖体是腐霉菌存活的主要方式，包括卵孢子、孢子囊、游动孢子和菌丝体。灌溉或降水易造成腐霉病植株残体和土壤中腐霉菌繁殖体的流动，从而引起病害的大面积传播。

8.3.5 防治

腐霉枯萎病分布广、发病快、破坏力强而且致病原因多样，因此应采取"预防为主、综合防治"的策略，加强预防措施，将病害发生的可能性降至最小。该病常规的防治措施包括预测预报、化学防治、生物防治、生态防治及抗病性利用等。

8.3.5.1 做好预测预报

Nutter 等对腐霉枯萎病建立了一个预测预报系统，认为腐霉菌总是在一个高温的白天和一个高温高湿的夜间后侵染危害。他们通过对几个高尔夫球场腐霉枯萎病的发生与天气的相关性进行分析，提出了该病的发生规律：最高气温超过 30℃，且最低温度不低于 20℃；相对湿度超过 90%，持续 14 h 以上。由于腐霉菌为土壤习居菌，能在土壤中存活 5 年之久。

8.3.5.2 栽培管理

(1) 灌溉

灌水时期、次数和灌水量都能影响病害的发生。灌溉时应少量多次，尽量保持草坪草与土壤间的微环境相对干燥，可降低病害的发生和危害。

(2) 施肥

不同形态的氮肥对瓜果腐霉致病性影响不同，当施入硝酸钾、硝酸铵和硫酸铵时，土壤 5~10 cm 深处的腐霉菌丝密度明显增加；而加入亚硝酸钾和尿素时菌丝生长则明显受到抑制。

8.3.5.3 化学防治

内吸性杀菌剂的出现提高了对腐霉枯萎病的防治效果，其中菌浸净和甲霜灵等均有较好的防治效果。甲霜灵可成功地抑制腐霉属内的 23 个种，但在集约化生产和频繁使用后，抗药性的出现导致该杀菌剂防治效果逐渐丧失。其他类别的内吸性杀菌剂（如氟吗啉、烯酰吗啉等）也可用于腐霉枯萎病的防治。

8.3.5.4 生物防治

喷施哈茨木霉显著降低匍匐剪股颖腐霉根腐病。

8.4 镰孢菌枯萎病

镰孢菌枯萎病（fusarium wilt）是在草坪上普遍发生的、严重破坏草坪景观效果的一种病害，在全国各地草坪草上均有发生，危害多种禾本科草坪草（如早熟禾、羊茅、剪股颖等）。镰孢菌枯萎病主要在北方冷季型草坪上发生，侵染后短期内就可以导致草坪草的根茎部组织和叶片腐烂，造成大量植株死亡，田间发病率达 50% 以上。

8.4.1 症状

镰孢菌枯萎病会造成草坪草烂芽和苗腐、根腐、茎基腐、叶斑和叶腐、匍匐茎和根状茎腐烂等一系列复杂症状。发病草坪开始出现淡绿色圆形或不规则形小斑，随后迅速变成枯黄色，直径 2~30 cm。高温干旱条件下，病草枯死，根部、冠部、根状茎和匍匐茎变成黑褐色的干腐状。相对湿度高时，病部可出现白色至粉红色的菌丝体和大量的分生孢子团。温暖潮湿的天气，可造成草坪发生大面积叶腐和茎基腐。叶腐主要发生在老叶和叶鞘上（首先侵染叶尖），病斑初期水渍状墨绿色，形状不规则，后变枯黄色至褐色，病健交界处有褐色至红褐色边缘，外缘枯黄色。严重时茎基部变褐腐烂，整株死亡（图 8-4）。

图 8-4　海滨雀稗镰孢菌枯萎病（章武/摄）

8.4.2 病原菌

镰孢菌（*Fusarium* spp.）属于无性态真菌丝孢纲瘤座孢目镰孢菌属。分生孢子梗无色、不分支或多次分支、分隔或不分隔，自然情况下结合成分生孢子座，有时可直接从菌丝生出。镰孢菌产生两种类型的分生孢子：小型分生孢子卵圆形或椭圆形，单胞或双胞无色、单生或串生；大型分生孢子镰刀形或新月形、多胞、无色，基部常有一明显的突起（见图 2-57）。

侵染草坪的镰孢菌种类很多，如黄色镰孢菌（*F. culmorum*）、禾谷镰孢菌（*F. graminearum*）、燕麦镰孢菌（*F. avenaceum*）、锐顶镰孢菌（*F. acuminatum*）、木贼镰孢菌（*F. equiseti*）、克地镰孢菌（*F. crookwellense*）、异胞镰孢菌（*F. heterosporum*）、梨胞镰孢菌（*F. poae*）等，主要会引起根腐、基腐、穗腐和枯萎综合症，黄色镰孢菌、禾谷镰孢菌和异胞镰孢菌还可以引起叶部病斑。

8.4.3 寄主范围

镰孢菌枯萎病在全国各地草坪草上均有发生，可侵染多种草坪禾草，主要寄主有黑麦草属、早熟禾属、羊茅属和剪股颖属草坪草。

8.4.4 发生规律

镰孢菌属真菌土壤习居菌，具有致病范围广和致病能力强等特点。以菌丝体、孢子形式越冬，主要分布于病残体、带菌种子和土壤中。其传播途径通常分为两种：一种是垂直传播，由母系传播给下一代；另一种是水平传播，侵染伤口使寄主植株发病。镰孢菌枯萎病发病最适宜的温度为27~32℃，在20℃时病害发生趋向缓和，到15℃以下时则不再发病。在春夏季节，若栽培基质温度较高，潮湿，植株生长势弱则发病重。栽培中氮肥施用过多，以及偏酸性的土壤，也有利于病菌的生长和侵染，并促进病害的发生和流行。华南地区镰孢菌枯萎病常于4~6月发生，云南、四川、华东地区则常发生于5~8月。

8.4.5 防治

镰孢菌枯萎病是一种受多种因素影响、表现出一系列复杂症状的重要病害，因此防治时应强调"预防为主，综合防治"的原则，抓好无病种子和种子药剂处理，加强养护管理和化学防治。

8.4.5.1 栽培管理

（1）清除侵染源，改善环境条件

在草坪的栽培养护管理中应及时清理枯草层，使其厚度不超过2 cm。病草坪剪草高度应不低于4 cm，同时保持土壤pH值在6~7。

（2）选择抗病品种

剪股颖与草地早熟禾，草地早熟禾与羊茅、黑麦草可以混播，发病草坪补种黑麦草或草地早熟禾抗病品种。

（3）合理施肥

提倡重施秋肥，轻施春肥；增施有机肥和磷钾肥，少施氮肥。

（4）合理灌溉

减少灌溉次数，控制灌水量以保证草坪既不干旱也不过湿。斜坡易于干旱需补充灌溉，夏季天气炎热时草坪应在中午喷水降温。

8.4.5.2 化学防治

尽量从无病的原产地引种，使用种子建植草坪时应进行药剂拌种，选择的药剂有灭霉威、乙磷铝、杀毒矾、代森锰锌、甲基托布津等，通常用量是种子质量的0.2%~0.3%。于发病初期，喷施50%多菌灵500倍液，25%苯来特500倍液，或喷甲基托布津、百菌清等广谱杀菌剂进行防治,每 7~10 d 1 次,连续 3~4 次,控制病害发展。而甾醇脱甲基化抑制剂类(DMIs)、甲氧基丙烯酸酯类(QoIs)和琥珀酸脱氢酶抑制剂类(SDHIs)等高效内吸型杀菌剂也可达到很好地预防和治疗效果。

8.4.5.3 生物防治

有研究表明,哈茨木霉生防菌剂对草坪镰孢菌枯萎病有很好的防治效果。试验中木霉菌能够迅速覆盖尖孢镰孢菌,并使之停止生长或死亡,同时木霉在生长过程中还能产生抗生素和胞外酶,使病原菌的菌丝细胞质消解,菌丝断裂。

8.5 夏季斑枯病

夏季斑枯病(summer patch)是一种危害严重的草坪根部病害,能造成草坪草整株死亡,使草坪出现秃斑,严重影响草坪美观。1984 年,美国首次报道夏季斑病害的发生,而其在国内的最早报道见赵美琦等(1999)编著的《草坪病害》。夏季斑枯病在北美、欧洲等地均有报道,在我国则主要集中在北京、河北等地区,是危害北方地区草坪的主要病害之一,有"草坪癌症"之称。

8.5.1 症状

夏季斑枯病主要危害草坪草根部和茎基部,常引起草坪草叶尖枯死及根部坏死,发病初期草坪草地上部和地下部生长缓慢,叶片瘦小萎蔫并最终出现环状病斑,在草坪上形成大小不一的圆形或蛙眼状黄褐色斑块。在高温胁迫下,叶片上可能会出现白色带状的伤痕。发病草坪最初出现直径 3~8 cm 发黄小斑块,以后逐渐扩大。典型的夏季斑为圆形的枯草圈,直径大多不超过 40 cm,但最大时也可达 80 cm,且多个病斑连合成片,形成大面积的不规则形枯草区。在剪股颖和早熟禾混播的草坪上,枯斑环形直径达 30 cm。典型病株根部、根冠部和根状茎黑褐色,后期维管束也变成褐色,外皮层腐烂,整株死亡。在显微镜下检查,可见到平行于根部生长的暗褐色匍匐状外生菌丝,有时还可见到黑褐色不规则聚集体结构(图 8-5)。

8.5.2 病原菌

夏季斑枯病是由早熟禾拟巨座壳菌(*Magnaporthiopsis poae*)所致。该菌属子囊菌门巨座壳科(*Magnaporthaeeae*)拟巨座壳属(*Magnaporthiopsis*)真菌内最重要的一个种,无性生殖形成分生孢子,子囊壳。无性时期,瓶梗孢子无色,长 3~8 μm,附着胞球形,深褐色,浅裂,自然条件下可在基部和根部看到。在具备无性型的两种交配型存在的实验室培养条件下可观察到有性生殖。子囊壳黑色,球形,直径 252~556 μm,有长 357~756 μm 的圆柱形颈;子囊单层壁,圆柱形,长 63~108 μm,含有 8 个子囊孢子,成熟的子囊孢子长 23~42 μm,直径 4~6 μm,子囊孢子有 3 个隔膜,中间 2 个细胞深褐色,两端的细胞无色(见图 2-39)。

该菌在 1/2 PDA 培养基上,菌丝初期无色,较稀疏,紧贴培养基卷曲生长。后期成熟后逐渐变灰,或呈橄榄棕色。菌丝从菌落边缘向中心卷回生长。在 28~30℃条件下,该菌在培养皿中的生长速度可以达到 7~12 mm/d(图 8-5)。

图 8-5　草坪草夏季斑枯病（胡健/摄）
A. 危害草地早熟禾症状　B. 病原菌在培养基上的菌落形态

8.5.3　寄主范围

夏季斑枯病主要侵染冷季型草坪草,包括一年生早熟禾、草地早熟禾、紫羊茅和匍匐剪股颖,其中尤以草地早熟禾受害最为严重。在草地早熟禾的不同品种中,抗性强的品种有'Adelphi'、'Admiral'、'Baron'等;易感病的品种有'Park'、'Kenblue'、'South Dakota'等。

8.5.4　发生规律

当夏季持续高温(白天温度达 28~35℃,夜间温度超过 20℃),5 cm 土层温度达到 18.3℃时,*M. poae* 就会开始侵染根的外部皮层细胞。*M. poae* 是以深褐色菌丝体的形式在根或叶鞘上生长,并通过菌丝体或菌丝聚集体产生的感染菌丝穿透植物。在植物根部,细长的透明菌丝在细胞间和细胞内侵染,刺激皮层细胞产生木质素,导致根系功能障碍。

在炎热多雨的天气或暴雨之后又遇高温天气,病害发展迅速,造成草坪出现大小不等的秃斑。这种病斑不断扩大的现象可一直持续到初秋。该病还可以通过清除植物残体的机器和草皮的移植进行传播。另外,高温、高湿、高 pH 值或排水不良、紧实的地方发病严重;过量氮肥及使用砷酸盐除草剂和某些杀菌剂可以加快症状的表现;低修剪、频繁浅灌等措施也会加重病害的发生。

8.5.5　防治

8.5.5.1　抗性品种

种植抗病草种(品种)或选用抗病草种(品种)混合种植是防治夏季斑枯病最经济有效的方法之一。不同草种间抗病性差异表现为:多年生黑麦草＞高羊茅＞匍匐剪股颖＞硬羊茅(*Festuca brevipila*)＞草地早熟禾。因此,可根据需要用其他草种替换草地早熟禾,从而减轻病害的发生程度。

8.5.5.2　栽培管理

合理施用氮肥,如春季应施用缓释氮肥或包衣氮肥,秋季施用硫酸铵,在7、8月高温高湿的情况下，补充少量氮并配施适量的磷肥、钾肥及铁、镁等微量元素，以保证草坪草正常生长发育及保持必要的色泽。深灌促进根际生长，在炎热的夏季感病地带，尽可能减少灌溉次数，每 7~10 d 灌溉 15~20 cm 深度，以不诱发干旱胁迫为准。高温胁迫时期，提高修剪高度，可以减轻夏季斑的症状。除此之外，打孔通气、改善排水条件等促进根系发育的措施均有利于防治病害。

8.5.5.3　化学防治

在根冠部产生可以看见的腐烂等明显特征之前用药。一般在病害发生期内要防治 2~4 次。防治的关键时期是在春末和夏初，土壤温度为 18~20℃ 时进行。播种时使用甲基托布津等药剂进行拌种消毒。进入 8 月，可以每 7~10 d 喷施 1 次多菌灵或甲基托布津等药剂，做好预防。一旦发现病害迹象，使用治疗性杀菌剂（如恶霉灵、代森锰锌等）进行喷雾或灌根防治，每 5~7 d 1 次，连续 2~3 次。国外试验表明，嘧菌酯、肟菌酯、氯苯密醇、腈菌唑、丙环唑、三唑酮可以用于夏季斑枯病的防治，其中嘧菌酯和肟菌酯的防治效果最好。在预防夏季斑枯病时，800~1 000 倍液的丙环唑、氯苯密醇、三唑酮比苯并咪唑、苯菌灵、甲基托布津的效果要好，但一旦发病，苯并咪唑可以显著减轻病害。

8.5.5.4　生物防治

Melvin 发现从灰链霉菌变种（*Streptomyces griseus* var. *autotrophicus*）的菌丝体中分离的一种多元醇多烯大环内酯抗生素（Faeriefungin）对夏季斑枯病有明显的抑制作用。Clarke 等从 10 种对农作物的土传病害有显著抑制作用的细菌中筛选出了 5 种对夏季斑枯病有明显抑制作用的细菌，包括从小麦中分离出的 3 种细菌（*Pseudomonas fluorescens* 2-79、*P. fluorescens* 13-79 和 *Bacillus subtilis* d-39Sr）和从棉花上分离出 2 种细菌（*Enterobacter cloacae* EcH-1 和 EcCT-501）。David 等从草坪根部分离出的上百种细菌中筛选出 *Pseudomonas* spp. 105-2，*Comamonas acidovorans* HF42 和 *Enterobacter* spp. BF14，能够显著减轻夏季斑枯病症状。Kobayashi 发现了一种具有溶酶作用的物质 *Lysobacter enzymogenes* C3，对夏季斑枯病具有拮抗作用。

8.6　白绢病

禾草白绢病（southern blight）又称南方枯萎病或南方菌核腐烂病，是我国中部、南部及世界其他国家高温、高湿地区的一种主要草坪病害，可危害多种草坪草。

8.6.1　症状

发病草坪上首先出现黄色至白色枯草斑，形状可自圆形至半月形不等，枯草斑边缘草坪植株死亡或变成浅红褐色，枯草斑直径约 30 cm。当病情继续发展时，枯草斑逐渐向外扩展，内部的草坪恢复成绿色，而外沿草坪呈枯黄状，整个枯草斑斑形似蛙眼。当病株表现苗枯、根腐、茎基腐等症状，茎基部缠绕着白色絮状菌丝体。有时叶鞘和茎上出现褐色不规则形或梭形病斑，叶鞘和茎秆间也有白色菌丝体和菌核。病株通常黄枯矮化、瘦弱，严重时皮层撕裂，露出内部机械组织，褐变死亡。枯萎草坪上，也常生有茂密的白色、灰色絮状菌丝体，如同白色丝绢，故称白绢病。白色菌丝逐渐集结形成许多小而圆的菌核，直径 1~3 mm，初期为白色至黄色，最后呈黄褐色至深褐色，外形像菜籽，是白绢重要的传播途径。

8.6.2 病原菌

病原为齐整小核菌(*Sclerotium rolfsii* Sacc.)，为无性态真菌丝孢纲无孢目小核菌属，有性阶段为齐整阿太菌(*Athelia rotfsii*)。菌丝白色，粗糙，初生菌丝直径较宽 4~9 μm，菌丝分隔间距较大可达 240 μm，次生菌丝较细，大约 2 μm，分隔处有锁状联合，无色至浅色，不产生分生孢子。菌核表生，球形或椭圆形，大多数为 1.5 mm 左右，平滑而有光泽，初期白色，后变褐色，内部灰白色，坚硬易脱落(见图 2-52)。

8.6.3 寄主范围

剪股颖属、狗牙根属、羊茅属、黑麦草属、早熟禾属和马蹄金(*Dichondra repens*)等多种主要草坪草在内的 500 多种植物。

8.6.4 发生规律

该病原菌系土壤习居菌，腐生竞争能力强，以菌核越冬(越夏)，菌核可在病残体和土表存活多年。此外，菌丝也可在土壤和枯草层中生长蔓延。气温低于 15℃ 不发病。当土壤潮湿、气温升至 20℃ 以上时，菌核萌发产生菌丝体并侵染寄主。低于 26℃ 时，虽可发病但寄主不会很快死亡；当气温上升至 30℃ 以上时，病株迅速死亡。土壤酸性并含有大量有机物质，通气良好时发病重。干旱之后阴雨连绵促使该病害流行。

8.6.5 防治

8.6.5.1 选用抗病品种

选用抗病品种、多草种或多品种建植混播草坪。

8.6.5.2 管理措施

(1) 清除枯草

秋末和冬季焚烧枯草，以减少菌源，改善通风透光条件。

(2) 合理灌溉

降低田间湿度，过密草坪要适当打孔疏草，以保持通风透气。

(3) 调整土壤酸碱度

土壤 pH 值保持 7.0~7.5，可以减轻发病。

8.6.5.3 化学防治

可试用 70% 五氯硝基苯可湿性粉剂或 50% 多菌灵可湿性粉剂 600 倍液喷雾，或 70% 甲基硫菌灵可湿性粉剂 600 倍液，或 45% 代森铵水剂 1 000 倍液喷雾。

8.7 雪霉病

雪霉病(snow molds)又称粉红雪腐病(pink snow mold)或微座孢枯萎病(microdochium patch)，主要发生在冷凉多湿的地区，是冷季型草坪秋冬季和早春常见病害，引起各种禾草苗腐、叶斑、叶枯、鞘腐、基腐和穗腐等多种症状，以叶斑和叶枯最为常见。

8.7.1 症状

由雪腐微座孢(*Microdochium nivale*)导致的雪霉病苗期受害叶片初为水浸状暗绿色病斑,后变为砖红色、暗褐色以至灰绿色,病斑中部枯黄色、边缘暗绿色,受害叶片不破碎,病部产生粉红色霉层。发病严重时,叶片、叶鞘和茎溃烂干枯死亡,其上覆有白色或污红色菌丝体。染病草坪出现直径小于 5 cm 的圆形枯草斑,扩大后直径可达 20 cm,边缘暗绿色至污红色。该病在剪草较低的草坪上迅速扩展时,枯草斑中心草株可恢复生长,形成蛙眼状枯草斑,外圈具有暗绿色边缘。在潮湿条件下或积雪覆盖下,枯草斑上生出白色菌丝体,经阳光照射后产生大量粉红色或砖红色霉状物(分生孢子),故也称粉红雪腐病。有时病斑上还生出黑色的小粒点,即为病原菌子囊壳。子囊壳埋生在叶表皮下,孔口由气孔外露,排列成行。

当雀稗微座孢(*M. paspali*)在冷湿条件下危害海滨雀稗时,被侵染叶片首先表现出水浸状而后迅速变得枯黄并死亡。叶片枯萎死亡后,染病区域叶片开始变得稀疏,并逐渐形成了不规则的枯草斑,长可达 10~60 cm,宽为 5~40 cm。一些枯草斑块还可组合形成更大的斑块。在高湿情况下,被侵染的叶片及叶片顶端上还可发现白色或浅黄色的菌丝和分生孢子(图 8-6)。

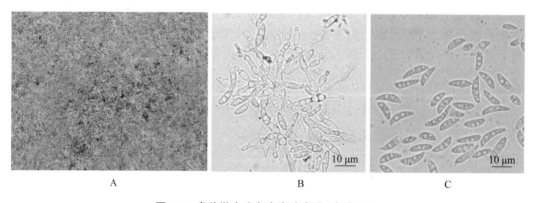

图 8-6 雀稗微座孢危害海滨雀稗(章武/摄)
A. 田间症状 B. 分生孢子座 C. 分生孢子

禾生微座孢(*M. poae*)危害高尔夫球场草坪时,病害初期为散在叶片上的水浸状斑点。侵染初期病原真菌在果岭和球道草坪上形成小于 2 cm 的叶枯斑。经过连续几天高温降雨,病害迅速扩散,造成大片不规则斑块,甚至感染整个球道。在高湿情况下(如清晨),发病叶片上可观察到白色浓密的菌丝。病害通常发生在 7~8 月,严重时可侵染整个球道。

8.7.2 病原菌

该病病原主要有 3 种:雪腐微座孢[异名:雪腐捷氏霉(*Gerlachia nivalis*)],雀稗微座孢和禾生微座孢,均隶属于无性态真菌丝孢纲瘤座孢目微座孢属。

雪腐微座孢在 PDA 培养基上形成粉红色、浅橙色、橘黄色菌落,气生菌丝稀疏,菌丝无色,有隔,宽 2.5~5.0 μm。分生孢子以向顶式层出的方式产生,宽镰刀形,无色,两端尖削,有时基部略平,无脚胞,0~3 个分隔,1 隔孢子(12.5~28.0) μm × (2.5~5.5) μm,

3 隔孢子(18~32)μm×(3~6)μm。有性世代为 *Monographella nivalis*。有性世代产生的子囊壳近球形，(147~200)μm×(126~188)μm，外壁光滑，有乳突状孔口，有侧丝。子囊棍棒状或圆柱形，单囊壁，(40~73)μm×(6.5~10.0)μm，顶部有淀粉质环，遇碘液变蓝。子囊内含8个子囊孢子，纺锤形或椭圆形，无色透明，1~3个隔，(9.5~18.5)μm×(2.0~5.5)μm。子囊内排成单列或双列。

雀稗微座孢在PDA培养基上形成粉红色、浅橙色、橘黄色的菌落，气生菌丝稀疏，薄绒状、羊毛状或毡状。菌丝无色，壁薄、光滑、有隔，宽2.5~5.0μm。分生孢子以向顶层出的方式生出，宽镰刀形，无色，两端尖削，有时基部略平，无脚胞，有0~3个分隔，大小(7.0~20.5)μm×(2.5~4.0)μm(图8-6)。

禾生微座孢菌丝丰富，生长在培养基表面或伸入在培养基内部，菌丝分枝，有隔膜，透明、光滑、宽1~2μm。分生孢子梗未分化，未分枝，产孢细胞直接由菌丝生成。产孢细胞稀疏，独立、无分枝，单核细胞，圆柱形或近圆柱形，(1.5~6.5)μm×(1~2)μm。分生孢子新月状，梭形、卵圆形、梨形，稍弯曲，(3.5~8.5)μm×(2~3)μm。厚垣孢子倒卵球形或长条形，棕色至暗棕色，(2.4~5.0)μm×(2.4~4.2)μm。

8.7.3 寄主范围

雪腐微座孢主要寄生一年生早熟禾、剪股颖、黑麦草、羊茅和草地早熟禾等禾草。雀稗微座孢主要危害海滨雀稗。禾生微座孢危害草地早熟禾、匍匐剪股颖。

8.7.4 发生规律

病原菌以菌丝体或分生孢子随病种子越冬或随病残体在土壤中越冬。适宜条件下，病原菌萌发侵染幼芽、幼根和其他部位，并产生分生孢子和子囊孢子，随风和雨水传播，由伤口和气孔侵入，不断引起再侵染。高湿条件下产生气生菌丝，通过生长延伸接触也可传播蔓延。设备、车轮、剪草机、动物和鞋子等都可以成为传播病原菌的媒介。潮湿多雨和冷凉的环境有利发病。偏施氮肥、排水不良、低洼积水、草坪郁蔽、枯草层厚等因素都有利于发病。

8.7.5 防治方法

8.7.5.1 选择抗病品种

选择抗病、抗寒性强的草种或品种。加强种子质量的查验，保证种子无病、健康。

8.7.5.2 加强科学养护管理

改善草坪立地条件，健全排水系统，避免低洼积水；均衡施肥，晚秋少施氮肥，适当追施磷、钾肥；合理灌水，及时清除枯草层；早春融雪后及时疏草和追肥，提升地温，加速草坪草的返青分蘖等。

8.7.5.3 适时进行化学防治

提倡药剂拌种或种子包衣；积雪前用百菌清、菌核净、扑海因等喷施预防。病害发生后用多菌灵、甲基托布津等杀菌剂交替施用，每5d喷施1次，连续3~5次即可。

8.8 春季坏死斑病

春季坏死斑病(spring dead spot)主要危害高尔夫球场建植3~5年的狗牙根或杂交狗牙根草坪，多发生于种植狗牙根较多的南方地区。

8.8.1 症状

受春季坏死斑病危害的狗牙根草坪在春季返青时，可见圆形或者弧形枯草斑，枯草斑直径大小5~90 cm不等，草坪地下部分和接近地表的部分枯死，被病原菌侵害的草坪根部和匍匐茎逐渐变成深棕色、黑色，甚至出现严重的腐烂症状。病斑内叶片枯死，有时随着早春气温的逐渐回升可见病斑逐渐扩展，发病高峰期时，草坪出现一圈圈的局部草荒现象(图8-7)。

8.8.2 病原菌

图8-7 狗牙根春季坏死斑病(章武/摄)

由盘蛇孢属(*Ophiosphaerella*)的 *Ophiosphaerella narmari* (J. Walker & A. M. Sm. bis) H. C. Wetzel 和 *Ophiosphaerella herpotricha* (Fr.) J. Walker 真菌引起(见图2-42)，受侵染狗牙根根茎表皮均可见病原菌黑色且带分隔的外生菌丝。外生菌丝通常可在狗牙根茎基部集结形成子囊壳。病原菌子囊壳厚壁、黑色，大小分别为 35~105 μm，105~180 μm，140~180 μm。因病原菌的形态学较为相似，难以区别，通常可利用特异性引物通过聚合酶链式反应(PCR)对病原菌进行区别。

8.8.3 寄主范围

病原菌主要危害狗牙根或杂交狗牙根草坪，同时也可危害结缕草。

8.8.4 发生规律

病原菌的最适生长和侵染气温是15℃左右，因此病原菌通常在夏末秋初，当气温开始降低时侵害草坪的根部，因其主要侵染草坪的根部和接近地表的组织，通常秋季不易观察到明显症状。该病害出现明显症状的时间一般为草坪刚打破冬季休眠的早春，病害的发生时间也根据由南至北温度回升的快慢而有所不同，在华南地区该病主要发生在2~3月，长江流域则主要在4月，北方地区主要为4~5月。到了夏季，草坪生长达到高峰期，病斑可能逐渐被健康叶片覆盖，长势好的草坪，基本看不见病斑。但翌年春天，病原菌重新从土壤和病残体中萌发侵染草坪，病害更加严重，病斑较前一年有所扩大。

8.8.5 防治

狗牙根春季坏死斑病以综合防治为主。

8.8.5.1 适量施肥
冬季休眠时候不施氮肥。
8.8.5.2 加强田间管理
及时清理枯草层,并通过疏草或者打孔来破坏大片病斑。
8.8.5.3 使用杀菌剂防治
必须以预防为主,氯苯嘧啶醇和戊唑醇的预防效果最好。

8.9 仙环病

仙环病(fairy ring)又称蘑菇圈或仙人圈,是由担子菌引起的草坪常见病害之一,在世界范围内广泛分布,可以危害几乎所有冷季型和暖季型草坪草,主要在春季和秋季发生,形成褐色或深绿色弧形或圆形,对草坪景观造成严重破坏。造成仙环病的担子菌生活在土壤表面的腐烂物上,其浓密的白色菌丝体可限制空气或气体的流动,阻止水分流入,感病区可获得大量的氮素,从而使环上的草生长较快,呈暗绿色,但过量的氮素加上担子菌产生的毒素最终导致感病区草坪的死亡。

8.9.1 症状

根据在草坪上造成的症状,仙环病可分为3种类型。Ⅰ型:形成褐色、萎蔫、枯死的草圈,能造成圈上草坪草死亡或坪用性状严重退化。Ⅱ型:深绿色草圈(图8-8),加速圈上草坪草的生长或引起草坪草开花,提前完成生活史。Ⅲ型:圈上产生蘑菇子实体(见图2-47),对草坪草的生长没有明显影响。当观赏性草坪或运动场草坪(如高尔夫球场、足球场草坪等)发生Ⅰ型或Ⅱ型仙环病时,会造成草坪草长势不均、早衰或死亡,草坪质量下降甚至建坪失败。不同仙环病所形成的圆形大小不一,直径在几厘米到几十米不等。

8.9.2 病原菌

目前,已报道约60种担子菌真菌可能与仙环病的发生有关。仙环小皮伞(*Marasmius oreades*)是仙环病的病原菌中研究最多的一种担子菌,白花菇(*Arachnion album*),真皮灰球菌(*Bovista dermoxantha*)和柯氏隔马勃(*Vascellum curtisii*)与Ⅰ型和Ⅱ型仙环病的发生有关,而Ⅲ型仙环病的病原菌主要是仙环上生长出的担子菌子实体。Ⅲ型仙环病病原菌一般不会对草坪造成危害,但会影响草坪景观和运动性能。

图8-8 仙环病危害结缕草草坪(胡健/摄)

8.9.3 寄主范围

仙环病危害寄主范围广泛,可以危害几乎所有草坪草,特别是在高尔夫球场果岭的匍匐剪股颖草坪上危害严重。

8.9.4 流行规律

仙环病最初的外观一般是病草围成一个小圆圈或出现一束担子果,蘑菇圈的直径每年都增大几厘米,有时可达 0.5 m。随着蘑菇圈病菌往圈外迅速生长,圈内老菌丝逐渐死亡,而随之出现内圈旺长的现象。在Ⅱ型的蘑菇圈中,内层环带和外层环带旺长同时出现,没有死草的环带。对于死草机制,目前还无定论。一般砂壤土,低肥和水分不足的土壤上病害最严重。浅灌溉、浅施肥、枯草层厚和干旱有利病害的发生。

8.9.5 防治

当发病严重时,仙环病防治难度较大,可采用多种手段,如栽培管理措施、生物防治和化学防治等开展仙环病的防治。

8.9.5.1 栽培管理

草坪建植前,可将坪床上易滋生担子菌的木质材料(如死树根等)清理干净,也可通过耙子或垂直刈割移除多余的枯草层,或者使用打孔、覆沙等措施减少枯草层。还可通过避免土壤过干或过湿,平衡施肥等措施防治病害。当仙环病发生后,可根据不同类型仙环病采用不同栽培管理措施,如针对Ⅰ型仙环病,主要通过充分的灌溉保证感染区土壤湿润,以减轻病害的发生;针对Ⅱ型仙环病,可通过合理施氮肥和铁肥的方式,使仙环病周边草坪颜色深绿,从而使仙环的颜色不明显,一定程度上减轻Ⅱ型仙环病造成的景观问题。此外,通过土壤熏蒸、清理感染土壤或草皮重新建植方式减轻仙环病的危害,但实际操作相对比较困难,成本较高,且多年后仙环病仍可重复发生,同时化学熏蒸剂一般毒性较高,易造成土壤污染和危害人体健康。

8.9.5.2 化学防治

现阶段仙环病的防治主要依赖使用便捷、防治效果显著的化学药剂。但仙环病化学防治需要药物剂量高,存在药剂污染、毒害人畜及有益昆虫、破坏草坪微环境生态平衡等问题。通常,仙环病的化学防治以预防为主,可使用甾醇脱甲基化抑制剂类(DMIs)、甲氧基丙烯酸酯类(QoIs)和琥珀酸脱氢酶抑制剂类(SDHIs)进行预防。当仙环病发生后,氟酰胺、嘧菌酯和唑菌胺酯可用于仙环病的治疗。然而,仙环病发病区域真菌菌丝密度大,易造成感染土壤透水性下降,从而导致杀菌剂不能有效抑制土壤中的仙环病真菌。因此,在使用杀菌剂治疗时,需要与土壤表面活性剂联合使用,通过浇灌的方式将杀菌剂有效施入土壤中。

8.9.5.3 生物防治

国内研究者认为木霉菌能有效拮抗担子菌类真菌。例如,赵妗颐等发现某些木霉菌及其代谢物对仙环病真菌能产生明显的抑制作用,且用于制备高效拮抗菌剂具有广阔的市场潜力。

8.10 坏死环斑病

坏死环斑病(necrotic ring spot)主要因其发病的典型症状是在冷湿环境下形成环状的枯草斑而得名。

8.10.1 症状

染病草坪初现 5~10 cm 的小型淡绿色病斑，而后病斑逐步扩大至 30 cm，有时甚至可达 60~90 cm。受侵染草坪叶片由绿色逐渐变为红棕色，并发展为浅稻草色。最终，枯草斑内的草坪草全部死亡，形成 2~3 cm 深的黄褐色凹陷。生长季节，枯草斑内部存活草坪草开始复苏恢复生长，最终形成环状坏死斑。染病草坪草根部和茎部可见棕色，具分隔的匍匐的外生菌丝。

8.10.2 病原菌

坏死环斑病病原菌是盘蛇孢属真菌 Ophiosphaerella korrae (J. Walker & A. M. Sm. bis) Shomaker & C. E. Babc.。在 PDA 培养基上，O. korrae 菌丝蓬松，幼嫩菌丝初为白色或浅灰色，老熟时为深灰色或黑色，在 20~28℃下，生长速率为 3~6 mm/d，在温度低于 10℃和高于 30℃时，菌丝无法生长。子囊壳由受侵染植物组织上的菌丝团发育而来，子囊壳黑色，瓶状，厚壁，(300~500) μm×(400~600) μm。子囊圆柱形或棒状，(145~200) μm × (10~15) μm。子囊孢子针状，淡褐色，1~15 个分隔，(4.0~4.5) μm × (120~180) μm(见图 2-42)。无性态特征未知。

8.10.3 寄主范围

坏死环斑病主要危害羊茅属和早熟禾属等冷季型草坪草根部。但其在结缕草属、地毯草属和狗牙根属等暖季型草坪草上也偶有报道。

8.10.4 发生规律

O. korrae 主要以菌丝或侵染钉的形式存活于植物残体中。该病害始发于晚春，通常在草坪生长季节的冷湿时期发病。当环境适宜时，匍匐的外生菌丝在根系间传播，并长出透明的菌丝侵入根部、根茎部或叶鞘。枯草斑在夏季高温下逐渐恢复，但有些地区在高温和干旱胁迫下发病更为严重。受侵染的草坪在初秋时期可再次发病直至冬季和翌年的早春，且极难恢复。被侵染的草坪经修剪后，随养护器械传播到其他区域。枯死斑内时常可见子囊壳生于枯死叶鞘、枝条或根茎上。

8.10.5 防治

采取以下措施可抑制坏死环斑病发生。

8.10.5.1 合理灌溉

避免干旱胁迫，当在天气炎热且病害十分严重时，需频繁浇灌，避免环境过热，促进病害流行。

8.10.5.2 合理施肥

保证充足且平衡的氮、磷、钾肥，缓释肥料和有机肥优于速效肥。

8.10.5.3 选用抗病品种

黑麦草和早熟禾混播可减轻病害的发生。在春季早期和中期施用保护性杀菌剂可有效抑制病害。

8.11 线虫病

草坪线虫病(nematode disease)是由线虫危害引起的一类重要病害。线虫寄主范围广泛,各地均有发生。在暖温地带和亚热带地区可造成叶、根以及全株虫瘿和畸形,使草坪受损。在较凉爽地区也会造成草坪草生长较弱,生长缓慢和早衰,严重影响草坪景观。除以上直接危害外,其取食造成的伤口而诱发其他病害,或有些线虫本身就可携带病毒、真菌、细菌等病原物而引起病害。通常是在叶片上均匀出现轻微至严重褪色,根系生长受到抑制,根短、毛根多或根上有病斑、肿大或结节。植株矮小,甚至全株萎蔫、死亡。但更多的情况是在草坪上出现环形或不规则形状的斑块。当天气炎热、干旱、缺肥和其他逆境时,症状更明显。线虫病害的识别,除要进行认真仔细的症状观察外,唯一确定的方法是在土壤和草坪草根部取样检测线虫。据报道,美国常见草坪线虫有14个属。目前,我国有报道的线虫病主要有剪股颖粒线虫病、羊草粒线虫病和苜蓿根结线虫病等。

8.11.1 剪股颖粒线虫病

剪股颖粒线虫病分布在美国、加拿大、澳大利亚、新西兰、俄罗斯、乌克兰、法国、英国、德国、荷兰等国家,为我国的检疫对象之一。据记载,该病曾在俄罗斯、美国和新西兰的一些地区严重发生。例如,俄罗斯圣彼得堡的细弱剪股颖发病率达44%~98%,病株的生长量仅为健株的14%~33%。在美国俄勒冈州,因该病剪股颖属种子产量下降50%~75%。我国东北地区因该病原线虫侵染羊草,使羊草的病株率达19.7%,小花发病率10.8%,重者达93%。

8.11.1.1 症状

受侵染的寄主植物在幼苗阶段并不表现明显的症状,只在花穗期显示出典型的病变。病变症状主要表现为被寄生小花的颖片、外稃和内稃显著增长,分别达正常长度的2~3倍、5~8倍和4倍。其内子房转变成雪茄状的虫瘿,开始形成时绿色,后期呈紫褐色,长4~5 mm,而正常颖果的长度仅1 mm左右。

8.11.1.2 病原

剪股颖粒线虫(*Anguina agrostis*),雌虫体粗,热杀死后向腹面卷成螺旋形或"C"形;角质层有细环纹。头部低平、缢缩。垫刃形食道。单卵巢,前伸,发达,卵巢折叠2~3次,卵母细胞呈轴状多行排列。尾圆锥形,尾端锐尖。雄虫较雌虫细短,热杀死后腹面弯成弓状或近直伸。精巢转折1~2次,精母细胞多列,引带细线形,交合伞向后延伸至近端部,尾端锐尖。

8.11.1.3 寄主范围

剪股颖属各个种,包括细弱剪股颖(*A. tenuis*)、小糠草、绒毛剪股颖(*A. canina*)、糙叶剪股颖(*A. exarata*)、匍匐剪股颖等;以及其他禾木科草坪草,包括野牛草、紫羊茅、多年生黑麦草、高原早熟禾(*Poa alpina*)、一年生早熟禾、草地早熟禾和海滨碱茅(*Puccinellia maritima*)等均可感染。主要危害寄主植物的花序,导致病株的种子和地上部产量下降,在广泛种植剪股颖地区可对生产构成严重威胁。

8.11.1.4 发生规律

种子中混杂的虫瘿是重要的初侵染来源。剪股颖粒线虫以二龄幼虫在虫瘿中呈休眠状态度过干旱季节。在干燥虫瘿中的二龄幼虫可存活10年。虫瘿在有足够水分的田间吸水后破裂,幼虫逸出,侵染寄主植物幼苗。在秋冬季,以外寄生方式在生长点附近取食,翌年春季,寄主植物进入生殖期后,二龄幼虫侵入正在发育的花序的花器,并很快发育为成虫,这时受侵染小花的子房已转变成虫瘿。虫瘿中雌虫受精后产卵,卵孵化出二龄幼虫,二龄幼虫在虫瘿内进入休眠状态。二龄幼虫只有在侵入寄主的花器后才能发育成成虫完成其生活史,病种子的运输是远距离传播的重要途径。在病区,风、流水、农事操作等是病害扩散的重要途径。

8.11.1.5 防治方法

(1)利用健康无病的繁殖材料

保证使用无线虫的种子、无性繁殖材料(草皮、匍匐茎或小枝等)和土壤(包括覆盖的表土)建植新草坪。对已被线虫侵染的草坪进行重种时,最好先进行土壤熏蒸。

(2)栽培管理措施

浇水可以控制线虫病害。多次少量灌水比深灌更好。因为被线虫侵染的草坪草根系较短、衰弱,大多数根系只在土壤表层,只要保证表层土壤不干,就可以阻止线虫病害的发生。此外,还应合理施肥,增施磷钾肥,适时松土,清除枯草层。

(3)化学防治

施药应在气温10℃以上,以土壤温度17~21℃的效果最佳。土壤熏蒸剂仅限于播种前使用,避免农药与种子接触。溴甲烷是目前较好的土壤熏蒸剂。禾草播种前,当温度大于8℃,就可使用溴甲烷50~75 g/m^{2}熏蒸,不仅对线虫有很好的防治效果,还兼有防治土传病害和杀虫、除杂草的作用。棉隆和2-氯异丙醚也是常用的杀线虫剂。

(4)生物防治

目前,国内推出一些生物防治或生态防治制剂,对植株有显著的保护作用,且能有效克制线虫侵染。如植物根际宝(Prdda)能显著防治一些作物上的土传真菌病害和线虫,有较好的保护根系的作用。

8.11.2 羊草粒线虫病

羊草粒线虫病在我国黑龙江、内蒙古和河北等地区均有发生,发病严重地块发病率达30%以上。国外也有分布。

8.11.2.1 症状

感染粒线虫的植株在苗期或返青期无明显症状。随植株的生长发育,逐渐出现病株比正常植株低矮,生育期延迟,开花晚15~20 d。穗短,小穗较密,浓绿色,部分小穗不能结实而变成虫瘿,包着护颖的虫瘿较正常种子略大,色青绿。若剥去护颖,则为一瘦长的黑褐色虫瘿。

8.11.2.2 病原

同剪股颖粒线虫。虫瘿内的幼虫极耐高温和低温。105℃处理1 h,瘿内幼虫不能全部死亡,-5~10℃低温处理4 d对瘿内幼虫毫无影响。但幼虫离开虫瘿,耐高温和低温的能力明显减弱。如在45℃下处理15~30 min则全部死亡。

8.11.2.3 寄主范围

同剪股颖粒线虫病。

8.11.2.4 发生规律

收获时,虫瘿混入羊草种子间,或遗落于土壤中。随种子播入土中的虫瘿,吸水膨胀,幼虫复苏,破瘿而出,遇羊草幼苗或幼芽侵入。侵入幼苗或幼芽后的幼虫,在包被生长点的芽鞘内营外寄生生活。当穗分化后,幼虫侵入花器,营内寄生生活,破坏雌雄蕊原基,使子房变成虫瘿。羊草抽穗后,幼虫发育为成虫,交配产卵。卵不久即孵化为初龄幼虫。幼虫在成熟的虫瘿内休眠。1 年发生 1 代。

8.11.2.5 防治方法

(1)严格检疫

从外地调种时,一定要严格进行检疫,防止病区进一步扩大。羊草粒线虫的检验包括种子检验和田间检验。

①种子检验:用肉眼直接观察。凡有虫瘿的外部颖壳比正常种子的颖壳都稍大,颜色青绿,颖壳内含一黑紫色、细长的虫瘿。正常种子的颖壳近黄色,内含种子,坚硬,较短粗。若发现可疑虫瘿,用直接解剖法分离线虫镜检。

②田间检验:应在羊草开花期的中、后期进行。凡感染粒线虫的植株,特别是植株的穗部为浓绿色,生育期比正常植株晚。病株在田间分布为斑块状,极易鉴别。

(2)建立无病留种田

①留种田所用的种子要经过严格选种,保证不带线虫。②不要施用可能有粒线虫的有机肥料。③注意田间管理,发现病株,及时拔除,并要深埋或烧毁。

(3)选用抗病品种

发现有粒线虫感染的地块,及时改种其他不感染粒线虫的草种。

8.11.3 根结线虫病

根结线虫是分布最广的植物寄生线虫之一。苜蓿根结线虫病除侵染苜蓿外还可侵染白三叶,使其发病,影响草坪的观赏价值。

8.11.3.1 症状

苜蓿被根结线虫侵染后,植株矮化,有时发生根腐,侧根增多,根上有许多虫瘿,草地提前退化。

8.11.3.2 病原

侵染苜蓿的根结线虫有北方根结线虫(*Meloidgyme halpa* Chitwod)、爪哇根结线虫[*M. javanica* (Treub.) Chitwood]、南方根结线虫[*M. incognita* (Kofold & Whire) Chitwood]、花生根结线虫(*M. arenaria* Thamesi Chitwood)。

根结线虫属的雄虫线状。雌成虫为宽梨形,体后部为卵囊,其内有 100~350 粒卵。

8.11.3.3 寄主范围

根结线虫的寄主范围较为广泛,除了豆科的苜蓿、白三叶草外,以上 4 种根结线虫还可以侵染水稻、玉米等多种植物。

8.11.3.4 发生规律

病原线虫以卵、幼虫在土壤、病残体和植株中越冬。一龄或二龄幼虫侵染寄主组织,幼虫的头部就插入这些根的中柱原细胞吸食其营养物质。这些细胞的细胞壁消失,可以互相融合成为巨细胞,成为线虫的持久性营养来源。北方根结线虫的虫瘿小,卵形。南方根结线虫的虫瘿大，近圆柱形。北方根结线虫在25℃下，需要30 d左右完成生活史。根结线虫对土壤温度极为敏感，北方根结线虫较耐低温。以上4种线虫在土温为20~21℃时，产卵块增多，在25~32℃时达最高峰，15~16℃下产卵块很少，35℃以上只有南方根结线虫和爪哇根结线虫能产少量卵块。根结线虫在砂壤土中发生严重，排水不良的黏质土壤中发生较轻。

8.11.3.5 防治方法

（1）选用抗线虫品种

不同草坪草种和品种对线虫的抗性各不相同，在草坪建植时，需选用抗病草种和品种。

（2）草地管理措施

清除田间枯枝落叶，合理增施有机肥。

（3）生物防治

利用土壤中一些拮抗微生物能寄生于线虫体内的特点，进行生物防治，可减少发病。

（4）化学防治

98%棉隆颗粒剂 90~120 kg/hm^2 沟施，施药后立即覆土，对苜蓿根结线虫有良好的防治效果；克线磷可防治苜蓿多种线虫病，防治方法是采用10%克线磷颗粒剂 30~60 kg/hm^2，在苜蓿根茎周围开沟后施药，然后覆土；20%丙线磷颗粒剂 22.5~27 kg/hm^2 沟施，可防治苜蓿的茎线虫和根结线虫病。

小结

草坪根部和茎基部病害是造成草坪幼苗期死苗，建植后早衰甚至毁灭的主要原因之一。因其典型症状是在草坪上形成块状或片状枯草斑，所以其对草坪危害较大。本章根据该类病害对草坪危害的综合表现，按全蚀病、褐斑病、腐霉枯萎病、镰孢菌枯萎病和夏季斑枯病等顺序分别叙述每种病害的症状、病原、寄主范围、发生规律和防治方法。

本章介绍的11种根部病害中，除春季坏死斑病只侵染狗牙根属植物外，大多数病害寄主范围均较为广泛，褐斑病、腐霉枯萎病、镰孢菌枯萎病等病害可以侵染几乎所有草坪草种。根部病害中病原物多样性存在较大差异，褐斑病、腐霉枯萎病和镰孢菌枯萎病等大多数病害病原为同属的多种菌物，同时危害草坪草，然而全蚀病和白绢病等病害分别是由禾顶囊壳和齐整小核菌单种病原危害草坪的病害。根部病害中发病的温度条件存在较大差异，有些病害常在低温下发生，如雪霉病；有些为冷凉条件下的病害，如春季坏死斑病、仙环病等；有些则为温暖时期病害，如坏死环斑病等；还有些为高温病害，如白绢病、夏季斑枯病、褐斑病等。同时，有些病害发生的温度范围较大，如腐霉枯萎病、镰孢菌枯萎病等，因此发病温度条件可作为病害初步鉴定的依据。

随着草坪建植面积不断扩大，国内外各地区草种和草皮的相互调运，加速了草坪草根茎部病害的跨地区传播和流行。而根茎部病害病原菌多为土传病害，常隐藏于土壤或植物根茎部组织中，加大了草坪草根茎部病害的防控难度。因此，草坪根茎部病害的综合防治措施在草坪病害防治中发挥着巨大作用。在草坪养护管理实践中，可根据病原物的种类、发生发展规律及其发生情况，通过病害预测预报、抗病育种、栽培管理、化学防治、生物防治等途径的配合，实现草坪茎根部病害的综合防治。

思考题

1. 试述全蚀病的病原。它有几个变种？寄生禾草的是哪个变种？
2. 简述褐斑病的发病规律和防治措施。
3. 腐霉病的病原物有哪几种？
4. 简述镰孢菌病害的症状表现和防治方法。
5. 简述夏季斑枯病病原、分布及发生规律。
6. 试述禾草白绢病的识别要点及防治方法。
7. 试述草坪雪霉病的危害及防治方法。
8. 草坪仙环病导致病害的症状可分为哪几个类型？其成因是什么？
9. 试述草坪上常见的几种根部病害及识别要点。

第 8 章　彩图

第 9 章
草坪草种子病害

种子是有害生物的主要载体之一。危害草坪草的有害生物包括菌物、病毒、细菌及其他原核生物、寄生线虫、昆虫、螨类和有毒有害杂草等，它们都可通过种子传播，其中以各类病原物的种传现象尤为普遍和重要。草坪种子的生产和流通在世界种子贸易中占有重要地位。我国每年从国外进口大量草种子，增加了国外危险性有害生物传入我国的风险。本章以直接危害种子生产的穗部病害为对象，重点介绍麦角病、香柱病、黑穗病、腥黑穗病和瞎籽病 5 种重要的常见草坪种子病害。

9.1 麦角病

禾草麦角病(ergot)是草坪草和牧草主要种子与种传病害之一，主要引起禾草种子减产和品质降低，而其产生的麦角(菌核)含有多种有毒生物碱，被家畜摄食后会引起中毒和流产。麦角病在世界各地均有分布。我国的甘肃、内蒙古、青海、新疆、云南、四川、西藏、宁夏、贵州、河北、江苏、黑龙江、湖北、湖南、陕西、山西、吉林和辽宁等省份均有发生，但以北方各省份为主，其中又以新疆、青海和甘肃的受害草种最多。

9.1.1 症状

麦角病发生于穗部，初期受侵染的花器分泌一种黄色的蜜状黏液，即病原菌的分生孢子和含糖黏液，此时称为蜜露期。后期受侵染花器的子房膨大变硬，形成黑色的香蕉状或圆柱状菌核，突出于颖片之外，肉眼可见，因其形状很像动物的角，故称麦角(图 9-1)。菌核内部为白色的菌丝组织。穗部常有个别小花被侵染，生成一至数十个菌核，与麦角相邻的小花常不孕。有些禾草的花期短，种子成熟早，不常产生麦角，只有蜜露阶段。田间

图 9-1　披碱草麦角病症状(薛龙海/摄)

诊断时应选择潮湿的清晨或阴霾天气进行，此时蜜露明显易见；干燥后，呈蜜黄色薄膜黏附于穗表面，不易识别。披碱草麦角病如图9-1所示。

9.1.2 病原菌

寄生于绝大多数禾草的病原菌为麦角菌[*Claviceps purpurea* (Fr.) Tul.]，而寄生于雀稗属的病原菌为雀稗麦角(*C. paspali* Stevens & Hall)。

麦角菌(*C. purpurea*)属于子囊菌门麦角菌科麦角菌属(见图2-38)，无性世代为麦角蜜孢霉(*Sphaeria purpurea* Fr.)。蜜露内无性世代在寄主子房内的菌丝垫中形成不规则腔室，产生分生孢子，分生孢子卵形至椭圆形，单胞，无色，(3.5~10.8)μm×(2.5~5.0)μm。菌核表面黄色、黄褐色至紫黑色，内部白色，香蕉状、柱状，质地坚硬，大小常因寄主而异，(2~30)mm×3 mm。麦角成熟后落入土壤中越冬，翌年条件适宜时萌发出1~60个肉色细长柄子座。子座直径1~2 mm，球形，肉红色，外缘生许多子囊壳；子座柄白色，长5~25 mm，上有许多乳头状突起，即子囊壳的孔口；子囊壳埋生于子座表皮组织内，烧瓶状，内有若干个细长棒状的子囊，子囊壳大小(150~175)μm×(200~250)μm；子囊透明无色，细长棒状，稍弯曲，大小4 μm×(100~125)μm，有侧丝，子囊内含8个丝状孢子，后期有分隔，大小(0.6~1.0)μm×(50~76)μm。

9.1.3 寄主范围

麦角菌属可以侵染70多属400余种禾本科植物。我国草坪上主要寄主植物有剪股颖属、黑麦草属、早熟禾属、羊茅属、雀稗属等。

9.1.4 发生规律

以菌核在土壤中或混杂在种子间越冬。麦角必须经过一段0~10℃的冷凉时期才能萌发。翌年空气湿度达到80%~93%，土壤含水量在35%以上，土壤温度10℃以上时，麦角开始萌发并产生子座。子座产生5~7 d后子囊壳成熟。雨后晴暖有风的条件有利于子囊孢子发射，射出的子囊孢子借气流传播，落在柱头上萌发侵入禾草。冷凉潮湿的气候条件有利于麦角病发生。气候干旱但有灌溉条件和树木荫蔽的草地麦角病发生严重。花期长或花期多在雨季的禾草，此病发生也较重，但封闭式开花或自花授粉的种类很少感染。开花期麦角菌侵染后，菌丝滋长蔓延，发育成白色、棉絮状的菌丝体并充满子房。破坏子房内部组织后逐渐突破子房壁，生出成对短小的分生孢子。同时菌丝体分泌一种具有甜味的黏性物质——蜜露，引诱蝇类、蚁类等昆虫采食并携带分生孢子传播至其他植株的花穗上，雨点飞溅、水滴也可传播。小花一旦受粉，病原菌就不能侵染。当植物种子快成熟时，受害子房不再产生分生孢子，花器内部全部的菌丝体继续生长并吸收大量养分逐渐紧密硬化，进而变成拟薄壁组织的坚硬菌核，即麦角。成熟的麦角自病穗脱落于土壤中，从而完成整个侵染过程。

9.1.5 防治

9.1.5.1 植物检疫

进口草种必须进行严格检疫，杜绝从病区引种，严格进行种子带菌检测。

9.1.5.2 选育和使用优良品种

由于花是植物易受感染的主要器官,因此应该选择花期短的品种;也可选择当地发病率低的抗病或避病品种建植,以防治此病蔓延。

9.1.5.3 种子处理

①温水浸种:在45~46℃下浸泡2~2.5 h或在50℃下浸泡30 min,均可消灭种子内的病原菌而不损害种子。

②杀菌剂拌种:萎锈灵(3 g/kg)、福美双(12 g/kg)拌种可有效地防治而不影响幼苗出土。此外,也可用克菌丹、烯唑醇、戊唑醇等杀菌剂。

9.1.5.4 栽培管理

①播种适宜:播种健康无病的种子,播种深度适当加深将显著减少该病的发生率。

②选择适宜的种植地:低洼、易涝、土壤酸性、阴坡及林木荫蔽处,种传病害容易流行。

③合理配置草种:在同一地区,不种植与花期前后衔接的感病禾草。

④合理喷灌:勿使土壤过湿。

⑤施肥配比恰当:避免偏施和过多施速效氮肥,增施磷肥、钾肥可以增强寄主禾草抗病力。

⑥花期加强管理:使开花尽量整齐一致,缩短开花时间,可减少可能的侵染机会。

⑦减少田间传染源:铲除野生寄主、提前修剪病草及拔除生长矮小或提早抽穗的病株、焚烧残茬等均可降低病害的发生。

9.1.5.5 药剂防治

由于病原菌侵入种子内部,内吸性杀菌剂具有一定的效果。单独使用多菌灵或苯来特对土壤表面施药,能减少越冬感病种子携带麦角菌核的萌发,消除土壤中所含的初侵染源——子囊孢子,进而降低翌年的发病率。开花前施药1~2次效果最佳。

9.2 香柱病

香柱病(choke)是禾本科草坪草和牧草常见病害。该病原菌在寄主禾草体内度过大部分生活周期,当禾草开花时,真菌菌丝沿着花序生长并在其基部形成子座,最终整个花序被菌丝包裹而停止生长,形状似一截"香",称为香柱病。该病严重影响种子生产,最高可使种子减产70%。病草体内可产生某些生物碱,易使家畜采食后中毒。该病广泛分布于世界各地,在我国甘肃、新疆、内蒙古、吉林、陕西、河北、湖南、广西、安徽、江苏、四川等省份均有分布。

9.2.1 症状

香柱病是一种花期病害,主要危害穗部,病株的分蘖枝条往往全部受害。该病为系统侵染性病害,内生的菌丝系统地分布在寄主的各个器官和部位,早期无明显症状。抽穗前叶片上出现一些非常细的白色菌丝,呈蛛网状霉层,逐渐增多形成毡状的鞘缠绕在病株全部或部分小穗、叶鞘或茎秆的四周;抽穗时形成一个致密的毡状菌丝层,病部被紧紧包在中心,形状像一截"香",即病原菌的子座,香柱病由此得名(图9-2)。子座初为白色,后

图 9-2 香柱病症状
A. 披碱草香柱病(薛龙海/摄)　B. 醉马草香柱病(李春杰/摄)

变为黄色、橙黄色,最后成为暗黄色,上面生出许多小黑粒,即为子囊壳。病害后期,潮湿的天气下,子座上常常出现一些腐生真菌形成的块状污斑。病株多矮小,发育不良。

9.2.2 病原菌

目前,广泛研究的子囊菌门麦角菌科的有性态 *Epichloë* 属及其所对应的无性态 *Neotyphodium* 属,统称为 *Epichloë* 内生真菌。禾草内生真菌指在禾草体内度过全部或大部分生活周期,但不导致禾草产生任何外部症状的一类真菌。通常情况下,内生真菌与草坪禾草形成互惠互利的共生体,带菌禾草抗虫、抗旱,生长迅速,竞争性强(或抗逆性增强);适宜条件下,内生真菌进行有性生殖,能部分或完全抑制宿主的开花和结实,即香柱病(有性态的禾草内生真菌)。

全世界已正式报道的禾草 *Epichloë* 属内生真菌共 47 种,其中发现 19 种(亚种,变种)为有性型。我国报道较多的病原菌为 *Epichloë typhina* (Pers.) Tul. & C. Tul.:子座圆柱状,初为白色、灰白色,成熟期变为黄色、橙黄色,表面粗糙,子座长 20~55 mm;子囊壳埋生于子座内,孔口开于表面,梨形,黄色,$(300~600)\mu m \times (100~300)\mu m$;子囊长圆筒形,单膜,顶壁加厚,有折光性的顶帽,$(130~200)\mu m \times (7~10)\mu m$;子囊孢子线状,直径 $1.5~2.0\ \mu m$。25℃条件下在 PDA 培养基上培养 2 周后,菌落直径 45~54 mm,菌落正面白色,棉质,质地紧密,中央隆起或稍有皱褶,背面白色至黄色;菌丝体细长,分枝,分隔,不易产生分生孢子。胁迫条件下产生分生孢子,孢子梗长 13~33 μm,基部宽 2.7~4.1 μm,顶端变尖小于 1 μm;分生孢子无色透明,椭圆形或肾形,单个顶生,$(4~9)\mu m \times (2~3)\mu m$。

9.2.3 寄主范围

病原菌可寄生多种草坪草,主要有剪股颖属、羊茅属、黑麦草属、早熟禾属等。

9.2.4 发生规律

香柱病主要以种子传播。其中,种子带菌是主要的传播途径,菌丝体存在于种皮、胚乳和胚内。种子萌发后,菌丝随之进入幼苗。在生长期叶片的分生组织内部,菌丝以顶端生长的方式进行增殖，当生长至分生组织以上的叶片细胞伸长区，其生长方式转换为居间生长，并与宿主植物的生长节奏保持一致，菌丝生长随着叶片生长的停止而停止，但仍保持着新陈代谢活力。繁殖枝发育后，适宜条件下有性态的病原真菌可产生橘黄色的子座，缠绕在宿主植物的茎、叶鞘和花序表面，形成一个鞘，抑制宿主植物花序的成熟，俗称香柱病，影响宿主植物的有性生殖，子囊孢子可水平传播至其他健康植株上。有性态的种间杂交形成无性态的内生真菌，通过种子进行亲代向子代的垂直传播。

菌丝体存在于禾草的地上部分，如茎秆、叶鞘、叶片、花序及种子，但未发现存在于根系中。病菌侵入寄主后，年复一年地系统性寄生在寄主体内。体内菌丝体只有通过切片和染色后，才可在显微镜下观察到(图9-3)。每年寄主开始分蘖，菌丝便大量生长。田间主要通过病株分蘖新枝条传播扩散；远距离传播靠带菌种子及播种材料。寄主花序的分化、形成，是病原菌菌丝积极生长及子座形成的基本条件；过量漫灌、潮湿低洼、半遮阴等条件有利于病害发生。

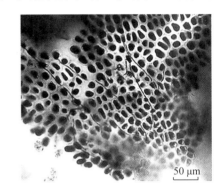

图9-3 香柱病菌在醉马草种子糊粉层的分布(李春杰/摄)

9.2.5 防治

9.2.5.1 种子健康检验

认真做好种子带菌检验。如果是种子田播种，选用不带菌种子。如果是建植草坪或生产草皮，允许种子带菌，可促进植株生长并提高其抗逆性。

9.2.5.2 种子处理

可用25%萎锈宁、20%羟锈宁、70%敌克松、50%福美双可湿性粉剂，按种子量的0.3%~0.4%拌种；或者其水溶液800倍或5%硫酸亚铁药液在25~30℃下浸种8~10 h后晾干再播种。

9.2.5.3 栽培管理

①选择适宜的种植地：低洼、易涝、土壤酸性、阴坡及林间荫蔽处，种传病害容易流行。

②合理喷灌：勿使土壤过湿。

9.3 黑穗病

在草坪草和牧草种子生产中，除前面介绍的引起草坪茎叶病害的黑粉病之外，黑粉菌(*Ustilago*)也是引起禾草黑穗病的主要病原菌。禾草黑穗病(smut)是一种常见病害，我国各地均有分布，严重影响种子生产。

9.3.1 症状

感病植株在抽穗之后才表现特征性的症状。在小穗内，花的子房和护颖的基部被病菌破坏，形成泡状孢子堆而取代了种子。孢子堆包藏在由寄主组织形成的膜内。外表灰色，紧密，并部分被颖片所覆盖。外皮易破裂而散出黑粉，有时为黏结状的孢子团，最终只留下花轴，故得名黑穗病(图9-4)。有少数品种颖片不受害，孢子团在颖内不易看出。在同一花序上，可有感病小穗和健康小穗同时存在，染病的小穗比健康的小穗较短且宽。一般是整穗发病，但也有中、下部穗粒发病的。穗轴及种芒不受害。感病植株稍矮小，抽穗期也提前。

图9-4　狗牙根黑穗病(Barnabas，2015)

9.3.2　病原菌

主要是由黑粉菌属(*Ustilago*)(见图2-46)真菌引起。通常孢子团黑褐色，半黏结至粉状；黑粉孢子多数球形或近球形，少数卵圆形、长圆形或稍不规则形，黄褐色或橄榄褐色，少数红褐色。目前，引起我国禾草黑穗病的病原菌有9种，其中，草坪中分布广泛的是狗牙根黑粉菌(*U. cynodontis*)，其孢子大小(6.0~8.5)μm×(5.0~7.5)μm，扫描电镜下可见密的小疣。

9.3.3　寄主范围

狗牙根属草坪草是狗牙根黑粉菌的主要寄主。

9.3.4　发生规律

黑穗病通常为种传病害。在种子萌发的同时，种子内的休眠菌丝随之恢复生长，从根部侵入幼苗。病菌侵入后，随植株的生长而达到花序，使之部分或全部被毁，变成孢子堆。开花期，病株上的孢子散发飞落在健康株花上，侵入护颖和种皮；在收获过程中病原菌的孢子附着在健康种子的表面或落入土中进行越冬(越夏)，成为翌年侵染源。

病原菌的发育温度为4~34℃，适温为18~26℃，如果播种期降水少，种子萌发及幼苗生长速度缓慢，病原菌侵入期长，当年发病就重。花期温、湿度较高时有利于发病。孢子抗逆性强，在不同条件下可存活2~10年。病原菌致病性具有专化现象。

9.3.5　防治

9.3.5.1　加强栽培管理

主要是减少田间传染源。及早拔除提前抽穗的病株、收获种子后焚茬等可降低该病害的发生。

9.3.5.2 药剂防治

用50%福美双可湿性粉剂按种子量的0.3%拌种效果最佳，或用2%立克秀可湿性粉剂按种子量的0.15%拌种效果较为理想。

9.4 腥黑穗病

腥黑穗病(tilletia bunt)主要是由腥黑粉菌属(*Tilletia*)真菌引起的一类草坪草和牧草种子生产中的重要病害。腥黑穗病分布较广，在我国新疆、四川、吉林、河南、北京、河北、山东、江苏、福建、安徽、江西、云南、陕西、台湾等省(自治区、直辖市)均有发生。

该病害是禾本科草坪草和牧草的种子病害之一，主要引起植株矮化、减产，甚至颗粒无收，一旦发生，很难防治。其中，小麦矮腥黑穗病(*T. controversa*)和禾草腥黑穗病(*T. fusca*)是许多国家对引进草种的主要检疫对象。我国动植物检疫部门曾多次从国外引进的禾本科草种中截获该类病害，例如，1997年广州口岸和1999年天津口岸从美国进口的黑麦草种子中均发现黑麦草腥黑粉菌(*T. walker*)；2004年天津口岸从美国华盛顿进口的碱茅种子中发现碱茅腥黑粉菌(*T. puccinelliae*; Bao et al, 2010)。

9.4.1 症状

病株生长受抑制，明显矮化，黑色的病粒在颖片内很明显，并从内向外稃间突出，不易脱落(图9-5)。穗形几乎没有变化，子房部位稍显黑色，外膜易碎，孢子团紧密，棕褐色。病穗较长、宽大，病粒包裹在内外稃之中很饱满，而健康株种子较细长。在寄主生长后期，如果水分多，则病瘿可胀破，使孢子外露，干燥后形成不规则的硬块。有时，该病与黑穗病症状不易区别，因此不宜以症状作为诊断的唯一根据。

图9-5　鹬鸪草腥黑穗病(Li, 2014)
A、B. 发病症状　C. 分生孢子

9.4.2 病原菌

我国引起禾草腥黑穗病的病原菌主要有9种。其中，雀麦腥黑粉菌(*T. bromi*)和小麦矮腥黑粉菌(*T. controversa*)常侵染草坪草。腥黑粉菌的孢子堆主要生在寄主子房中，也生在叶、叶鞘和茎上，初期外面有膜包围，后期膜破裂，在开裂的颖片中伸出。孢子球形、近球形、椭圆形或卵圆形，外有无色胶质鞘包围，少数表面有突起（见图2-46，图9-5）。不育细胞比黑粉孢子小，无色或浅黄色。

9.4.3　寄主范围

病原菌可寄生多种禾本科植物，主要有羊茅、黑麦草和早熟禾等属的草坪草。

9.4.4　发生规律

病原菌以冬孢子在种子间越冬，翌年春季与种子同时萌发。冬孢子萌发产生担子，其上端产生丝状担孢子，冬孢子成对融合产生双核的侵染菌丝侵入寄主幼苗。随着寄主生长发育，菌丝进入穗原基，进而侵入各个花器，至寄主抽穗期，病原菌也由缓慢发展的营养生长期进入快速发展的繁殖期，破坏子房，形成冬孢子堆。

病原菌附着在种子表面进行远距离传播，也可通过土壤、风雨、被孢子污染的材料等传播。土壤带菌是主要侵染菌源，分散的病原菌冬孢子在病田土壤中可存活多年。影响冬孢子萌发的决定性因素是温湿度，通常温湿度适宜的秋季是孢子萌发侵入寄主的最佳时期。病原菌有生理分化现象。

9.4.5　防治

9.4.5.1　加强植物检疫

进口草种必须进行严格检疫，杜绝从病区引种，严格进行种子带菌检测。

9.4.5.2　种子处理

条件允许的情况下，可用饱和70℃湿热蒸汽处理10 min或80℃湿热蒸汽处理5 min。

9.4.5.3　药剂防治

用75%五氯硝基苯按种子量的0.5%拌种或60%涕必灵可湿性粉剂400倍稀释液拌种。

9.5　瞎籽病

禾草瞎籽病（blind seed，又称盲种病）是草坪草的主要种子病害之一，1932年发现于新西兰，1940年随种子传入美国俄勒冈州。现在美国、欧洲、澳大利亚、新西兰等地均有发生。目前，我国草坪草上尚无报道。近年来我国大量自国外进口草坪草种子，故必须加强对此病的检查和检验检疫等工作。该病严重制约种子生产，导致种子减产，品质降低。草坪草中以黑麦草受害最严重。

9.5.1　症状

病株仅种子受害，种子不育或发芽率降低。从外部形态上看，病株与健康植株没有明显差别，染病的种子与健康种子也不易区别。田间诊断时必须去掉颖片，感病早期，种子被一层淡红色的黏液所覆盖，黏液干后成锈褐色的蜡质物而使籽粒呈锈褐色；种子成熟后，这些物质干燥后呈蜡状，使籽粒变为锈褐色且不透明或皱缩（图9-6）。室内诊断时，将病种子放置在载玻片上的水滴中，用显微镜观察，将有大量病菌孢子存在。

9.5.2 病原菌

病原菌为睡黏孢 [*Gloeotinia temulenta* (Prill. & Delacr.) Wilson, Noble & Gray]，属子囊菌门小杯菌属；无性世代为黑麦盲种内孢霉（*Endoconidium temulentum* Prill. & Delacr.）。

子囊盘直径 1.0~3.5 mm，初为淡红色后为深肉桂色，初期闭锁状，后期张开呈杯状；柄长 1~8 mm，褐色；子囊棒状，顶端较粗，(3.3~7.0) μm × (66~116) μm，内有

图 9-6　多花黑麦草瞎籽病（Alderman, 2001）

8 个子囊孢子；子囊孢子单胞，椭圆形，通常有 2 个油球，(7.6~12.0) μm × (3~6) μm，在子囊内排成斜行，有侧丝多个，丝状，透明，直径 2~4 μm。

大分生孢子单胞，柱形，稍呈新月形，末端圆，多有 2 个油球，(11~21) μm × (33~60) μm，大量发生于夏季。小分生孢子着生于粉红色枕状的分生孢子座上；孢子梗有隔，分支 2~3 次；小分生孢子单胞，卵形，有油球，(3.4~4.8) μm × (2.7~3.2) μm。

9.5.3 寄主范围

病原菌的寄主范围很广，主要有黑麦草属、剪股颖属、羊茅属和早熟禾属的草坪草。

9.5.4 发生规律

病原菌在染病的种子内越冬。带菌种子播种后，并不腐烂，而是完整地保留下来，直至初夏牧草开花时，每粒种子上长出 1~3 个伸出土壤表面的子囊盘。子囊盘成熟时产生子囊和子囊孢子，子囊孢子被弹射到气流中落到寄主的花上，在柱头上发生侵染。通常 9~14 d 后被侵染的种子由绿色变为深褐色。病菌感染种子后所产生的大分生孢子和小分生孢子在田间借助风力和雨水完成对临近植株的花序或小花的再侵染。

寄主开花停止以后，侵染成功的可能性迅速减少。但冷凉潮湿的气候条件能延长授粉时间、种子成熟时间和护颖开放时间，使柱头暴露为有接收力的状态，有助于病菌的侵染。同时，冷凉的气候也延长了子囊盘的形成时间，增加了分生孢子再侵染的机会，这就是瞎籽病在冷凉潮湿的季节里容易流行的原因。

9.5.5 防治

因我国没有发生，需加强进口草种检疫，杜绝从病区引种，严格进行种子带菌检测。

小结

草坪种子病害是影响草坪草种子生产的一类重要病害。主要危害种子和植株的花和穗等部位，造成种子减产。本章根据该类病害对草坪危害的综合表现，按麦角病、香柱病、黑穗病、腥黑穗病和瞎籽病等顺序分别叙述每种病害的症状、病原菌、寄主范围、发生规律和防治方法。

该类病害的病原通过附着在种子表面、潜藏在种子内部或混杂在种子间等方式随种子传播。种子携带的病原体可降低其发芽率或田间出苗率，影响种子价值及草地建植，也可在田间引起病害并蔓延传播。另外，由于我国目前对草坪草进口种子的需求量仍然十分庞大，有害生物易通过人为运输种子进行远距离传播。

为了识别和预防危险性病原随商品种子和引种材料的传播蔓延，必须做好种子的健康检验，尤其是对检疫对象——小麦矮腥黑穗病和禾草腥黑穗病的检验，从而避免在种子长途调运或进出口过程中有害生物随种子远距离传播。

思考题

1. 试述草坪上常见的几种种子病害及识别要点。
2. 试述麦角病的危害及其防治方法。
3. 试述禾草香柱病病原菌的特点。
4. 试述黑穗病与黑粉病的相同点与区别。
5. 试述检疫性病害小麦矮腥黑穗病和禾草腥黑穗病的危害及分布。
6. 试述瞎籽病的病原菌特征及发生规律。

第9章　彩图

第10章 草坪其他病害

　　藻类、苔藓和黏霉菌等可危害处在不良环境条件或营养失调的草坪草。不同于菌物、细菌、病毒、线虫及寄生性种子植物等病原物,这类病原通常不直接侵染植物,而是分泌有毒物质抑制草坪草生长或在草坪草长势较弱的情况下与其争夺水分、阳光、空间和养分,常发生于频繁踩踏的运动场或低洼积水草坪,环境条件适宜时,病原可大量快速繁殖,迅速占据草坪草生长空间,从而加速草坪衰败。

10.1 藻类

　　藻类(algae)病害是由小型光合微生物蓝细菌(cyanobacteria)引起的草坪病害,可在叶片上产生深色结壳或黏液层。该病害在北美、欧洲和东亚等冷凉或温暖地区的高尔夫球场草坪,尤其是果岭上发生较为普遍,常与藻类和苔藓植物共生,加重危害。

10.1.1 症状

　　通常从草坪外缘开始缓慢发病,外观呈现浅绿色或黄色的小斑点,病叶表面可见黑绿色黏液,干燥后呈结壳状,发病后期草坪逐渐变薄,并出现大面积斑驳和枯黄现象(图10-1)。

图10-1　藻类危害杂交狗牙根(章武/摄)

10.1.2 病原

　　引起草坪病害的蓝细菌主要为蓝藻门(Cyanophyta)颤蓝细菌属(*Oscillatoria*)、组囊蓝细菌属(*Anacystis*)和念珠蓝细菌属(*Nostoc*),原核细胞,圆柱形至细丝毛状,0.5~50 μm。可借助分泌的黏液以滑溜方式移动,通过分泌毒素和吸收铁元素破坏寄主植物的光系统

Ⅱ(photosystem Ⅱ)。

10.1.3　寄主范围

寄主植物主要包括早熟禾属、剪股颖属草坪草和杂交狗牙根。

10.1.4　发生规律

通过受损叶片的顶部侵入。强光能抑制细胞运动,因此草坪高度低于 0.3 cm 时发病最为严重,潮湿的冷凉或温暖季节均可发病。

10.1.5　防治

在发病严重区域,草坪建植需要选择相对高大的植物或品种,修剪不宜频繁,高度不宜过低。养护时应合理灌溉,避免长期积水。每周用75%百菌清可湿性粉剂或65%代森锰锌可湿性粉剂 500~1 000 倍液喷施叶面,能减轻病害的发生程度。

10.2　苔藓

苔藓(moss)病害是由小型高等植物苔藓通过生态位竞争抑制草坪植物正常生长引起的非侵染性病害,在世界各地草坪上均有发生,尤其是高尔夫球场果岭上发生最为严重。

10.2.1　症状

苔藓初期呈斑块垫状分布,淡绿色,球场果岭分布的苔藓呈绿色或黑色。当空气干燥时,苔藓失水变为白色或黑色,形成硬的表壳,影响水肥入渗,抑制草坪草生长。

10.2.2　病原

苔藓为小型绿色植物,其生活史以配子体占优势,不具维管组织,具有类似茎、叶分化,能释放有性态孢子。危害草坪的苔藓种类非常多,包括真藓目内的青藓科(Brachytheciaceae)、羽藓科(Thuidiaceae)、丛藓科(Pottiaceae)和灰藓科(Hypnaceae)。高尔夫球场果岭上苔藓主要是银叶真藓(*Bryum argenteum*),里萨真藓(*B. lisae*)、柳叶藓(*Amblystegium serpens*)、北美绢藓(*Entodon seductrix*)也有发生,但相对较少。银叶真藓因外观具银白色光泽而得名,雌雄异株,茎高 0.5~1.5 cm,纤细有分枝;叶片呈覆瓦状紧密排列,卵圆形,顶部渐尖,全缘,上部呈银白色,中肋位于叶中部,长约 1 mm,宽约 0.6 mm;蒴柄红色,细长,1~2 cm;孢蒴血红色,椭圆形,下垂;基部有紫红色假根。

10.2.3　寄主范围

可危害几乎所有草坪草。

10.2.4　发生规律

苔藓主要通过孢子在风力作用下传播,接触到自由水后萌发进行有性生殖、越冬(越夏)。脱离母体的碎片、小鳞茎和茎尖能借助风、水和机械等外力移动,形成次级原丝体新芽进行无性繁殖。苔藓生长的最佳温度、相对湿度和 pH 值分别为 20℃、>75% 和 5.0~6.0，连续高温、干旱以及碱性土壤能抑制其生长或诱发休眠。苔藓生长还需要微弱的散射光，光照一般在 1 500~2 000 lx 时生长最为强盛，低于 1 000 lx 时无法生存。因此，夏末秋初频繁出现阵性降水天气的稀疏草坪上苔藓发生最为普遍，危害也最为严重。

10.2.5 防治

在夏季、秋季，使用 75% 百菌清可湿性粉剂 2.5~3.0 g/m² 喷施草坪，或在灌溉水中加入碳酸氢钠 44 g/L 能有效预防苔藓滋生。对于已严重发生苔藓的区域，优先使用机械除苔器去除苔藓，或用茅草耙翻新草坪，也可喷施青苔清除剂，如拜力洁 400~500 倍液，使其与表土产生剥离，强化清除苔藓。一些常见除草剂（如唑草酮、恶草酮等），对银叶真藓也有一定防除能力，但需要同时进行根部追施氮肥和硫酸亚铁提高防治效果，并促进草坪草恢复。

10.3 黏霉病

黏霉病（slime molds）病原并不能直接侵染草坪草植株导致其发病，大量的黏菌菌体和结构附着于草坪植株叶片、茎秆上，往往使草坪草呈现白色、黄色、灰色、粉色、紫色或棕色病斑，从而影响其美观。

10.3.1 症状

当黏霉病发生时，大量针头大小的黏霉菌孢子囊快速占据草坪草茎叶，形成直径 2~60 cm 的圆形或不规则病斑。孢子囊易产生于土壤有机质充足的草坪上，通常情况下呈现白色、黄色、灰色、棕紫色或者其他颜色（见图 2-29）。被感染的植株没有变黄或者死亡，黏霉菌通常会在 1~2 周后消失，这些病菌会在下一年的同一地点再次出现。

黏霉菌的营养来源依赖于细菌或者其他微生物，并不能直接侵染植物。然而，这些菌体覆盖叶面从而导致草坪植物光合作用减弱，当黏霉菌数量较多时，叶片也可能出现黄化。因此，黏霉病对草坪的观赏价值造成一定的影响。

10.3.2 病原

黏霉病病原是黏菌门（Myxomycota）的 *Mucilago crustacea*、*Didymium squamulosum*、*Physarum* spp. 和 *Fuligo* spp. 的一些种。它们的分类地位相对于菌物更加倾向于原生生物。目前，报道黏菌病病原多为灰绒泡菌（*Physarum cinereum*）。

10.3.3 寄主范围

几乎可危害所有草坪草。

10.3.4 发生规律

草坪草叶片表面的孢子囊可产生大量的孢子，这些孢子可借助风、雨、器械或人畜进行传播。它们会休眠于土壤和植物残体上，当环境适宜时快速萌发。当晚春或晚秋环境潮湿时，孢子囊释放出单细胞核无细胞壁的孢子。黏菌病也可通过种子进行远距离传播。

10.3.5 防治

黏霉病通常只对草坪草观赏价值造成影响，并不会对草坪草造成较大的伤害，因此无须采取专门防治。可采用高压水流或刷子将黏霉菌孢子囊从草坪叶片上冲洗下来。如果植物叶片生长迅速，常通过修剪去除黏菌的孢子囊。及时去除枯草层也可以减少黏霉菌孢子囊。不建议使用化学方法防治黏霉病。

小结

藻类、苔藓和黏菌的生长、繁殖需要高水分和弱光等条件，在世界各地高尔夫球场的果岭等阴暗潮湿区域发生较为普遍，常多种共生，影响草坪正常生长。此类病害的病原多数有有性和无性繁殖两种方式，借助风、水和机械等外力传播，通过竞争生态位、弱寄生或腐生抑制草坪植物的生长。由于对环境条件要求苛刻，其发生范围有限，危害相较侵染性病害要轻。目前，主要采用化学药剂和物理铲除方法进行防治。

思考题

1. 藻类的症状及病原菌有哪些？
2. 简述苔藓的发病规律及其防治方法。
3. 黏霉病是侵染性病害还是非侵染性病害，为什么？

第 10 章　彩图

参考文献

安德荣，吴际云，郑文华，1995. 植物病毒分类和鉴定的原理及方法[M]. 西安：陕西科学技术出版社.
陈苗苗，陈列忠，2022. 植物细菌性病害及其防治措施[J]. 浙江农业科学，63(8)：1798-1804，1808.
陈秀蓉，南志标，杨成德，等，2003. 3种牧草根际平脐蠕孢形态和生物学特性[J]. 草业学报，12(6)：86-92.
东秀珠，蔡妙英，2001. 常见细菌系统鉴定手册[M]. 北京：科学出版社.
段玉玺，2011. 植物线虫学[M]. 北京：科学出版社.
郭林，2000. 中国真菌志·第十二卷 黑粉菌科[M]. 北京：科学出版社.
郭林，2011. 中国真菌志·第三十九卷 腥黑粉菌目、条黑粉菌目及相关真菌[M]. 北京：科学出版社.
韩惠兰，李迎宾，额尔敦阿古拉，等，2020. 4种杀菌剂防治草坪草夏季斑枯病研究[J]. 植物保护，46(5)：298-302.
韩群鑫，陈斌，刘开启，2012. 草坪保护学[M]. 北京：中国农业出版社.
李春杰，南志标，1998. 甘肃草坪草真菌病害初报[J]. 草业科学，15(1)：1-3.
李广硕，2019. 北京和海南高尔夫球场草坪草病害初步调查及病原真菌分类学研究[D]. 保定：河北大学.
李玉，刘淑艳，2015. 菌物学[M]. 北京：科学出版社.
林金水，2019. 微生物功能基因组学及病原细菌的致病机制研究[M]. 长春：吉林大学出版社.
凌忠专，2012. 作物-病原互作遗传的基因-对-基因关系和作物抗病育种[M]. 北京：中国农业出版社.
刘荣堂，2004. 草坪有害生物及其防治[M]. 北京：中国农业出版社.
刘维志，2000. 植物病原线虫学[M]. 北京：中国农业出版社.
刘晓妹，蒲金基，2004. 海南草坪草病害调查初报[J]. 草业科学，21(6)：73-74.
马宗仁，1999. 高尔夫球场果岭苔藓的生存与护养因子之间的关系[J]. 草业学报，8(3)：72-75.
(美)GEORGE N A，2009. 植物病理学[M]. 5版. 沈崇尧，彭友良，康振生，等译. 北京：中国农业大学出版社.
裘维蕃，1998. 菌物学大全[M]. 北京：科学出版社.
石仁才，2007. 我国过渡带草坪禾草的根病研究[D]. 杨凌：西北农林科技大学.
舒洁，张仁军，梁应冲，等，2021. 植物源与微生物源生物制剂复配防治根结线虫病[J]. 生物技术通报，37(7)：164-174.
王晓杰，甘鹏飞，汤春蕾，等，2020. 植物抗病性与病害绿色防控：主要科学问题及未来研究方向[J]. 中国科学基金，34(4)：381-392.
吴琪，2008. 大连市草坪病害调查及草坪草黑孢霉叶斑病的初步研究[D]. 长春：吉林农业大学.
谢联辉，2022. 植物病毒、致病机制与病害调控[M]. 福州：福建科学技术出版社.
徐秉良，2011. 草坪保护学[M]. 北京：中国林业出版社.
许志刚，胡白石，2021. 普通植物病理学[M]. 5版. 北京：高等教育出版社.
薛福祥，2009. 草地保护学(第三分册)·牧草病理学[M]. 3版. 北京：中国农业出版社.
薛龙海，2020. 多花黑麦草种带真菌及病害多样性的研究[D]. 兰州：兰州大学.
鄢洪海，2017. 植物病理学[M]. 北京：中国农业大学出版社.

张驰成, 2016. 热带牧草真菌病害调查、病原鉴定及基础生物学特性研究[D]. 海口: 海南大学.

张家齐, 赵云梦, 韩志勇, 等, 2017. 草坪灰斑病的田间诊断与控制[J]. 草地学报, 25(2): 442-444.

张耀月, 2016. 北京地区高尔夫球场夏季病害调查及病原的初步鉴定[D]. 北京: 北京林业大学.

章武, 2015. 海南省高尔夫球场草坪草真菌病害的初步研究[D]. 兰州: 兰州大学.

章武, 黄俊文, 林金梅, 等, 2018. 草红丝病与粉斑病的研究进展[J]. 草业科学, 35(8): 1819-1828.

章武, 刘国道, 南志标, 2015. 4种暖季型草坪草币斑病病原菌鉴定及其生物学特性[J]. 草业学报, 24(1): 124-131.

赵美琦, 孙明, 王慧敏, 等, 1999. 草坪全景: 草坪病害[M]. 北京: 中国林业出版社.

赵震宇, 李春杰, 段廷玉, 等, 2015. 草类植物病害诊断手册[M]. 南京: 江苏科学技术出版社.

郑金龙, 刘文波, 贺春萍, 等, 2021. 钝叶草叶斑病病原鉴定[J]. 热带作物学报, 42(4): 1086-1091.

周德庆, 2020. 微生物学教程[M]. 北京: 高等教育出版社.

ABAD Z G, SHEW H D, LUCAS L T, 1994. Characterization and pathogenicity of *pythium* species isolated from turfgrass with symptoms of root and crown rot in North Carolina[J]. Phytopathology, 84: 913-921.

AGRIOS G N, 2005. Plant Pathology[M]. 5th ed. Calif: Academic Press.

ALDERMAN S C, 2001. Blind Seed Disease[M]. US: Department of Agriculture, Agricultural Research Service.

BAO X, CARRIS L M, HUANG G, et al, 2010. *Tilletia puccinelliae*, a new species of reticulate-spored bunt fungus infecting *Puccinellia distans*[J]. Mycologia, 102(3): 613-623.

BARNABAS E L, ASHWIN N M R, KAVERINATHAN K, et al, 2015. A report of *Ustilago cynodontis* infecting the Bermuda grass-*Cynodon dactylon* in coimbatore, Tamil Nadu[J]. Journal of Sugarcane Research, 5(1): 77-80.

BURPEE L, MARTIN B, 1992. Biology of *Rhizoctonia* species associated with turf grasses[J]. Plant Disease, 76(2): 112-117.

CROUCH J A, CLARKE B B, HILLMAN B I, 2006. Unraveling evolutionary relationships among the divergent lineages of *Colletotrichum* causing anthracnose disease in turfgrass and corn[J]. Phytopathology, 96(1): 46-60.

ELMORE W C, GOOCH M D, STILES C M, 2002. First report of *Gaeumannomyces graminis* var. *graminis* on seashore paspalum in the United States[J]. Plant Disease, 86(12): 1405.

ELMORE W C, GOOCH M D, STILES C M, 2008. Pathogenicity of *pythium* species associated with *pythium* root dysfunction of creeping bentgrass and their impact on root growth and survival[J]. Plant Disease, 92(6): 862-869.

HAN Y Z, FAN Z W, HE W, et al, 2020. Occurrence of leaf spot caused by *Nigrospora oryzae* on red elephant grass in Chongqing, China[J]. Journal of Plant Pathology, 102(3): 949-950.

HEMPFLING J W, SCHMID C J, WANG R, 2016. Best management practices effects on *Anthracnose* disease of annual bluegrass[J]. Crop Science, 57(2): 602-610.

HU J, ZHOU Y X, GENG J M, et al, 2019. A new dollar spot disease of turfgrass caused by *Clarireedia paspali*[J]. Mycological Progress, 18(12): 1423-1435.

KAMMERER S J, BURPEE L L, HARMON P F, 2011. Identification of a new *Waitea circinata* variety causing basal leaf blight of seashore paspalum[J]. Plant Disease, 95(5): 515-522.

LEE D G, RODRIGUEZ J P, LEE S, 2017. Antifungal activity of pinosylvin from *Pinus densiflora* on turfgrass fungal diseases[J]. Journal of Applied Biological Chemistry, 60(3): 213-218.

LEE J, FRY J, TISSERAT N, 2003. Dollar spot in four bentgrass cultivars as affected by Acibenzolar-S-methyl and organic fertilizers[J]. Online: Plant Health Progress.

LI Y M, SHIVAS R G, CAI L, 2014. Three new species of *Tilletia* on *Eriachne* from north-western Australia[J]. Mycoscience, 55: 361-366.

LIANG J M, LI G S, ZHAO M Q, et al, 2019. A new leaf blight disease of turfgrasses caused by *Microdochium poae*, sp. nov[J]. Mycologia, 111(2): 265-273.

MALKANTHI A G I, PERERA R A S, DISSANAYAKE M L M C, 2016. Turf yellowing disease in *Paspalum vaginatum* (turf grass): Identification of causative pathogen and chemical control[J]. Journal of Agricultural Sciences - Sri Lanka, 11(2): 130-136.

MILLER G L, GRAND L F, TREDWAY L P, 2011. Identification and distribution of fungi associated with fairy rings on golf putting greens[J]. Plant Disease, 95: 1131-1138.

MILLER G L, SOIKA M D, TREDWAY L P, 2012. Evaluation of preventive fungicide applications for fairy ring control in golf putting greens and in vitro sensitivity of fairy ring species to fungicides[J]. Plant Disease, 96: 1001-1007.

NORDZIEKE D E, SANKEN A, ANTRLO L, et al, 2019. Specialized infection strategies of falcate and oval conidia of *Colletotrichum graminicola*[J]. Fungal Genetics and Biology, 133: 1-36.

QI H, YANG J, YIN C, et al, 2019. Analysis of *Pyricularia oryzae* and *P. grisea* from different hosts based on multilocus phylogeny and pathogenicity associated with host preference in China[J]. Phytopathology, 109(8): 1433-1440.

SALGADO-SALAZAR C, BEIRN L A, ISMAIEL A, et al, 2018. Clarireedia: A new fungal genus comprising four pathogenic species responsible for dollar spot disease of turfgrass[J]. Fungal Biology, 122(8): 761-773.

SMILEY R W, DERNOEDEN P H, CLARKE B B, 2005. Compendium of turfgrass diseases[M]. 3rd ed. The Disease compendium series of the American Phytopathological Society (USA).

STACKHOUSE T, MARTINEZESPINOZA A D, ALI M E, 2020. Turfgrass disease diagnosis: past, present, and future[J]. Plants, 9(11): 1544.

ZHANG H W, DONG Y L, ZHOU Y X, et al, 2022. *Clarireedia hainanense*: a new species is associated with dollar spot of turfgrass in hainan, China[J]. Plant Disease, 106(3): 996-1002.

ZHANG W, DAMM U, CROUS P W, et al, 2020. Anthracnose disease of carpetgrass (Axonopus compressus) caused by *Colletotrichum hainanense* sp. nov[J]. Plant Disease, 104(6): 1744-1750.

ZHANG W, LIU J, HUO P, et al, 2017. Characterization and pathogenicity of *Bipolaris peregianensis*: the causal organism for leaf spot of hybrid bermudagrass in China[J]. European Journal of Plant Pathology, 148(3): 551-555.

ZHANG W, LIU J, HUO P, et al, 2018. *Curvularia malina* causes a foliar disease on hybrid Bermuda grass in China[J]. European Journal of Plant Pathology, 151(2): 557-562.

附 录

附录1 草坪病理学名词术语汇总

名词	章节	名词	章节
草坪病害	第1章1.1	菌网	第2章2.1
病原物	第1章1.1	疏丝组织	第2章2.1
病原	第1章1.1	拟薄壁组织	第2章2.1
诱因	第1章1.1	菌核	第2章2.1
病原菌	第1章1.1	假菌核	第2章2.1
寄主	第1章1.1	子座	第2章2.1
侵染性病害	第1章1.2	假子座	第2章2.1
非侵染性病害	第1章1.2	菌索	第2章2.1
症状	第1章1.3	孢子	第2章2.1
病状	第1章1.3	子实体	第2章2.1
病征	第1章1.3	子囊果	第2章2.1
综合症	第1章1.3	担子果	第2章2.1
并发症	第1章1.3	载孢体	第2章2.1
隐症现象	第1章1.3	分体产果	第2章2.1
病害的三角关系	第1章1.4	整体产果	第2章2.1
病害四面体	第1章1.4	无性孢子	第2章2.1
菌物	第2章2.1	节孢子	第2章2.1
寄生物	第2章2.1	芽殖	第2章2.1
共生	第2章2.1	假菌丝	第2章2.1
菌丝	第2章2.1	游动孢子	第2章2.1
菌丝体	第2章2.1	孢囊孢子	第2章2.1
菌落	第2章2.1	分生孢子	第2章2.1
吸器	第2章2.1	厚垣孢子	第2章2.1
附着胞	第2章2.1	有性孢子	第2章2.1
附着枝	第2章2.1	配子	第2章2.1
假根	第2章2.1	配子囊	第2章2.1
菌环	第2章2.1	质配	第2章2.1

(续)

名词	章节	名词	章节
游动配子配合	第2章2.1	寄生性	第3章3.1
配子囊接触交配	第2章2.1	营寄生	第3章3.1
配子囊配合	第2章2.1	营腐生	第3章3.1
核配	第2章2.1	专性寄生物	第3章3.1
休眠孢子囊	第2章2.1	兼性寄生物	第3章3.1
卵孢子	第2章2.1	死体营养	第3章3.1
接合孢子	第2章2.1	兼性腐生物	第3章3.1
子囊孢子	第2章2.1	寄主范围	第3章3.1
担孢子	第2章2.1	寄生专化性	第3章3.1
准性生殖	第2章2.1	变种	第3章3.1
异核体	第2章2.1	专化型	第3章3.1
菌物的生活史	第2章2.1	生理小种	第3章3.1
多型现象	第2章2.1	菌系	第3章3.1
单主寄生	第2章2.1	株系	第3章3.1
转主寄生	第2章2.1	营养体亲和群（菌丝融合群）	第3章3.1
闭囊壳	第2章2.1	致病性	第3章3.1
子囊壳	第2章2.1	致病性分化	第3章3.1
子囊座	第2章2.1	致病变种	第3章3.1
子囊盘	第2章2.1	毒力	第3章3.1
锁状联合	第2章2.1	侵袭力	第3章3.1
性孢子	第2章2.1	致病基因	第3章3.1
锈孢子	第2章2.1	无毒基因	第3章3.1
夏孢子	第2章2.1	毒素	第3章3.1
冬孢子	第2章2.1	寄主选择性毒素	第3章3.1
假囊壳	第2章2.1	非寄主选择性毒素	第3章3.1
原核生物	第2章2.2	抗病性	第3章3.2
病毒	第2章2.3	垂直抗性	第3章3.2
病毒粒体	第2章2.3	水平抗性	第3章3.2
口针	第2章2.4	小种专化抗病性	第3章3.2
垫刃型食道	第2章2.4	亲和性互作	第3章3.2
滑刃型食道	第2章2.4	非亲和性互作	第3章3.2
矛线型食道	第2章2.4	"基因对基因"假说	第3章3.2
寄生植物	第2第2.5	抗病基因	第3章3.2
全寄生种子植物	第2章2.5	过敏性坏死反应	第3章3.2
半寄生种子植物	第2章2.5	植物保卫素	第3章3.2

(续)

名词	章节	名词	章节
病程相关蛋白	第3章3.2	溶菌作用	第6章6.5
避病	第3章3.2	植物微生态调控	第6章6.5
非寄主抗性	第3章3.2	植物检疫	第6章6.7
诱导抗病性	第3章3.2	白粉病	第7章7.1
草坪病害诊断	第4章4.1	锈病	第7章7.2
喷菌现象	第4章4.2	黑粉病	第7章7.3
科赫法则	第4章4.2	炭疽病	第7章7.4
基因水平的科赫法则	第4章4.2	币斑病	第7章7.5
侵染过程	第5章5.1	红丝病	第7章7.6
病程	第5章5.1	梨孢灰斑病	第7章7.7
侵入期	第5章5.1	内脐蠕孢叶枯病及根茎腐病	第7章7.8
潜育期	第5章5.1	弯孢霉叶枯病	第7章7.9
潜伏侵染	第5章5.1	平脐蠕孢叶枯病	第7章7.10
侵染循环	第5章5.2	黑孢霉枯萎病	第7章7.11
病原物的越冬(越夏)	第5章5.2	壳针孢叶斑病	第7章7.12
土壤寄居菌	第5章5.2	粉斑病	第7章7.13
土壤习居菌	第5章5.2	小光壳叶枯病	第7章7.14
初侵染	第5章5.2	黑痣病	第7章7.15
再侵染	第5章5.2	褐条斑病	第7章7.16
单循环病害	第5章5.2	壳二孢叶枯病	第7章7.17
多循环病害	第5章5.2	禾草细菌性枯萎病	第7章7.18
病害流行	第5章5.3	禾草细菌性条斑病	第7章7.18
病害预测	第5章5.3	三叶草细菌性叶斑病	第7章7.18
发病率	第5章5.3	黑麦草花叶病毒	第7章7.19
严重度	第5章5.3	鸭茅斑驳病毒	第7章7.19
病情指数	第5章5.3	菟丝子	第7章7.20
草坪病害综合防治	第6章6.1	全蚀病	第8章8.1
有害生物综合治理	第6章6.1	褐斑病	第8章8.2
化学保护	第6章6.4	腐霉枯萎病	第8章8.3
化学治疗	第6章6.4	镰孢菌枯萎病	第8章8.4
化学免疫	第6章6.4	垂直传播	第8章8.4
生物防治	第6章6.5	水平传播	第8章8.4
抗菌作用	第6章6.5	夏季斑枯病	第8章8.5
竞争作用	第6章6.5	白绢病	第8章8.6
重寄生作用	第6章6.5	雪霉病	第8章8.7

（续）

名词	章节	名词	章节
春季坏死斑病	第8章8.8	香柱病	第9章9.2
仙环病	第8章8.9	黑穗病	第9章9.3
坏死环斑病	第8章8.10	腥黑穗病	第9章9.4
剪股颖粒线虫病	第8章8.11	瞎籽病	第9章9.5
羊草粒线虫病	第8章8.11	藻类	第10章10.1
根结线虫病	第8章8.11	苔藓	第10章10.2
麦角病	第9章9.1	黏霉病	第10章10.3

附录 2　常见草坪病害防治药剂

一、无机杀菌剂

1. 波尔多液（Bordeaux mixture）

其他名称：蓝矾石灰水。

化学名称：碱式硫酸铜。

理化性质：一种天蓝色胶状悬浊液体，几乎不溶于水，一般呈碱性，有良好的黏附性能，久放物理性状易破坏，悬浮的胶粒会互相聚合而沉淀。

毒性：低毒。

作用特点：是一种保护性杀菌剂，具有杀菌谱广、持效期长、病菌不会产生抗性、对人畜低毒等特点。有效成分为碱式硫酸铜，可通过释放可溶性铜离子而抑制病原菌孢子萌发或菌丝生长。在相对湿度较高、叶面有露水或水膜的情况下，药效较好，但对耐铜力差的植物易产生药害。可防治草坪霜霉病、褐斑病、炭疽病、叶斑病和某些细菌病害等。

制剂：波尔多液由硫酸铜和石灰乳配制而成。硫酸铜和石灰乳的配合比例根据寄主种类、防治对象、用药季节和气温不同而定。通常配合比例有等量式、倍量式、半量式和多量式。

2. 氢氧化铜（Copper hydroxide）

其他名称：可杀得、冠菌铜、丰护安。

理化性质：蓝色胶凝或无定形蓝色粉末，溶于酸，难溶于水，受热分解。

毒性：低毒。

作用特点：是一种广谱杀菌剂，通过释放铜离子均匀覆盖在植物表面，防止真菌孢子侵入而起保护作用。药剂配制后稳定，扩散性好，喷洒后黏附性强，耐雨水冲刷。

制剂：77%氢氧化铜可湿性粉剂，57.6%氢氧化铜干粒剂，37.5%氢氧化铜悬浮剂，25%氢氧化铜悬浮剂。

3. 氧化亚铜（Cuprous oxide）

其他名称：靠山、铜大师、神铜。

理化性质：黄色乃至红色的结晶粉末，不溶于水和有机溶剂，易溶于稀无机酸和氨盐水，常温下性状稳定。

毒性：低毒。对皮肤有刺激性，粉尘刺激眼睛，并引起角膜溃疡。

作用特点：是一种保护性杀菌剂，其杀菌作用主要靠释放出铜离子与真菌或细菌体内的蛋白质结合，有效地抑制菌丝体生长，破坏其生殖器官，防止蔓延。其颗粒细微，黏着性强，耐雨水冲刷，适用范围广。

制剂：86.2%氧化亚铜可湿性粉剂，86.2%铜大师干悬浮剂，56%靠山水分散粒剂。

4. 石硫合剂（Lime sulphur）

其他名称：菌恨、果镖、达克快宁、奇茂、基得、果园清。

化学名称：多硫化钙。

理化性质：以多硫化钙为主要成分的无机硫混合物，配制出的石硫合剂为暗褐色有臭味液体，呈碱性。遇空气易生成游离的硫黄和硫酸钙，须密封贮存。

毒性：低毒。对眼睛、鼻黏膜、皮肤有一定的刺激性。

作用特点：在空气中的氧和二氧化碳作用下形成硫黄微粒，气化产生硫蒸气，可干扰病原菌呼吸过程中氧的代谢而起毒杀作用，可防治草坪白粉病、锈病和褐斑病等。

制剂：常用配料比为生石灰：硫黄：水 = 1：2：10。

二、有机硫杀菌剂

1. 代森锌（Zineb）

其他名称：Dithane Z-78，乙撑双，代森锌可湿性粉剂。

化学名称：1,2-亚甲基双二硫代氨基甲酸锌。

理化性质：纯品是灰白色或略带黄色的粉末，工业品为淡黄色粉末，略带臭鸡蛋味，不溶于大多数有机溶剂，但能溶于吡啶。对光、热、潮湿不稳定，易分解。遇碱性物质或含铜、汞的物质，也易分解。

毒性：低毒。对人畜无毒。

作用特点：是一种叶面用保护性杀菌剂，其有效成分在水中易被氧化成异硫氰化合物，对病原菌体内含有—SH 基的酶有强烈的抑制作用，并直接杀死病菌孢子，阻止病菌侵入，能防治多种真菌引起的草坪病害，如霜霉病、炭疽病等，但对白粉病作用较差。

制剂：60%、65%、80%可湿性粉剂，5%粉剂。

2. 代森铵（Amobam）

其他名称：阿巴姆。

化学名称：1,2-亚乙基双二硫代氨基甲酸铵。

理化性质：纯品为无色结晶，工业品为淡黄色液体，可溶于水，微溶于乙醇、丙酮，不溶于苯等。在空气中不稳定，水溶液的化学性质较稳定，呈中性或弱碱性，有臭鸡蛋味，超过40℃的高温以后易分解。

毒性：中等毒性。对皮肤有刺激作用。

作用特点：是一种具有保护和治疗双重作用的杀菌剂，代森铵水溶液能渗入植物组织，杀菌力强，在植物体内分解后还有肥效作用。可用于防治草坪草苗期立枯病和猝倒病，以及霜霉病、白粉病、枯萎病等。代森铵不宜与碱性药剂混用，以免分解失效。

制剂：45%、50%代森铵水剂。

3. 代森锰锌（Mancozeb）

其他名称：大生、喷克、Dithane M-45、Scandozeb。

化学名称：1,2-亚乙基双二硫代氨基甲酰锰和锌的络盐。

理化性质：纯品为白色粉末，工业品为灰白色或淡黄色粉末，有臭鸡蛋味，难溶于水，不溶于大多数有机溶剂，但能溶于吡啶中，对光、热、潮湿不稳定，易分解出二硫化碳，遇酸碱分解，可引起燃烧。

毒性：低毒。对皮肤和黏膜有刺激性。

作用特点：是一种广谱性保护性杀菌剂，主要是抑制病菌体内丙酮酸的氧化。可用来防治草坪霜霉病、炭疽病和苗期病害。可与内吸性杀菌剂混用，以延缓抗性的产生，但不能与碱性农药、化肥和含铜的溶液混用。

制剂：70%、80%可湿性粉剂，70%胶悬剂干粉。

4. 福美双(Thiram)

其他名称：秋兰姆、多重宝、根病灵、阿脱生、美佳。

化学名称：二硫化四甲基秋兰姆。

理化性质：白色或灰白色粉末，溶于苯、丙酮、氯仿、二硫化碳，微溶于乙醇和乙醚，不溶于水、稀碱和汽油。与水共热生成二甲胺和二硫化碳。

毒性：中等毒性。对皮肤和黏膜有刺激性。

作用特点：是一种保护性杀菌剂，主要是通过抑制病菌一些酶的活性和干扰三羧酸代谢循环而导致病菌死亡。常用作种子处理，土壤处理或喷雾。可用来防治草坪草苗期立枯病、猝倒病，以及霜霉病、炭疽病、白粉病等。

制剂：50%、75%、80%可湿性粉剂。

三、有机磷、砷杀菌剂

1. 克瘟散(Edifenphos)

其他名称：敌瘟磷、稻瘟光、西双散。

化学名称：O-乙基 S,S-二苯基二硫代磷酸酯。

理化性质：原药为淡黄色油状液体，有硫醇臭味。不溶于水，易溶于甲醇、乙醚、丙酮、氯仿等有机溶剂。遇碱易分解失效。剂型有乳油、粉剂。

毒性：中等毒性。

作用特点：是一种广谱性有机磷杀菌剂，对植物有保护作用并有一定的内吸治疗作用，对病菌有较强的触杀性，主要是对病菌的几丁质合成和脂质代谢起抑制作用。可用于防治草坪叶斑病、菌核病、纹枯病等，也有防治草坪飞虱、叶蝉的作用。

制剂：40%克瘟散乳剂，2%克瘟散粉剂。

2. 乙磷铝(Phosethy-Al)

其他名称：疫霉灵、疫霜灵、疫霉净、克菌灵、磷酸乙酯铝。

化学名称：三乙磷酸铝。

理化性质：纯品为白色结晶，原药为白色粉末，易溶于水，不易挥发。原药和制剂在自然条件下稳定，在强酸、强碱介质中易分解。

毒性：低毒。

作用特点：是一种广谱内吸性杀菌剂，具有保护和双向传导的作用，主要抑制真菌的孢子萌发或阻止菌丝体的生长。可用于防治多种真菌引起的草坪病害，对霜霉病防治效果尤佳。

制剂：40%、80%、90%可湿性粉剂。

3. 甲基立枯磷(Tolclofos-methyl)

其他名称：利克菌、立枯灭棉亩康。

化学名称：O-(2,6-二氯-对-甲苯基)O,O-二甲基硫代磷酸酯。

理化性质：纯品为无色结晶，原药为无色至浅棕色固体，遇热、光和潮湿均较稳定。

毒性：低毒。

作用特点：是一种广谱内吸性杀菌剂，不仅对子囊菌、担子菌和无性态真菌有效，而且对接合菌也有效,主要用于防治土传病害。其吸附作用强,不易流失,持效期较长。可用于防治草坪立枯病、枯萎病、菌核病、根腐病等。

制剂:50%可湿性粉剂,5%、10%、20%粉剂,20%乳油,25%胶悬剂。

四、取代苯类杀菌剂

1. 百菌清(Chlorothalonil)

其他名称:达科宁、大克宁、霉必清、霜疫净、克劳优。

化学名称:2,4,5,6-四氯-1,3-苯二腈、四氯间苯二甲腈。

理化性质:纯品为白色无味结晶,工业品为淡黄色粉末,略有刺激性,化学性质稳定,对弱碱或弱酸性介质及光照稳定,在强碱介质中分解。

毒性:低毒。对皮肤有刺激性。

作用特点:是一种广谱保护性杀菌剂,能与真菌细胞中的三磷酸甘油醛脱氢酶发生作用,从而破坏该酶活性,使真菌细胞的新陈代谢受破坏而失去生命力。其没有内吸传导作用,但有良好的黏着性,不易被雨水冲刷。主要防治草坪霜霉病、炭疽病、锈病等。

制剂:75%可湿性粉剂,50%胶悬剂,10%乳油。

2. 敌磺钠(Fenaminosulf)

其他名称:敌克松、地克松、地爽、Dexon。

化学名称:对二甲胺基苯重氮磺酸钠。

理化性质:纯品为淡黄色结晶,工业品为黄棕色无味粉末,溶于高极性溶剂,不溶于苯、乙醚、石油,水溶液呈深橙色,见光易分解,可加亚硫酸钠使之稳定,在碱性介质中稳定。

毒性:中等毒性。对皮肤有刺激性。

作用特点:具有一定的内吸渗透作用,是较好的种子和土壤处理剂,属保护性药剂。对腐霉菌和丝囊菌引起的草坪病害有特效,对一些真菌病害也有效。可以和碱性药剂混用。

制剂:50%、75%、95%可溶性粉剂,5%颗粒剂,55%膏剂,2.5%粉剂。

3. 甲基托布津(Thiophanate-methyl)

其他名称:甲基硫菌灵、Topsin-M。

化学名称:1,2-二(3-甲氧碳基-2-硫脲基)苯。

理化性质:纯品为无色结晶,工业为白色或淡黄色固体,溶于丙酮、甲醇、氯仿、乙腈,不溶于水,在碱性介质中分解。

毒性:低毒。

作用特点:是一种广谱性杀菌剂,具有向顶性传导功能,对多种病害有预防和治疗作用。植物吸收后即转化为多菌灵,它主要干扰病菌菌丝形成,影响病菌细胞分裂,使细胞壁中毒,孢子萌发长出的芽管畸形,从而杀死病菌。主要防治草坪白粉病、炭疽病、菌核病等。

制剂:50%、70%可湿性粉剂,40%、50%胶悬剂,36%悬浮剂。

4. 五氯硝基苯(Quintozene)

其他名称:土壤散、土粒散。

理化性质:纯品为白色无味结晶,工业品为白色或灰白色粉末,不溶于水,溶于有机溶剂，化学性质稳定，不易挥发、氧化和分解，也不易受阳光和酸碱的影响，但在高温干燥的条件下会爆炸分解，降低药效。

毒性：低毒。

作用特点：是一种保护性杀菌剂，无内吸性，可影响菌丝细胞的有丝分裂，常用作土壤处理和种子消毒，对丝核菌引起的病害有较好的防治效果。主要防治草坪立枯病、猝倒病、炭疽病、菌核病等。

制剂：40%、70%五氯硝基苯粉剂。

五、唑类杀菌剂

1. 粉锈宁（Triadimefon）

其他名称：三唑酮、百理通。

化学名称：1-(4-氯苯氧基)-3,3-二甲基-1-(1H-1,2,4-三唑-1-基)-α-丁酮。

理化性质：纯品为无色结晶，工业品为白色或浅黄色固体，有特殊气味，在酸、碱介质中较稳定。

毒性：低毒。

作用特点：是一种内吸性杀菌剂，具有保护和治疗作用，还具有一定的熏蒸作用，主要是抑制菌体麦角甾醇的生物合成，因而抑制或干扰菌体附着胞及吸器的发育、菌丝的生长和孢子的形成。对多种由真菌引起的草坪病害，如锈病、白粉病等有一定的治疗作用，可用作喷雾、拌种和土壤处理。

制剂：5%、15%、25%可湿性粉剂，25%、20%、10%乳油，20%糊剂，25%胶悬剂，0.5%、1%、10%粉剂，15%烟雾剂。

2. 戊唑醇（Tebuconazole）

其他名称：立克秀。

化学名称：(RS)-1-(4-氯苯基)-4,4-二甲基-3-(1H-1,2,4-三唑-1-基甲基)戊-3-醇。

理化性质：为无色晶体。

毒性：低毒。

作用特点：是一种高效、广谱、内吸性杀菌剂，主要是抑制菌体麦角甾醇的生物合成，具有保护、治疗和铲除三大功能。杀菌谱广、持效期长。可种子处理或叶面喷洒，能有效地防治草坪的多种锈病、白粉病、根腐病等。

制剂：25%乳油，25%可湿性粉剂，43%悬浮剂，80%水分散粒剂。

3. 多菌灵（Carbendazim）

其他名称：苯并咪唑44号、棉萎灵。

化学名称：N-(2-苯并咪唑基)-氨基甲酸甲酯。

理化性质：纯品为白色结晶，工业品为浅棕色粉末，不溶于水，微溶于丙酮、氯仿和其他有机溶剂，可溶于无机酸及醋酸，并形成相应的盐，化学性质稳定。

毒性：低毒。

作用特点：是一种广谱性杀菌剂，有内吸治疗和保护作用，主要是干扰病菌有丝分裂中纺锤体的形成，影响细胞分裂，起到杀菌作用。对多种由菌物(如无性态真菌、子囊菌)引起的草坪病害有防治效果。

制剂：25%、50%可湿性粉剂，40%悬浮剂。

4. 恶霉灵（Hymexazol）

其他名称：土菌消。

化学名称：3-羟基-5-甲基异恶唑。

理化性质：纯品为无色结晶，有轻微特殊性气味，溶于大多数有机溶剂。在酸、碱溶液中均稳定，无腐蚀性。

毒性：低毒。

作用特点：是一种内吸性杀菌剂和土壤消毒剂，具有独特的作用机理。其进入土壤后被土壤吸收并与土壤中的铁、铝等无机金属盐离子结合，有效抑制孢子的萌发和菌物菌丝体的正常生长或直接杀灭病菌。对多种菌物引起的草坪病害有较高的防治结果，如立枯病、猝倒病、枯萎病、黄萎病、菌核病、雪腐病等。

制剂：8%、15%、30%水剂，15%、70%、95%、96%、99%可湿性粉剂，20%乳油，70%种子处理干粉剂。

5. 苯菌灵（Benomyl）

其他名称：苯来特、苯雷特。

化学名称：1-正丁氨基甲酰-2-苯并咪唑氨基甲酸甲酯。

理化性质：纯品为白色结晶，略有臭味。不溶于水，可溶于有机溶剂，在干燥状态下稳定，遇潮湿会分解减效。

毒性：低毒。

作用特点：是高效、广谱、内吸性杀菌剂，具有保护、铲除和治疗作用。主要抑制菌体核酸形成，高浓度下可破坏菌体生物氧化而杀菌。可用于喷洒、拌种和土壤处理。对子囊菌亚门菌物有防治效果，可用于防治草坪白粉病、炭疽病、枯萎病等。

制剂：50%可湿性粉剂。

6. 噻菌灵（Thiabendazole）

其他名称：涕必灵、特克多、硫苯唑、噻苯咪唑、噻苯哒唑。

化学名称：2-(4-噻唑基)-1H-苯并咪唑。

理化性质：原药为白色至灰白色无味粉末，不溶于水，微溶于醇、丙酮，易溶于乙醚、氯仿。在水、酸及碱性溶液稳定。

毒性：低毒。

作用特点：是一种高效、广谱、长效内吸性杀菌剂，主要抑制菌物有丝分裂过程中的微管蛋白的形成。根施时能向顶传导，但不能向基传导，可作叶面喷雾。能防治多种草坪的菌物病害和根腐病，兼有保护和治疗作用。

制剂：45%悬浮剂。

7. 丙环唑（Propiconazole）

其他名称：丙唑灵。

化学名称：1-[2-(2,4-二氯苯基)-4-丙基-1,3-二氧戊环-2-甲基]-1氢-1,2,4-三唑。

理化性质：原药外观为浅黄色至浅棕色黏稠液体，易溶于有机溶剂，在酸性、碱性介质中较稳定，不腐蚀金属。

毒性：低毒。

作用特点：是一种具有保护和治疗作用的内吸性杀菌剂，可被根、茎、叶部吸收，并能很快地在植株体内向上传导，影响甾醇的生物合成，使病原菌的细胞膜功能受到破坏，最终导致细胞死亡，从而起到杀菌、防病和治病的功效。对子囊菌、担子菌和无性态真菌引起的草坪病害具有较好的防治效果。

制剂：50%、70%乳油，25%可湿性粉剂，20%、40%、45%、50%、55%微乳剂，25%、40%水乳剂，30%悬浮剂。

六、抗生素类杀菌剂

1. 春雷霉素（Kasugamycin）

其他名称：春日霉素、克死雷、加收米、开斯明。

化学名称：[5-氨基-2-甲基-6-（2,3,4,5,6-羟基环己基氧代）四氢吡喃-3-基]氨基-α-亚氨醋酸。

理化性质：纯品为无色针状或片状结晶，易溶于水，不溶于甲醇、乙醇、丙醇、苯等多种有机溶剂，酸性条件下很稳定，遇碱易分解。

毒性：低毒。

作用特点：具有内吸治疗作用，渗透力强，能被植物很快内吸并传导至全株，主要是干扰菌体酯酶系统的氨基酸代谢，影响蛋白质的合成，使芽管和菌丝体局部膨大、破裂，细胞内含物泄出，导致死亡。主要用来防治草坪细菌性病害和炭疽病、枯萎病等真菌性病害。

制剂：2%水剂，2%、4%、6%可湿性粉剂，0.4%粉剂。

2. 井冈霉素（Validamycin）

其他名称：有效霉素、病毒光、鞘斑净。

化学名称：N-[(1S)-(1,4,6/5)-3-羟甲基-4,5,6-三羟基-2-环己烯基][O-β-D-吡喃葡萄糖基-(1→3)(1,2,4/3,5)-2,3,4-三羟基-5-羟甲基环己基胺。

理化性质：纯品为白色结晶，溶于水、二甲基甲酰胺，微溶于乙醇，不溶于丙酮、苯、乙酸乙酯等有机溶剂，吸湿性强，在室温pH 3~9水溶液中稳定。

毒性：低毒。

作用特点：内吸性较强，易被菌体细胞吸收并在其内迅速传导，干扰和抑制菌体细胞生长和发育。主要用来防治草坪立枯病、白绢病。

制剂：5%、30%水剂，2%、3%、4%、5%、12%、15%、17%水溶性粉剂，0.33%粉剂。

3. 多抗霉素（Polyoxin）

其他名称：多氧霉素、多效霉素、多氧清、宝丽安、保亮、保利霉素。

化学名称：肽嘧啶核苷类抗生素。

理化性质：易溶于水，不溶于甲醇、丙酮等有机溶剂，对紫外线及在酸性和中性溶液中稳定，在碱性溶液中不稳定，常温下贮存稳定。

毒性：低毒。

作用特点：是一种广谱性抗生素，具有较好的内吸传导作用。主要是干扰病菌细胞壁几丁质的生物合成，使菌体细胞壁不能进行生物合成导致病菌死亡。主要用来防治草坪白粉病、霜霉病、枯萎病等。

制剂：1.5%、2%、3%、10%可湿性粉剂，1%、3%水剂。

4. 农抗 120（Antimycoin 120）

其他名称： 120 农用抗生素（TF120）、抗霉菌素 120。

化学名称： 嘧啶核苷类抗生素。

理化性质： 为白色粉末，易溶于水，不溶于有机溶剂，在酸性和中性介质中稳定，在碱性介质中不稳定。

毒性： 低毒。

作用特点： 是一种广谱性抗生素，可直接阻碍病菌的蛋白质合成，导致病菌死亡，对多种病菌有强烈的抑制作用。主要用来防治草坪白粉病、锈病等。

制剂：2%、4%抗霉菌素 120 水剂。

七、复配杀菌剂

1. 双效灵（Copper-aminocides complex mixture aqueous solution）

其他名称： CCMA 杀菌剂。

化学名称： 混合氨基酸铜络合物。

理化性质： 含 17 种氨基酸铜，为蓝色水溶液，易溶于水，化学性质稳定。在 -20~40℃ 条件下不变质，在紫外线光照下易分解失效。

毒性： 低毒。

作用特点： 是一种广谱、高效、低毒、低残留杀菌剂。对作物有促进生长和增产作用。主要对小孢子的萌发具有较强的抑制能力。对草坪枯萎病、黄萎病、霜霉病、白粉病等多种真菌性和细菌性传染病都有明显防治效果。

制剂：10%水剂。

2. 炭疽福美（Thiram，Ziram）

其他名称： 福福锌、锌双合剂。

化学名称： 四甲基秋兰姆二硫化物+双(二甲基二硫代氨基甲酸)锌。

理化性质： 为灰色粉末，有鱼腥味，常温下稳定不易变质，遇酸易分解失效。

毒性： 低毒。

作用特点： 主要通过抑制病菌丙酮酸氧化而中断其新陈代谢过程，导致病菌死亡，具有抑制和杀菌双重作用，以预防作用为主，兼有治疗作用。可用来防治草坪炭疽病、霜霉病、白粉病等。

制剂：80%可湿性粉剂，40%胶悬剂。

3. 杀毒矾 M8（Oxadixyl-mancozeb，Sandofan M8）

其他名称： 恶霜灵锰锌。

化学名称： 2-甲氧基-N-(2-氧代-1,3-恶唑烷-3-基)-乙酰胺-N-(2,6-二甲基苯)+1,2-亚乙基双二硫代氨基甲酸锰和锌离子配位化合物。

理化性质： 工业品为米色至浅黄色细粉末，具热稳定性，遇碱易分解。

毒性： 低毒。

作用特点： 是一种内吸性广谱、高效杀菌剂，进入植物体内后向顶传导能力很强，有良好的保护、治疗和铲除活性。主要用来防治由卵菌引起的草坪病害，如霜霉病、苗期猝倒病等，并能兼治多种继发性病害，如褐斑病等。

制剂：64%可湿性粉剂。

4. 甲霜铜（Metalaxyl-organocopper complex）

其他名称：瑞毒铜、琥铜·甲霜。

化学名称：甲基 D,L-N-(2,6-二甲基-苯基)N-(2-甲氧乙酯)丙氨酸甲酯+二元酸铜。

理化性质：由10%瑞毒霉和40%琥珀酸铜混合配制而成，理化性质同瑞毒霉。不能与碱性药剂混用。

毒性：低毒。

作用特点：具有内吸特性，可被植物根、茎、叶吸收，并随植物体内水分运输到植物的各器官，对由细菌、菌物引起的草坪病害有较强的治疗和保护作用。

制剂：50%可湿性粉剂。

5. DT 杀菌剂（Cuproc succinate-glutarate-adipate）

其他名称：琥胶肥酸铜、二元酸铜、琥珀酸铜。

化学名称：丁二酸络铜+戊二酸络铜+乙二酸络铜。

理化性质：加工品为淡蓝色固体粉末，微溶于水，性质稳定。

毒性：低毒。

作用特点：是一种广谱性保护剂，有治疗作用，具内吸性。对植物细菌性病害防治效果较好，也可防治草坪炭疽病、白粉病、霜霉病。

制剂：30%胶悬剂，30%可湿性粉剂。

6. 加瑞农（Kasumin+Bordeaux）

其他名称：甲瑞农、春雷氧氯铜。

化学名称：[5-氨基-2-甲基-6-(2,3,4,5,6-羟基环己基氧代)四氢吡喃-3-基]氨基-α-亚氨醋酸+氧氯化铜。

理化性质：原药盐酸盐为白色结晶，易溶于水，微溶于甲醇，不溶于乙醇、丙酮、苯等有机溶剂。在酸性和中性溶液中比较稳定，但在强碱或碱性溶液中不稳定。

毒性：低毒。

作用特点：春雷霉素为内吸性杀菌剂，主要是干扰氨基酸代谢的酯酶系统，进而影响蛋白质合成，抑制菌丝伸长和造成细胞颗粒化。王铜则是无机铜保护性杀菌剂，在一定湿度条件下释放出铜离子起杀菌防病作用。对多种草坪的叶斑病、炭疽病、白粉病和霜霉病等菌物病害以及细菌引起的病害有一定的防治效果。

制剂：47%、50%可湿性粉剂。

7. 广灭菌粉剂（Wide spectrum fungicidal collid）

其他名称：广灭菌乳粉。

组成成分：代森锌+代森锌锰+多菌灵+硫黄+氰戊菊酯或溴氰菊酯原油。

理化性质：为黄色粉剂或小片。

毒性：低毒。

作用特点：可防治草坪炭疽病、斑枯病、霜霉病、白粉病等多种叶部病害。

制剂：65%粉剂。

八、其他杀菌剂

1. 甲霜灵(Metalaxyl)

其他名称:甲霜安、瑞毒霉、阿普隆。

化学名称:D,L-N-(2,6-二甲基苯基)-N-(2′-甲氧基乙酰基)丙氨酸甲酯。

理化性质:纯品为白色结晶,加工品为灰白色粉末。有轻度挥发性,在碱性介质中易分解,具有良好的保护和治疗作用。

毒性:低毒。

作用特点:有内吸和触杀能力,被植物根、茎、叶各部分吸收,在植株体内具有向顶性和向基性双向内吸传导作用。对霜霉、疫霉、腐霉等引起的草坪病害有良好的治疗和预防作用。

制剂:25%、50%可湿性粉剂。

2. 菌核利(Vinclozolin)

其他名称:乙烯菌核利、农利灵、菌核灭酶利。

化学名称:3-(3,5-二氯苯基)-5-甲基-5-乙烯基-1,3-恶唑烷-2,4-二酮。

理化性质:原粉为白色结晶,不溶于水,可溶于丙酮、氯仿等有机溶剂。在弱酸介质中稳定,在强碱性或热的强酸性介质中分解。

毒性:低毒。

作用特点:是一种杂环类广谱性保护剂和治疗剂,可有效阻止病原菌孢子的萌发及芽管的生长。可防治草坪菌核病、立枯病等。

制剂:20%、30%、50%可湿性粉剂。

3. 敌菌灵(Anilazine)

其他名称:代灵、防霉灵。

化学名称:2,4-二氯-6-(2-氯代苯氨基)均三氮苯。

理化性质:白色至淡棕色晶体或粉末,几乎不溶于水,溶于甲苯、丙酮等有机溶剂。易水解。

毒性:低毒。

作用特点:是广谱性内吸杀菌剂,主要用于叶面喷雾,对交链孢属、尾孢属、葡柄霉属、葡萄孢属等属若干种真菌引起的草坪病害有防治效果。

制剂:50%可湿性粉剂。

4. 腐霉利(Procymidone)

其他名称:灰霉星、胜得灵、速克灵、天达腐霉利。

化学名称:N-(3,5-二氯苯基)-1,2-二甲基环丙烷-1,2-二羧基亚胺。

理化性质:原粉为白色或浅棕色结晶,在酸性条件下稳定,在碱性溶液中不稳定。

毒性:低毒。

作用特点:是一种内吸性杀菌剂,具有保护和治疗作用,能使病菌菌体死亡,防止早期病斑形成。对葡萄孢属和核盘菌属引起的草坪病害有防治效果。

制剂:50%可湿性粉剂,30%颗粒熏蒸剂,25%流动性粉剂,25%胶悬剂,10%、15%

烟剂，20%悬浮剂。

5. 嘧菌酯(Azoxystrobin)

其他名称：腈嘧菊酯、阿米西达、安灭达。

化学名称：(E)-2-{2-[6(2-氰基苯氧基)嘧啶-4-基氧]苯基}-3-甲氧基丙烯酸酯。

理化性质：原粉为白色结晶性粉末，微溶于己烷、正辛醇，溶于甲醇、甲苯、丙酮，易溶于乙酸乙酯、乙腈、二氯甲烷。

毒性：中等毒性。对水生生物有极高毒性。

作用特点：是一种新型高效、广谱、内吸性杀菌剂。可用于茎叶喷雾、种子处理，也可进行土壤处理。对菌物引起的病害有良好的活性，且与目前已有杀菌剂无交互抗性。对草坪的枯萎病和褐斑病等病害有良好的防治效果。

制剂：50%水分散粒剂，25%悬浮剂。

6. 啶酰菌胺(Boscalid)

其他名称：博斯卡利德、甲醇中啶酰菌胺。

化学名称：2-氯-N-(4′-氯二苯-2-基)烟酰胺。

理化性质：原药为固体，需保存在0~6℃环境。

毒性：低毒。

作用特点：是一种新型烟酰胺类杀菌剂。通过叶面渗透在植物中转移，抑制线粒体琥珀酸酯脱氢酶，阻碍三羧酸循环，使氨基酸、糖缺乏，能量减少，干扰细胞的分裂和生长，具有保护和治疗作用。杀菌广谱性强，几乎对所有类型的菌物病害都有活性，对草坪白粉病、菌核病和各种腐烂病等有良好的防治效果。

制剂：50%水分散粒剂。

7. 氟咯菌腈(Fludioxonil)

其他名称：咯菌腈、适乐时。

化学名称：4-(2,2-二氟-1,3-苯并二氧-4-基)吡咯-3-腈。

理化性质：纯品为淡黄色晶体，25℃下易溶于丙酮，微溶于水，70℃、pH 5~9条件下不发生水解。

毒性：低毒。

作用特点：是一种新型非内吸性杀菌剂。通过抑制菌体葡萄糖磷酰化有关的转移，并抑制菌物菌丝体的生长，最终导致病菌死亡。用于叶面处理时，可防治雪腐镰孢菌、立枯病菌等；用于种子处理时，可防治种传和土传病菌，如链格孢属、壳二孢属、曲霉属、镰孢菌属和丝核菌属。

制剂：50%水分散粒剂、10%粉剂、50%可湿性粉剂、2.5%湿悬浮剂。

8. 异菌脲(Iprodione)

其他名称：扑海因。

化学名称：3-(3,5-二氯苯基)-1-异丙基氨基甲酰基乙内酰脲。

理化性质：纯品为白色结晶，难溶于水，易溶于丙酮、二甲基甲酰胺等有机溶剂，遇碱分解，无吸湿性，无腐蚀性。

毒性：低毒。

作用特点：是一种二甲酰亚胺类高效广谱、触杀型杀菌剂，同时具有一定的治疗作用，也可通过根部吸收起内吸作用。对灰葡萄孢属、核盘菌属、链孢霉属、小菌核属、丛梗孢属具有较好的活性。可防治草坪褐斑病、立枯病、白霉病和币斑病等。

制剂：50%悬浮剂。

附录3 草坪病害检索表

（改编自 Richard Smiley 等，2005）

本检索表按草坪病害发生的温度范围编排。

Ⅰ. 低温病害(0~8℃)，通常发生在冬末或早春。
  A. 发生在有积雪或其他材料覆盖的草坪上。
    B. 病斑圆形 ………………………………………………………… 雪霉病
    B. 潮湿区域的草坪出现枯萎，可能与灌溉有关 ………………… 冻害
  A. 发生在无积雪或其他材料覆盖的草坪上。
    B. 病斑圆形 ………………………………………………………… 雪霉病
    B. 病斑不规则，尤其是在土壤结冰区域或坡面上 ……………… 冬季风干

Ⅱ. 冷凉病害(8~16℃)，通常发生在春季和秋季。
  A. 草坪上出现圆形小斑点或斑块。
    B. 小斑点呈黄色，直径常小于2.5 cm ……………………………… 炭疽病
                                                                        细菌性病害
    B. 斑块褐色或黄色，直径常大于10 cm ………………………… 褐斑病
                                                                        雪霉病
                                                                        坏死环斑病
                                                                        春季坏死斑病
                                                                        全蚀病
    B. 斑块直径达几米，常有环状旺盛生长带 …………………… 仙环病
  A. 草坪上出现不规则病斑，多数病斑非圆形。
    B. 叶片表面无叶斑，而是有颜色的霉状物或粉状物等。
      C. 白色至灰色菌物垫，荫蔽处易发生 ………………………… 白粉病
      C. 灰色至黑色条纹，叶片呈撕裂状 …………………………… 黑粉病
      C. 黄色、橙色、红色或褐色脓疱 ……………………………… 锈病
      C. 叶表面有粉色菌鞘，或红色、丝状附属物 ………………… 粉斑病
                                                                         红丝病
    B. 叶表面无菌丝体。
      C. 成熟草坪。
        D. 叶上有斑点，后期可能叶片黄化。
          E. 圆形、椭圆形斑点或条纹，彼此间互不相连。
            F. 斑点黑色 ……………………………………………… 黑痣病
            F. 斑点或条纹呈黄色或灰色至褐色 ………………… 褐条斑病
            F. 斑点有红色至紫罗兰色边界。
              G. 在老的斑点中有分生孢子器 ………………… 壳针孢叶斑病
              G. 斑点中无分生孢子器 ………………………… 内脐蠕孢叶枯病
          E. 叶上有不规则斑点。

F. 叶尖枯死,或有灰绿色或褐色斑点。
    G. 在老的斑点中有分生孢子器 ················· 壳针孢叶斑病
                                                                                      壳二孢叶枯病
    G. 斑点中无分生孢子器 ····································· 叶枯病
F. 无明显叶斑,或出现杂斑或叶均匀褪绿 ············· 细菌性病害
   病毒病
D. 叶片银色或结霜状,如脱水一样 ························· 螨虫
                                                                                    春季霜冻
                                                                                     冬季风干
C. 草坪草幼苗倒伏,草坪稀疏或幼苗长势弱 ············· 腐霉枯萎病
                                                                                                                           镰孢菌枯萎病
                                                                                                                                                      褐斑病
                                                                                 内脐蠕孢叶枯病
                                                                                  弯孢霉叶枯病

Ⅲ. 温暖病害(16~25℃),通常发生在春末或秋初。
  A. 草坪上出现圆形病斑。
    B. 病斑直径最大达到 15 cm。
      C. 病斑漂白色,叶上的病斑也呈漂白色,边缘褐色至棕红色 ············ 币斑病
      C. 病斑奶油色至灰色、紫色,或叶上有黑色子实体 ············· 黏霉病
      C. 白色病斑直径可达 30 cm,边缘有生长致密的菌丝体垫 ············ 仙环病
    B. 病斑直径通常大于 15 cm。
      C. 病斑直径 10~60 cm,有黄色或灰褐色环状物 ··············· 褐斑病
      C. 病斑直径 10~100 cm,茎基黑色,症状也可能在春或秋季出现 ···············
        ·· 坏死环斑病
                                                                                                          全蚀病
      C. 病斑直径可达 1 m 以上,有蘑菇或生长旺盛的圆环 ············· 仙环病
  A. 病斑不规则,大多数病斑呈非圆形。
    B. 叶表面有淡红色或粉状真菌,叶上无斑点。
      C. 白色至灰色真菌垫,常在荫蔽草坪上发生 ················· 白粉病
      C. 粉色至红色菌丝,粉色胶状菌丝体,或絮状聚集物 ············ 粉斑病
                                                                                                                                                 红丝病
      C. 黄色、橙色、红色或褐色孢子堆 ························· 锈病
      C. 灰至黑色条纹,叶片可能呈撕裂状 ···················· 黑粉病
    B. 叶上有斑点或条纹,草坪稀疏,长势不良。
      C. 叶片上有圆形或椭圆形斑点。
        D. 灰色至褐色斑点,边缘黄色、褐色或紫色;斑点多出现在叶缘,叶尖卷
           曲,斑点间不连续 ·························· 梨孢灰斑病
        D. 斑点有明显的红褐色至紫黑色边缘 ············ 平脐蠕孢叶枯病
                                                                                                                                                         弯孢霉叶枯病

　　　　　　　　　　　　　　　　　　　　　　　　　　　　内脐蠕孢叶枯病
　　C. 叶上有不规则斑点或斑纹。
　　　　D. 斑点或叶尖枯萎，通常无黑色边缘。
　　　　　　E. 在后期的斑点中有分生孢子器 ················· 壳二孢叶枯病
　　　　　　　　　　　　　　　　　　　　　　　　　　　　　　壳针孢叶斑病
　　　　　　E. 叶斑中无分生孢子器 ························· 镰孢菌枯萎病
　　　　　　　　　　　　　　　　　　　　　　　　　　　　　　黑孢霉枯萎病
　　　　D. 叶片不均匀褪绿，无明显的斑点 ················· 细菌性病害
　　　　　　　　　　　　　　　　　　　　　　　　　　　　　　病毒病
　　B. 草坪草枯萎或死亡，草坪衰弱。
　　　　C. 能很容易地拔出草坪草 ························· 地下害虫
　　　　C. 草坪衰退，对水或肥料无响应 ··················· 线虫病
Ⅳ. 高温病害(>25℃)，通常在夏季发生。
　　A. 草坪上出现圆形病斑，直径可达几米。
　　　　B. 斑块起初呈古铜色或灰色，水渍状，直径最大 15 cm，枯死的叶片呈褐色，垫状，黏滑 ··· 腐霉枯萎病
　　　　B. 褐色至漂白色病斑，直径 10~60 cm；在圆形健康区域周边可能形成死亡的圆环 ································· 坏死环斑病
　　　　　　　　　　　　　　　　　　　　　　　　　　　　　　夏季斑枯病
　　　　B. 病斑直径达几米以上。
　　　　　　C. 褐色病斑，无草坪草生长旺盛的圆环，有很多圆球状菌核 ······ 禾草白绢病
　　　　　　C. 病斑被生长旺盛的圆环状草坪草或蘑菇圈包围 ············ 仙环病
　　A. 在衰弱、稀疏、休眠或死亡的草坪上出现不规则病斑。
　　　　B. 大面积出现干旱而后草坪枯萎，变褐。
　　　　　　C. 草坪褪绿或变成红褐色而后枯死；叶鞘基部黑色腐烂 ······ 炭疽病
　　　　　　C. 草坪变淡蓝至紫色，而后枯萎。
　　　　　　　　D. 存在大量取食茎叶的昆虫；灌溉后草坪不会返绿 ······ 枯草层中害虫
　　　　　　　　D. 昆虫较少，降雨或灌溉后草坪恢复生长 ················· 干旱
　　　　B. 最初是小且不规则形区域出现干旱状，而后枯萎、变褐，后期可融合成大面积病斑。
　　　　　　C. 草坪中有大量的昆虫。
　　　　　　　　D. 匍匐茎断裂或根受到毁坏，常能看到昆虫排泄物 ··········· 地下害虫
　　　　　　　　　　　　　　　　　　　　　　　　　　　　　　枯草层中害虫
　　　　　　　　D. 匍匐茎断裂或叶片上有缺刻；枯草层中有孔洞；常吸引鸟类啄食，可见昆虫排泄物 ································· 枯草层中害虫
　　　　　　C. 昆虫不明显；叶鞘基部和根系干旱、红褐色至黑色腐烂。
　　　　　　　　D. 叶片上偶见边缘为黑色的椭圆形病斑 ··········· 平脐蠕孢叶枯病
　　　　　　　　　　　　　　　　　　　　　　　　　　　　　　弯孢霉叶枯病
　　　　　　　　　　　　　　　　　　　　　　　　　　　　　　内脐蠕孢叶枯病

　　　　D. 偶见不规则的褐色病斑；潮湿时茎基部可见粉色真菌聚合物 …………… 镰孢菌枯萎病
　　　C. 昆虫不明显；茎基部未腐烂；叶片有斑点或条纹，褪绿或变褐，而后漂白色 ………………………………………………………………………………… 小光壳叶枯病
Ⅴ. 与温度关系不紧密的草坪问题。
　　A. 草坪逐渐变浅绿色至黄色，生长缓慢，草坪草衰弱，叶上无明显斑点。
　　　B. 土壤中有黑色分层，有硫黄味 ……………………………………………… 黑土层
　　　B. 土壤中无黑色分层或硫黄味 ………………………………………………… 缺素症
　　A. 草坪突然出现焦黄色。
　　　B. 焦黄色区域呈斑块状或条带状。
　　　　C. 焦黄色区域边缘没有生长旺盛的草坪草 ………………………………… 农药药害
　　　　C. 焦黄色区域边缘草坪草生长旺盛。
　　　　　D. 斑块直径 10~30 cm ……………………………………………… 动物排泄物损伤
　　　　　D. 条带状或不规则形 ……………………………………………………… 肥料烧伤
　　　B. 全部区域变黄或变褐 ……………………………………………………… 过低修剪损伤
　　　B. 全部区域或斑块变灰然后变褐，叶尖撕裂 ……………………………… 剪草机钝刀片损伤
　　　B. 斑块间不连续，通常形状不规则，干旱天气出现 ……………………… 局部疏水干旱
　　　　　　　　　　　　　　　　　　　　　　　　　　　　　　　　　　　　物体掩埋
　　　B. 焦黄区域夏季伴随临时积水 ……………………………………………… 烫伤
　　A. 草坪稀疏或出现秃斑，通常在荫蔽或土壤过湿或践踏频繁的区域。
　　　B. 出现绿色至褐色浮渣，而后形成黑色结皮 ……………………………… 藻类
　　　B. 绿叶状植物，有假根 ……………………………………………………… 苔藓
　　　B. 草坪上出现践踏严重的小路，土壤硬实 ………………………………… 土壤紧实